> Ingenieurpromotion – Stärken und Qualitätssicherung

Beiträge eines gemeinsamen Symposiums von acatech, TU9, ARGE TU/TH und 4ING

Horst Hippler (Hrsg.)

acatech DISKUSSION

Prof. Dr. sc. tech. Dr. h. c. Horst Hippler
KIT – Karlsruher Institut für Technologie
Kaiserstraße 12
76131 Karlsruhe

acatech – Deutsche Akademie der Technikwissenschaften, 2011

Geschäftsstelle	Hauptstadtbüro
Residenz München	Unter den Linden 14
Hofgartenstraße 2	10117 Berlin
80539 München	

T +49(0)89/5203090	T +49(0)30/206309610
F +49(0)89/5203099	F +49(0)30/206309611

E-Mail: info@acatech.de
Internet: www.acatech.de

Empfohlene Zitierweise:
Hippler, Horst (Hrsg.): Ingenieurpromotion – Stärken und Qualitätssicherung. Beiträge eines gemeinsamen Symposiums von acatech, TU9, ARGE TU/TH und 4ING (acatech DISKUSSION), Heidelberg u. a.: Springer Verlag 2011.

ISSN 1861-9924/ISBN 978-3-642-23661-7/ISBN 978-3-642-23662-4 (eBook)

DOI 10.1007/978-3-642-23662-4

Bibliografische Information der Deutschen Nationalbibliothek
Die Deutsche Nationalbibliothek verzeichnet diese Publikation in der Deutschen Nationalbibliografie; detaillierte bibliografische Daten sind im Internet über http://dnb.d-nb.de abrufbar.

Koordination: Dr. Mandy Pastohr
Redaktion: Ralf Sonnenberg, Dr. Mandy Pastohr
Layout-Konzeption: acatech
Konvertierung und Satz: Fraunhofer-Institut für Intelligente Analyse- und Informationssysteme IAIS, Sankt Augustin

Gedruckt auf säurefreiem Papier

springer.com

> Ingenieurpromotion – Stärken und Qualitätssicherung

Beiträge eines gemeinsamen Symposiums von acatech, TU9, ARGE TU/TH und 4ING

Horst Hippler (Hrsg.)

acatech DISKUSSION

> INHALT

> VORWORT

HORST HIPPLER

Der deutsche Literatur-Nobelpreisträger Hermann Hesse hat einmal sehr treffend fest-gestellt:

„Die Praxis sollte das Ergebnis des Nachdenkens sein, nicht umgekehrt."

Ich verstehe diesen Satz in dem Sinne, dass vor dem Handeln immer eine Phase der Überlegung stehen sollte. Dem kann wahrscheinlich jeder uneingeschränkt zustimmen. Allerdings ist es auch wichtig, das Ergebnis des Nachdenkens stetig weiter zu reflektieren und – falls notwendig – auch kritisch zu hinterfragen. Denn es reicht nicht aus, die Dinge in einer Endlosschleife in gleicher Weise weiterlaufen zu lassen. Es ist notwendig, das Handeln immer wieder an die sich verändernden Umgebungsbedingungen anzupassen.

Genau dieses Bewusstsein hat acatech – Deutsche Akademie der Technikwissen-schaften dazu veranlasst, die Studie „Empfehlungen zur Zukunft der Ingenieurpromo-tion", in der wir 2008 konkrete Verbesserungsvorschläge für die zukünftige praktische Gestaltung von Promotionskonzepten an deutschen Universitäten formulierten, neu zur Diskussion zu stellen. Zwei Jahre, nachdem unsere Projektgruppe um Professor Zäh von der Technischen Universität München ihre Empfehlungen ausgesprochen hatte, beschlos-sen acatech, der Zusammenschluss der neun führenden deutschen Technischen Univer-sitäten TU9, die Arbeitsgemeinschaft Technischer Universitäten und Hochschulen sowie 4ING – die Fakultätentage der Ingenieurwissenschaften und Informatik an Universitäten e. V. –, einen gemeinsamen Best-Practice-Wettbewerb auszurufen. Damit wollten wir über-prüfen, welche der acatech Empfehlungen nach zwei Jahren umgesetzt wurden – aber auch, welche Konzepte sich möglicherweise abseits der von uns bedachten Wege als er-folgreich erwiesen hatten. Wir nutzten also einen Wettbewerb, um zu neuem Nachdenken anzuregen, das über lange Sicht der Praxis nützlich sein kann.

Das Echo auf unsere Ausschreibung war überwältigend. Die 28 eingereichten Pro-jekte bilden sehr vielfältig die unterschiedlichen Möglichkeiten für eine nachhaltige und zielführende Gestaltung von Promotionskonzepten ab. Auf einem Symposium im Mai 2011 wurden fünf Best Practices prämiert. Ein sechstes Best-Practice-Projekt erhielt einen Sonderpreis.

Neben der Preisverleihung bot die Tagung die Möglichkeit, über die aktuelle Situation der Ingenieurpromotion in Deutschland und auch international zu diskutieren. Von vielen Seiten wurden die Stärken und aktuellen Herausforderungen des Dr.-Ing. beleuchtet. Gleichzeitig war das Thema der nachhaltigen Qualitätssicherung ein zentraler Punkt in den engagierten Vorträgen und lebhaften Podiumsdiskussionen von Vertreterinnen und Vertretern der Politik, der Universitäten einschließlich der Promovierenden sowie der Industrie.

Der vorliegende Tagungsband enthält nun das Ergebnis des intensiven Nachdenkens, das auf dem Symposium „Ingenieurpromotion – Stärken und Qualitätssicherung" stattfand. Wir präsentieren damit eine Sammlung aus den auf der Tagung gehaltenen Reden sowie ergänzenden Aufsätzen, die wünschenswerterweise wiederum eine Grundlage für die zukünftige Promotionspraxis in Deutschland legt.

Aus unterschiedlichen Perspektiven nähern wir uns der Ingenieurpromotion in Teil 1: Ausgehend von den acatech Empfehlungen zur Zukunft der Ingenieurpromotion aus dem Jahr 2008 und der aktuellen Sicht auf die Thematik berichten international renommierte Persönlichkeiten über den Blickwinkel der Industrie und den internationalen Horizont. Teil 2 des Tagungsbandes fasst eine spannende Podiumsdiskussion zur Frage der Qualitätssicherung der Ingenieurpromotion zusammen. Die prämierten Best Practices zur weiteren Verbesserung der Ingenieurpromotion stellen sich selbst in Aufsätzen in Teil 3 vor. Sie können Anstöße zum Nachdenken und Nachahmen geben. Zu gleichem Zwecke publiziert der Tagungsband in Teil 4 weitere gelungene Beispiele zur Verbesserung der Ingenieurpromotion, die im Rahmen des Wettbewerbs eingereicht wurden.

Entsprechend wiederhole ich sehr gerne die Absicht, die mit dem vorliegenden Tagungsband verfolgt wird: Wir möchten Sie, verehrte Leserinnen und Leser, dazu anregen, die Ingenieurpromotion nicht als festgelegtes Konzept in der deutschen Hochschullandschaft zu betrachten, sondern mit uns gemeinsam über die Entwicklungs- und Verbesserungsmöglichkeiten für den Dr.-Ing. nachzudenken – auf dass unsere Doktorandinnen und Doktoranden auch weiterhin in der Praxis optimal und nachhaltig ausgebildet werden können. In diesem Sinne wünsche ich Ihnen viele interessante Erkenntnisse bei der Lektüre!

Prof. Dr. sc. tech. Dr. h. c. Horst Hippler
Präsident des Karlsruher Instituts für Technologie

> BEGRÜSSUNG

REINHARD F. HÜTTL

Sehr geehrte Frau Ministerin Kunst,
sehr geehrter Herr Staatssekretär Rachel,
meine sehr verehrten Damen und Herren,

ich freue mich, dass Sie unsere Einladung angenommen haben und heiße Sie herzlich willkommen auf dem Symposium „Ingenieurpromotion – Stärken und Qualitätssicherung".

Gutes noch besser machen – so kurz und griffig lässt sich unser gemeinsamer Auftrag bei der Ingenieurpromotion umreißen. Die Ingenieurpromotion „made in Germany" ist heute bereits ein Markenzeichen, ein Nachweis wissenschaftlicher Befähigung für anspruchsvolle Aufgaben, die unser Land nachhaltig stärken und innovativer machen – ob in der Wissenschaft oder in der Wirtschaft.

Die Qualität des Dr.-Ing. hat acatech – Deutsche Akademie der Technikwissenschaften in einer Studie vor drei Jahren erhoben. Wir konnten damit der Ingenieurpromotion eine hervorragende Qualität und einen guten Ruf im In- und Ausland bescheinigen. Die Studie stützte sich auf umfangreiche Befragungen, auf internationale Ländervergleiche zu Verlauf und Ergebnissen der Ingenieurpromotion in Europa und in den USA, auf eine Bestandsaufnahme der vorhandenen Standpunkte, auf Empfehlungen und nicht zuletzt auf ein Round-Table-Gespräch mit Vertreterinnen und Vertretern von Politik, Hochschule und Wirtschaft. Anlass waren die gemeinsamen Erklärungen der europäischen Wissenschaftsministerinnen und -minister zum Bologna-Prozess und deren Auswirkungen auf die Ingenieurpromotion in Deutschland.

Als wir vor drei Jahren die Ergebnisse der Studie präsentierten, standen drei Aspekte der Ingenieurpromotion im Zentrum: Erstens ist in Deutschland die Promotion in einem technischen Fach durch eine weitgehend selbstständige Tätigkeit in Forschung und Lehre gekennzeichnet. Diese überaus positiv einzuschätzende Tatsache fördert zweitens eine umfassende Kompetenzentwicklung der Doktorandinnen und Doktoranden und ist drittens ein Alleinstellungsmerkmal im internationalen Vergleich.

Wie Sie merken, war die Präsentation seinerzeit ein schöner Termin für einen acatech Präsidenten. Denn wir hatten sehr gute, sehr positive Botschaften zu verbreiten. Etwas Salz in der Suppe gab es aber dann doch. Wir haben bei aller positiven Würdigung der Ingenieurpromotion auch einigen Verbesserungsbedarf identifiziert und – weil man Gutes eben immer auch noch besser machen kann – diesen auch nicht verschwiegen. Dazu gehört beispielsweise,

- dass die Auswahl und Betreuung von Promotionskandidatinnen und -kandidaten Verbesserungspotenzial bietet,
- dass die Dauer der Promotion verkürzt werden sollte,
- dass in der Promotionsphase gezielt und noch systematischer außerfachliche Qualifikationen erworben werden,
- dass die Ingenieurpromotion für Frauen attraktiver
- und außerdem internationaler werden muss.

Mit unseren Empfehlungen wollten wir konkreten Nutzen stiften – bis hin zum Vorschlag, das Verhältnis zwischen Promovierenden und der Betreuerin bzw. dem Betreuer in einem Vertrag zu regeln. Seit Veröffentlichung dieser Studie sind fast drei Jahre vergangen. Mit großem Interesse hat acatech die zwischenzeitlichen Entwicklungen an den Universitäten verfolgt. Ich möchte auf drei Entwicklungslinien kurz eingehen:

Erstens: die weitere Einführung stärker strukturierter und formalisierter Promotionsprogramme. In den vergangenen Jahren wurden viele Promotionsstudiengänge, Graduiertenkollegs und Graduiertenschulen an den Universitäten eingerichtet. Die Exzellenzinitiative, die kürzlich in die dritte Runde gegangen ist, hat diese Entwicklung sicher beflügelt. Graduiertenschulen und andere strukturierte Promotionsformen haben zu einer weiteren Differenzierung der möglichen Promotionswege und Profile von Promovierten beigetragen. Der typische Weg zum Doktortitel in den Ingenieurwissenschaften ist aber nach wie vor die eigenverantwortliche Tätigkeit als wissenschaftliche Mitarbeiterin oder wissenschaftlicher Mitarbeiter an einer Universität oder an einem Forschungsinstitut. Mit der Anfertigung einer originären wissenschaftlichen Arbeit – der Dissertation – und in der täglichen Arbeit in Forschung, Lehre und Studierendenbetreuung erwerben die Ingenieurinnen und Ingenieure umfassende Kompetenzen. Gerade aus diesem Grund avancierte die Ingenieurpromotion an deutschen Universitäten international zum Erfolgsmodell. Zu diesen Kompetenzen gehören einerseits fachliche Kenntnisse und Erkenntnisse, die häufig in enger Kooperation mit industrieller Forschung entstehen. Zu ihnen gehören aber auch sogenannte Soft Skills wie Selbstständigkeit, Teamfähigkeit, Kenntnisse im Projektmanagement und die Fähigkeit, neues Terrain zu betreten und Innovationen voranzutreiben.

Vor diesem Hintergrund beobachte ich eine zweite Entwicklung mit Sorge: sogenannte Turbo- oder Fast-Track-Programme, in denen man in vier oder gar in drei Jahren ein kombiniertes Masterstudium und Promotionsprojekt durchläuft. Solche Programme punkten zwar mit extrem kurzen Qualifizierungszeiten. Es ist aber meiner Meinung nach in einem solchen Zeitraum nicht möglich, jene umfassenden Kompetenzen zu erwerben, die man von einer oder einem Dr.-Ing. erwartet.

Positiv zu bewerten ist hingegen die steigende Zahl an Promotionen von Fachhochschulabsolventinnen und -absolventen. Die Ingenieurwissenschaften spielen hier durchaus eine Vorreiterrolle. Ich begrüße es sehr, dass die Technischen Universitäten zunehmend kooperative Promotionen anbieten.

Angesichts dieser Entwicklungen wollte acatech den Blick noch einmal auf die 2008 geforderte weitere Verbesserung der Qualität von Ingenieurpromotionen richten und die von den Universitäten eingeschlagenen Wege genauer unter die Lupe nehmen. Denn acatech versteht sich als moderne Wissenschaftsakademie, die nicht nur Empfehlungen vorlegt, sondern auch nachfragt, was aus diesen geworden ist. So entstand die Idee zu einem Wettbewerb, mit dem wir die besten Ansätze in Deutschland auszeichnen wollten. Auf dem heutigen Symposium werden wir Best Practices aus diesem Wettbewerb prämieren. Heute sind hier also unter den ohnehin Guten die Besten versammelt.

Die Preisträgerinnen und Preisträger und die dahinterstehenden Hochschulen und Fakultäten, die wir später auszeichnen werden, möchte ich an dieser Stelle schon ermuntern: Lassen Sie die sonst oft zu Recht gelobte Bescheidenheit heute und in Zukunft bei diesem Thema gern beiseite! Beim Thema „Best Practice zur weiteren Verbesserung der Ingenieurpromotion" gilt: Tun Sie Gutes – und reden Sie unbedingt darüber. Denn wir wollen, dass Ihre guten Beispiele Nachahmung finden. Hier gilt ausnahmsweise ausdrücklich: Abkupfern erlaubt!

Preise sind per se sicher eine schöne Sache. Preise mit einer Dotierung sind sogar noch besser. Den Unternehmen, die Preisgelder für den Wettbewerb gespendet haben, möchte ich an dieser Stelle genauso danken wie der engagierten acatech Projektgruppe, der Jury und den Projektpartnern. Und dass wir beim Wettbewerb von TU9 als Sprachrohr der führenden deutschen Technischen Universitäten, der Arbeitsgemeinschaft Technischer Universitäten und Hochschulen sowie insbesondere 4ING – also den Fakultätentagen der Ingenieurwissenschaften und der Informatik – unterstützt wurden, macht deutlich, wie die Wissenschaft diesem Thema Rückhalt und Wichtigkeit zumisst. Ich denke diese Phalanx an Kompetenz und Engagement beim Thema Ingenieurpromotion sendet auch ein wichtiges Signal an die Politik.

In diesem Sinne wünsche ich uns eine interessante Veranstaltung mit vielen gelungenen Beispielen und Anregungen für die weitere Ausgestaltung des Erfolgsmodells Dr.-Ing. „made in Germany".

Vielen Dank für Ihre Aufmerksamkeit!

ZUR PERSON

Prof. Dr. rer. nat. habil. Dr. h. c. Reinhard F. Hüttl ist seit 1993 Professor für Bodenschutz und Rekultivierung an der Brandenburgischen Technischen Universität Cottbus. Nach seinem Studium der Boden- und Forstwissenschaften in Freiburg und Corvallis (Oregon) folgten Promotion und Habilitation in Freiburg, eine mehrjährige leitende Forschungstätigkeit in der Industrie und eine Vertretungsprofessur an der University of Hawaii. Reinhard Hüttl ist Autor und Co-Autor von über 300 international begutachteten wissenschaftlichen Beiträgen. Von 1996 bis 2000 war er Mitglied des Rates von Sachverständigen für Umweltfragen der Bundesregierung und von 2000 bis 2006 Mitglied im Wissenschaftsrat, davon drei Jahre lang Vorsitzender der wissenschaftlichen Kommission des Wissenschaftsrates. Seit 2007 berät er das Bundesministerium für Bildung und Forschung in der Hightechstrategie zum Klimaschutz; 2011 war er Mitglied der Ethikkommission Sichere Energieversorgung der Bundeskanzlerin. Seit 2007 ist er Vorstandsvorsitzender des Deutschen GeoForschungsZentrums in Potsdam und seit 2008 gemeinsam mit Henning Kagermann Präsident von acatech – Deutsche Akademie der Technikwissenschaften.

> GRUSSWORT

THOMAS RACHEL, MdB

Sehr geehrte Ministerin Kunst,
sehr geehrter Herr Professor Hüttl,
sehr geehrte Damen und Herren,

ich freue mich sehr, heute anlässlich des Symposiums „Ingenieurpromotion – Stärken und Qualitätssicherung" ein Grußwort an Sie zu richten.

Ein entscheidender Faktor für Erfolg oder Misserfolg im verschärften Wettbewerb der Wissensgesellschaften des 21. Jahrhunderts ist die Verfügbarkeit hoch qualifizierter Arbeitskräfte. Als rohstoffarmes Land ist Deutschland besonders auf die Kompetenz und Kreativität seiner Beschäftigten angewiesen. Eine Innovationspolitik, die den Herausforderungen des globalen Wettbewerbs gerecht werden will, muss der Erneuerung und Förderung von Bildung und Ausbildung hohe Priorität beimessen.

Die drängenden nationalen und internationalen Herausforderungen verlangen nach kreativen Köpfen. Ingenieurinnen und Ingenieuren kommt hierbei eine besondere Rolle zu: Sie sind ein wichtiger Motor für Innovationen, die wirtschaftliches Wachstum stärken und Beschäftigung schaffen. Der Ingenieurberuf bietet darüber hinaus eine große Bandbreite an Beschäftigungsmöglichkeiten mit vielfältigen Karriereoptionen. Die jungen Menschen in Deutschland haben dies wieder vermehrt erkannt und bei der Wahl ihres Studienfaches berücksichtigt. Verzeichneten wir noch im Jahr 2006 einen Rückgang der Studienanfängerzahlen in den Ingenieurwissenschaften um 4,4 Prozent auf 80.680 gegenüber 2005, so lassen die steigenden Zahlen der jüngeren Vergangenheit wieder hoffen: An den deutschen Hochschulen haben sich laut Statistischem Bundesamt im Studienjahr 2010 mit einem Plus von 8,2 Prozent – 93.200 Studienanfängern – deutlich mehr Erstsemester für ein Ingenieurstudium eingeschrieben als im Vorjahr. Dieser positive Trend wird uns helfen, dem drohenden Fachkräftemangel der kommenden Jahre und Jahrzehnte erfolgreich entgegenwirken zu können. Nachwuchskräfte von heute stellen sich diesen Herausforderungen mit ihren Begabungen. Sie sind kreativ, vielfältig und erfolgreich.

Die Förderung des wissenschaftlichen Nachwuchses ist für das Bundesministerium für Bildung und Forschung (BMBF) ein wichtiger Teil der Forschungsförderung. Deutlich wird dies auch an dem kontinuierlich angewachsenem Etat für Bildung und Forschung.

Dieses Jahr gibt das BMBF knapp 3,2 Milliarden Euro für die Hochschulen und für die Studierenden aus. Zum Vergleich: Im Jahr 2005 waren dies weniger als 1,1 Milliarden Euro. Bis 2015 sollen zehn Prozent des Bruttoinlandsprodukts in Bildung, Forschung und Entwicklung fließen.

Die Bundesregierung bekennt sich dazu, der Freiheit der Forschung ihren Raum zu sichern. Zu dieser Freiheit gehört jedoch auch Verantwortung für Forschung, d. h., die komplexen Zusammenhänge zwischen Forschung und gesellschaftlicher Rückkopplung müssen immer im Blick bleiben. Häufig ist die öffentliche Diskussion über die Chancen und Grenzen von Wissenschaft und Forschung emotional geprägt. Diese Emotionalität nimmt zu, je komplexer die Fragestellungen sind und je schwerer es ist, sich von den zugrunde liegenden Technologien und Prozessen eine Vorstellung zu machen.

Genauso wichtig wie die grundlegende Förderung von Forschung selbst ist es daher, die gesellschaftliche Kommunikation über Forschung und die Akzeptanz von Forschung zu fördern. Insbesondere öffentlich finanzierte Forschung muss sich ein Stück weit auch legitimieren und hat insofern eine besondere Pflicht, den öffentlichen Diskurs über die gesellschaftliche Bedeutung und die gesellschaftlichen wie auch ethischen Folgen von Forschung verantwortungsbewusst mitzugestalten.

Dies ist dann ein besonders diffiziles Problem, wenn Innovation im Bereich der Wissenschaft sehr viel früher erfolgt und oft auch erfolgen muss, als der dazu notwendige öffentliche Diskurs gestaltet werden kann. Hier sind Wissenschaft, Wirtschaft und Politik gemeinsam gefordert – aber auch eine in hohem Maße fachkundige und verantwortungsvoll handelnde Presse. Nur, wo Verantwortung für Forschung in diesem Sinne von vielen Menschen in der Gesellschaft und der Wissenschaft gelebt wird, stellt sich auch dauerhaft Vertrauen gegenüber neuen Techniken und Anwendungsverfahren sowie gegenüber den politischen Akteurinnen und Akteuren ein.

Deutschland braucht hervorragende Nachwuchskräfte, die forschen und sich zugleich für gesellschaftlichen und technologischen Fortschritt einsetzen. Wir brauchen engagierte und zugleich weltoffene Wissenschaftlerinnen und Wissenschaftler, Forscherinnen und Forscher.

Erfreulicherweise beginnen immer mehr Frauen einen erfolgreichen Einstieg in die Wissenschaft: Fast jede zweite Dissertation wird heutzutage von einer Frau geschrieben. Danach gibt es jedoch nach wie vor einen Bruch. In Deutschland entscheiden sich zu viele begabte und hoch qualifizierte Frauen gegen eine weitere wissenschaftliche Karriere und steigen nach Abschluss ihrer Promotion aus dem Wissenschaftssystem aus. Nur jede vierte Habilitationsschrift wird von einer Frau verfasst. Entsprechend gering ist der Frauenanteil bei den Professuren: Nur jede sechste Professur ist mit einer Frau besetzt, bei den C4/W3-Professuren nur jede neunte. Und in den außeruniversitären Forschungseinrichtungen liegt der Anteil von Frauen in Leitungspositionen bei knapp zehn Prozent.

Diese Zahlen verdeutlichen v. a. eines: Wir nutzen die Exzellenz von Frauen für Wissenschaft und Forschung zu wenig. Es geht dabei nicht nur um die notwendige Chancengerechtigkeit und angemessene Teilhabe von Frauen – es geht auch um das enorme Potenzial von Frauen für Forschung und Innovation, das wir mit Blick auf die internationale Wettbewerbsfähigkeit deutlich stärker nutzen wollen und nutzen müssen.

Daher gilt nach wie vor: Wir müssen spezifische, strukturelle Karriere- und Motivationshemmnisse für Wissenschaftlerinnen auch im Bereich der Ingenieurwissenschaften weiter abbauen. Dasselbe gilt im Übrigen für viele andere Bereiche des öffentlichen Lebens, aber auch für leitende Postionen in Unternehmen.

Ich erwähne dies auch vor dem Hintergrund, dass wir vor einem Generationswechsel an den Hochschulen und außeruniversitären Forschungseinrichtungen stehen: Fast die Hälfte der Wissenschaftlerinnen und Wissenschaftler erreicht in den nächsten Jahren das Ruhestandsalter. Diesen Generationswechsel müssen wir nutzen, um wichtige Strukturveränderungen durchzusetzen und den Anteil von Frauen in wissenschaftlichen Spitzenpositionen zu erhöhen.

Lassen Sie mich nun ein paar Beispiele nennen, wie das BMBF seit Jahren maßgeblich zur substanziellen Gestaltung einer extrem leistungsfähigen Forschungsinfrastruktur als zentraler Voraussetzung für Nachwuchsförderung beiträgt:

- mit dem Pakt für Forschung und Innovation, der den großen Forschungs- und Wissenschaftsorganisationen ab 2011 jedes Jahr einen Mittelzuwachs von mindestens drei Prozent garantiert,
- mit der Exzellenzinitiative, durch die bisher insgesamt 39 Graduiertenschulen mit durchschnittlich rund einer Millionen Euro pro Jahr und Schule gefördert werden,
- mit dem Hochschulpakt, mit dem sichergestellt wird, dass bis 2015 insgesamt über 275.000 zusätzliche Studienanfängerinnen und Studienanfänger aufgenommen werden können,
- mit dem Qualitätspakt Lehre, mit dem die Voraussetzungen für eine qualifizierte Nachwuchsförderung – nämlich ein qualitativ hochwertiges Studium – geschaffen werden sollen.

Darüber hinaus hat die Bundesregierung für die Förderung des wissenschaftlichen Nachwuchses im engeren Sinne

- die Mittel für Begabtenförderung erhöht (von 30,6 Millionen Euro im Jahr 2005 auf voraussichtlich 50,67 Millionen Euro für das Jahr 2010),
- die Mittel für Promotionsstipendien erhöht (auf 1.050 Euro pro Monat),
- das Programm „Zeit gegen Geld" ins Leben gerufen, das die Vereinbarkeit von Familie und Karriere erleichtern soll,

- das Wissenschaftszeitvertragsgesetz um eine familienpolitische Komponente ergänzt,
- die personengebundene Förderung von wissenschaftlichem Nachwuchs durch Forschungs- und Förderorganisationen im Kontext der dritten Säule der Bologna-Reform (Graduiertenkollegs und -schulen) nachhaltig befördert,
- Nachwuchsgruppen und Nachwuchsförderung in wichtigen Zukunftstechnologien (Lebenswissenschaften Gesundheitsforschung, Programm Biofuture) sowie in der empirischen Bildungsforschung etabliert,
- gemeinsam mit den Ländern international hochkarätige Zukunftsprojekte wie das Nationale Bildungspanel etabliert, das Nachwuchsförderung an vorderster Front von hochkarätiger, interdisziplinär angelegter Längsschnittforschung ermöglicht,
- die Programme „PHD-Net" (als Fortführung des Programms „Promotion an Hochschulen in Deutschland") sowie „International Promovieren" mit Mitteln des BMBF aufgelegt; letzteres ist im Jahr 2010 sehr erfolgreich gestartet,
- mit der Einrichtung der Alexander von Humboldt-Professur und dem Professorinnen-Programm zur Förderung von Spitzenwissenschaftlerinnen attraktive Perspektiven für hoch qualifizierten wissenschaftlichen Nachwuchs geschaffen,
- mit der ebenfalls BMBF-finanzierten Internet-Plattform KISSWIN das Ziel der Transparenz in dem zuweilen unübersichtlichen Angebotsmarkt für Nachwuchswissenschaftlerinnen und -wissenschaftler anvisiert und
- schließlich die Berichterstattung und empirische Forschung über wissenschaftlichen Nachwuchs als zentrale Voraussetzung für empirisch fundierte und zielgerichtete Reformstrategien intensiviert.

Für die Bundesregierung wird das Thema „wissenschaftlicher Nachwuchs" weiterhin zentral auf der politischen Agenda sein – in dem Bewusstsein, dass es ein Querschnittsthema ist, das integrierter Bestandteil aller großen Förderprogramme sein muss und zugleich wissend, dass dieser Bereich in besonders hohem Maße der Kooperation aller Verantwortlichen unseres Landes bedarf. In diesem Sinne sind Anregungen, Angebote und Beiträge stets willkommen.

ZUR PROMOTION IN DEN INGENIEURWISSENSCHAFTEN

Das typische Modell des Erwerbs eines Doktorgrades in den Ingenieurwissenschaften in Deutschland sieht für die Promotion eine berufliche Tätigkeit als wissenschaftliche Mitarbeiterin bzw. wissenschaftlichen Mitarbeiter auf einer zeitlich befristeten Stelle vor, die aus Landes- oder aus Drittmitteln finanziert wird. Diese Form der Ingenieurpromotion wird vielfach auch als „Assistenz-Promotion" oder auch „Meister-Schüler-Modell" bezeichnet. Zentrale Merkmale sind dabei insbesondere folgende:

- In den Ingenieurwissenschaften wird bei der Assistenzpromotion viel Wert darauf gelegt, dass sich die Promovierenden selbst das Thema suchen. Die Findungsphase dauert i. d. R ein Jahr.
- Zudem müssen die Promovendinnen und Promovenden in Forschungsvorhaben vielfach eng mit der Industrie kooperieren.
- Neben der Forschungsarbeit gehören das Projekt- und Finanzmanagement, Teamwork, die Mitarbeit am Lehrstuhl (Verwaltung) und eine Mitwirkung in der Lehre (bei Praktika, Übungen bis hin zu Vorlesungen und der Betreuung von Abschlussarbeiten) zum Tätigkeitsprofil einer bzw. eines auf einer Assistentenstelle Promovierenden.

Da in den Ingenieurwissenschaften Professorinnen und Professoren noch in enger Kooperation mit der Industrie berufen werden, bedeutet der Erwerb der Kenntnisse und Fähigkeiten in den genannten Tätigkeitsfeldern eine (im Prinzip durchaus wünschenswerte) Erweiterung des Kompetenzprofils (wie in strukturierten Formen der Promotion ja ebenfalls angestrebt wird). Er ist zugleich als Vorbereitung auf eine Tätigkeit in der Wirtschaft zu werten, denn kommunikative Fähigkeiten und Personalführung bzw. -management werden mit geschult.

Allerdings dauert eine Assistenzpromotion i. d. R. vier bis fünf Jahre und damit länger als die Modelle der strukturierten Promotion. In welchem Maße die längere Promotionsdauer in den Ingenieurwissenschaften tatsächlich einen deutlichen Mehrwert im Hinblick auf die Qualität des mit der Promotion verbundenen Kompetenzprofils darstellt und wie sie sich im weiteren individuellen Karriereverlauf hinsichtlich einer Unternehmensrendite „auszahlt", ist bis heute nicht valide empirisch belegt – insbesondere nicht durch den Vergleich unterschiedlicher Promotionsmodelle.

BOLOGNA-PROZESS UND PROMOTION IN DEN INGENIEURWISSENSCHAFTEN

Im Rahmen des Bologna-Prozesses und in dem Bestreben, die Promotionsverfahren generell zu verbessern und zu einer generellen Qualitätssicherung der Promotionen zu kommen, gab es in letzter Zeit viele Überlegungen. Dabei standen folgende Fragen im Mittelpunkt:

- Müssen die Wege zur Promotion verändert werden?
- Was leistet die Promotionsphase für Promovierende?
- Welche Kompetenzen werden ausgebildet?
- Welche Auswirkungen auf die weitere berufliche Karriere hat die Promotion?

Ich denke, hierzu haben die Empfehlungen von acatech – Deutsche Akademie der Technikwissenschaften vom September 2008 einen wichtigen Beitrag geleistet. Die zwölf Empfehlungen zeigen sehr deutlich Wege auf, wie eine weitere Verbesserung und Stärkung der Promotion in den Ingenieurwissenschaften an Universitäten in Deutschland aussehen kann, um damit auch im internationalen Wettbewerb um die klügsten Köpfe erfolgreich zu sein.

Auf dieser Grundlage wurden im Rahmen eines Wettbewerbes 28 Best-Practice-Vorschläge sowie neue Konzepte eingereicht. Das Ergebnis lässt sich sehen. Mit großem Interesse habe ich mir im Vorfeld der heutigen Veranstaltung die inhaltlichen Schwerpunkte der zur Auszeichnung anstehenden Projekte angesehen. Ohne der Preisverleihung im Einzelnen vorzugreifen sind nach meiner Einschätzung mit solchen Themenfeldern wie z. B.

- Einführung von hohen Betreuungsstandards,
- Etablierung familienfreundlicher Promotionsbedingungen,
- dual promovieren,
- Verbesserung der Kooperation zwischen Universitäten und Fachhochschulen,
- Einführung eines Benchmarks für alle Doktorandinnen und Doktorandinnen einer Universität, bezogen auf die nationale und internationale Promotionslandschaft ...

... genau die Themenfelder bearbeitet worden, auf die es in der Zukunft ankommen wird, um im Bereich der Ingenieurpromotionen die Qualität zu stärken.

Zum Abschluss möchte ich allen Teilnehmerinnen und Teilnehmern an diesem Wettbewerb und insbesondere den heutigen Preisträgerinnen und Preisträgern meine Anerkennung für ihre zukunftsorientierten Arbeiten mit herausragenden Leistungen aussprechen. Ich wünsche Ihnen weiterhin viel Erfolg und das notwendige Quäntchen Glück in ihrer Arbeit!

Danke für Ihre Aufmerksamkeit.

ZUR PERSON

Thomas Rachel (CDU) ist seit 1994 Mitglied des Bundestages und seit 2005 Parlamentarischer Staatssekretär im BMBF. Er hat Politikwissenschaft, Geschichte und Öffentliches Recht an der Universität Bonn studiert und anschließend mehrere Jahre bei der Wirtschaftsvereinigung Stahl in Düsseldorf gearbeitet. Von 1998 bis 2005 war er Obmann der CDU/CSU-Bundestagsfraktion für Bildung und Forschung.

EINFÜHRUNG

> WEGE DER INGENIEURPROMOTION, HANDLUNGS-FELDER UND acatech EMPFEHLUNGEN

MICHAEL F. ZÄH

Meine sehr verehrten Damen und Herren,

meine Aufgabe ist es heute, Ihnen anhand von Untersuchungsergebnissen aus dem Jahr 2007 die Situation der Ingenieurpromotion in Deutschland zu beschreiben und Ihnen Handlungsnotwendigkeiten und Empfehlungen von acatech – Deutsche Akademie der Technikwissenschaften[1] aufzuzeigen.

Die erste Abbildung, auf die ich mich stütze, ist bereits die wichtigste. Denn im Laufe der vielen Gespräche, die uns zu der Studie und zu den acatech Empfehlungen geführt haben, haben wir festgestellt: Es ist notwendig, die Spezifika der Ingenieurpromotion im Dialog der Fachkulturen deutlich zu machen – also herauszustellen, was eine Ingenieurpromotion ausmacht. Daher fasst meine erste Abbildung die Merkmale der Ingenieurpromotion zusammen (siehe Abbildung 1).

Abbildung 1: Merkmale der Ingenieurpromotion

MERKMALE DER INGENIEURPROMOTION
3 Modelle: Assistenzpromotion, externe Promotion, Graduiertenkollegs und -schulen
Lösung einer wissenschaftlichen Fragestellung
Nutzenstiftung für die industrielle Produktionstechnik
Herausarbeitung des Themas ist Teil der wissenschaftlichen Eigenleistung
Meist Versuchsaufbau und hoher Anteil experimenteller Arbeiten
Promotion ist projektbezogen und in der Regel führen mehrere Projekte zum Ziel
Enge Verzahnung mit Industriepartnern, Technologietransfer
Ganzheitliche Ausbildung während der Promotionsphase
Technologietransfer auch über Köpfe (Wechsel in die Industrie)
Promotionsgeschehen hat entscheidenden Anteil an der Innovationskraft der deutschen Industrie

➔ Dies war aus Sicht von acatech schützenswert mit Blick auf Bologna/3rd Cycle.

---

[1] Vgl. acatech 2008.

Lassen Sie mich auf die Merkmale eingehen, auch wenn einige bereits von meinen Vorrednern angesprochen wurden:

- Wir haben letztlich drei Modelle, die koexistieren: Einerseits ist da die Assistenzpromotion oder – wie es bereits genannt wurde – das „Meister-Schüler-Modell". Darüber hinaus gibt es externe Promotionen, wenn Mitarbeiterinnen und Mitarbeiter in Industrieunternehmen Kontakt mit einer Professorin oder einem Professor an einer Universität aufnehmen und dann über mehrere Jahre hinweg eine Dissertation verfassen. Und wir haben mehr und mehr die Graduiertenkollegs und Graduiertenschulen.
- Wesentliches Merkmal der Ingenieurpromotion ist die Lösung einer wissenschaftlichen Fragestellung, deren Inhalt mit dem Stiften von Nutzen für die industrielle Produktionstechnik verbunden ist. Häufig ist sie nicht auf eine Region oder die Volkswirtschaft Deutschland, sondern auf die Produktionstechnik weltweit fokussiert.
- Auch das Herausarbeiten des Themas ist Teil der wissenschaftlichen Eigenleistung. Dass bedeutet: Das Thema muss umrissen werden, es muss motiviert und es muss begründet werden.
- Ingenieurpromotionen sind in vielen Fällen sehr stark experimentell geprägt, wofür man einen Versuchsaufbau benötigt und entsprechend empirisch arbeitet.
- Die Promotion ist projektbezogen; sie erfolgt im Rahmen eines geförderten Forschungs- oder eines Kooperationsprojektes mit der Industrie oder einer Kopplung von beidem. Generell führen damit für die Promovierenden mehrere Projekte zum Ziel – sprich, zu den Inhalten, die eine Promotion ausmachen. Ein Beispiel: Über ein öffentlich gefördertes Projekt wird ein Modell aufgebaut, das einen bestimmten Sachverhalt beschreibt. Ein industrielles Anwendungsbeispiel liefert dafür empirische Daten und kann dann in anonymisierter oder in etwas abstrahierter Form veröffentlicht werden.
- Wir haben also eine enge Verzahnung mit Industriepartnern und damit einen Technologietransfer. Das an der Hochschule erforschte Wissen wird unmittelbar in die Industrie transferiert.
- Der Transfer läuft auch über die Köpfe, denn die Promovierten, die in die Industrie wechseln, bringen Wissen mit und sind auf konkrete Aufgabenstellungen in der Industrie oder auf bestimmte Branchen spezialisiert.
- Die Promovierenden erfahren im Laufe der Promotion eine ganzheitliche Ausbildung. Dass bedeutet, es geht nicht nur um die fachlichen Inhalte, sondern man muss beispielsweise diese fachlichen Inhalte auch vertreten können und beispielsweise im Rahmen von Kongressen und Konferenzen auftreten. Man muss zum Teil selbst die Projekte bewerben oder Zuständige bei der Einwerbung unterstützen. Das alles vermittelt zusätzliche Kompetenzen.

– Von der Industrie wird auch anerkannt, dass das Promotionsgeschehen in Deutschland in den Ingenieurswissenschaften einen entscheidenden Anteil zur Innovationskraft der deutschen Industrie leistet.

Dieses Ausbildungsmodell galt es zu schützen, weshalb es mit Blick auf Bologna/3rd Cycle von acatech aufgegriffen worden ist. Im Mai 2007 sollte eine Konferenz der europäischen Bolognavertreterinnen und -vertreter in London stattfinden. Daher hat sich acatech zu Jahresbeginn des Themas angenommen. Es wurde beschlossen, ein Projekt aufzusetzen, das zu Empfehlungen für die Gestaltung der Ingenieurpromotion im Rahmen des Bologna-Prozesses führen sollte. Das Projekt wurde vom Stifterverband für die deutsche Wissenschaft und von der Friedrich-Flick-Förderstiftung gefördert und es begann mit der Konzeptphase im Frühjahr 2007. Das Bestreben war, von Anfang an im Rahmen der Gespräche alle Stakeholder in die Gestaltung mit einzubeziehen – also die Hochschulen mit den Fakultäten, die Industrie- und Berufsverbände sowie die Politik. Und es wurden verschiedene Maßnahmen beschlossen, wie die Empfehlungen herausgearbeitet werden sollten: mit einem ganzheitlichen Ansatz, mit allen Stakeholdern, in einer systematischen Herangehensweise und auf empirischen Daten basierend (siehe Abbildung 2). Teile des Projektes waren eine Round-Table-Diskussion unter Einbindung der genannten Stakeholder sowie anschließende Umfragen unter Professorinnen und Professoren im Inland und unter Promovierten im Inland, deren Promotion einige Jahre zurücklag und die gewissermaßen auf berufliche Erfahrungen zurückblicken konnten. Darüber hinaus haben wir eine internationale Expertenbefragung und anschließend einen internationalen Workshop durchgeführt, bei dem auch der Kollege Gerry Byrne mit eingebunden war. Er ist dafür zu uns nach München gekommen und hat vor dem Hintergrund seiner persönlichen Erfahrungen in zwei unterschiedlichen Länderkulturen – Hochschulkulturen sozusagen – mitdiskutiert. Anschließend erfolgten die Auswertung der Ergebnisse und die Erarbeitung von Empfehlungen, die dann im Herbst 2008 hier in Berlin vorgestellt wurden.

In aller Kürze möchte ich einige der Projektbausteine beleuchten: zunächst die Round-Table-Veranstaltung Ende April 2007, mit etwa drei Wochen Vorlauf zur Konferenz in London. Wir hatten die nationalen Bologna-Follow-up-Vertreterinnen und -Vertreter des Bundesministeriums für Bildung und Forschung und der Kultusministerkonferenz sowie die Wissenschaftsverbände und die Berufs- und die Industrieverbände eingeladen. Worauf wir zum damaligen Zeitpunkt auch zurückgreifen konnten, war eine Studie vom Verband Deutscher Maschinen- und Anlagenbau e.V. (VDMA) zur Ingenieurpromotion, die auf einer Befragung von Unternehmen, Promovierten und Promovierenden beruhte.[2] Diese hatte bereits gezeigt, dass die Industrie hierzulande sehr von dem deutschen Modell der Ingenieurpromotion profitiert und dass das Modell schützenswert ist. Im Rahmen des Meetings haben wir die Qualitätsmerkmale der deutschen Assistenzpromotion

---

2   Vgl. VDMA 2006.

identifiziert, sie im Bologna-Prozess eingeordnet und Chancen für die Universitäten herausgearbeitet, um im europäischen Wettbewerb für die Assistenzpromotion sozusagen die besten Bewerberinnen und Bewerber zu gewinnen. In vielen Fällen scheiterte das aber leider daran, dass dieses Modell nicht hinlänglich über die Grenzen Deutschlands hinaus bekannt war. Auch daran wollten wir natürlich arbeiten.

Abbildung 2: Zeitplan des Projektes

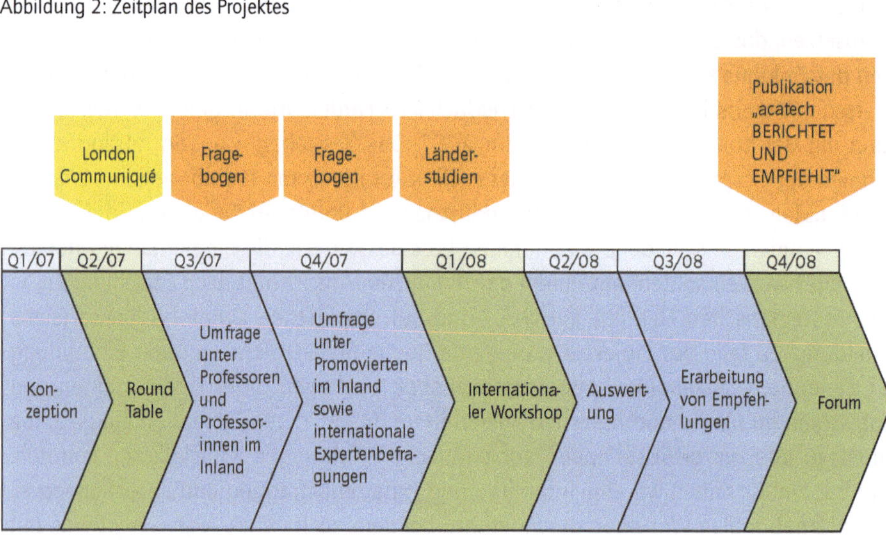

Der Workshop im Januar 2008 unter Einbindung internationaler Referentinnen und Referenten von Hochschulen aus Italien, Irland, Frankreich und Belgien erarbeitete einen Überblick über die Promotionsmodelle in europäischen Nachbarländern. Wir konnten einen Vergleich mit dem deutschen Modell anstellen und daraus Anregungen für die Ingenieurpromotion in Deutschland herausarbeiten – also positive Elemente dessen identifizieren, was in den Nachbarländern geschieht, und Empfehlungen aufgreifen.

Für die Befragungen haben wir auf Netzwerke – die Fakultätentage der Ingenieurwissenschaften und der Informatik (4ING), den Verein Deutscher Ingenieure (VDI) und den VDMA – zurückgreifen können. 417 Professorinnen und Professoren sowie 328 Promovierte haben an der Befragung teilgenommen. Die Promotionsdauer lag im Schnitt bei 4,1 Jahren bis zur Abgabe der Dissertation. Die Promovierten etwa in der Altersgruppe Mitte 30 bis Ende 30 – darauf haben wir die Befragung fokussiert – waren zu 93 Prozent abhängig beschäftigt, zu 6 Prozent selbstständig und ein überraschend hoher Anteil hatte in den Industrieunternehmen bereits eine Leistungsfunktion, also eine Gruppen- oder Abteilungsleitung, inne.

Das Fazit der Befragung war folgendes: Die Ingenieurpromotion in Deutschland ist ein leistungsfähiges Modell. Die promovierten Ingenieurinnen und Ingenieure erfreuen sich hohen Ansehens in der deutschen Industrie und im internationalen Raum. Eine ganze Reihe der Befragten war erfolgreich im Ausland tätig. Die Arbeitsbedingungen werden von den Befragten weitgehend für gut befunden. Promotionszeiten empfindet man mit rund vier Jahren Dauer als angemessen. Und jetzt komme ich zurück auf das, was ich eingangs sagte: Es ist notwendig, das deutsche Modell der Ingenieurpromotion anderen Fachkulturen deutlich zu machen. Das Herausarbeiten der Aufgabenstellung des Promotionsthemas ist Teil der wissenschaftlichen Eigenleistung und es gibt einen hohen experimentellen Anteil – beides braucht eine gewisse Zeit. Erst recht, wenn jetzt damit auch noch die Ausbildung im Bereich der Soft Skills verbunden werden soll. Das, was am Ende dabei herauskommt, ist eben auch ein ausgezeichnetes Qualifikationsprofil. Hierin gab es weitgehend Zufriedenheit. Gleichwohl: Nichts ist so gut, als dass es nicht noch verbessert werden könnte. Optimierungsbedarf wurde im Bereich der fachübergreifenden Kompetenzen, in der Betreuungsintensität, im Ablauf der Promotion und in der Belastung der Promovierenden durch Zusatzaufgaben herausgearbeitet. Die genannten Zusatzaufgaben haben selbstverständlich ihren Sinn und sind zudem ein Teil des Ausbildungsinhalts. Vor 200 Studierenden zu stehen und eine Übung zu halten, ist etwas, woraus man lernt und was am Ende zu zusätzlicher Qualifikation führt. Aber auch die Internationalität – die Vernetzung mit dem Ausland – wurde als verbesserungswürdig erachtet; ebenso die Veröffentlichungskultur und die Rekrutierung von Kandidatinnen und Kandidaten. So war es lange Zeit ein weitverbreiteter Brauch, Nachwuchskräfte für die Promotion aus dem Kreise der eigenen Diplomandinnen und Diplomanden zu rekrutieren. Wir haben es jedoch als sinnvoll erachtet, über diesen Kreis hinauszugehen und Absolventinnen und Absolventen aus anderen Instituten, aus anderen Fachrichtungen, von anderen Hochschulen und aus dem Ausland anzuwerben. Systematisch aufgearbeitet führte dies zu den acatech Empfehlungen – zwölf an der Zahl. Ich kann hier nicht auf alle im Einzelnen eingehen; daher gebe ich hier nur einen Überblick. Wir haben empfohlen,

- dass die eigene Forschungsleistung beibehalten werden sollte,
- dass außerfachliche Qualifikationen erworben werden sollen,
- dass Zulassung und Auswahl wie auch die Struktur der Promotion strengen Qualitätskriterien unterliegen sollen,
- eine Vereinbarung zwischen Doktorandin bzw. Doktorand und Betreuerin bzw. Betreuer, also eine Betreuungsvereinbarung, abzuschließen,
- Promotionszeiten von maximal vier Jahren einzuhalten,
- den Beitrag zur Lehre zu erhalten, um dieses Element der Zusatzausbildung zu gewährleisten,

- den Bezug zur industriellen Praxis beizubehalten, da er sinnvoll und auch promotionsförderlich ist, weil man aus ihm erstens das Thema motivieren und begründen kann und zweitens entsprechende empirische Daten (Praxisdaten) erhält, um die Dissertation abzurunden,
- die Internationalisierung zu verstärken – idealerweise über einen internationalen Austausch, beispielsweise einen Auslandsaufenthalt gegen Ende des Promotionsvorhabens,
- Frauen vor dem Hintergrund ihres unterproportionalen Anteils an der Gesamtzahl der Promovierenden zu fördern
- und – salopp gesagt –, das, wo Dr.-Ing. drin ist, auch mit Dr.-Ing. zu bezeichnen, und alles, was wie Fast-Track-Modelle davon abweicht, auch im Titel kenntlich zu machen. Wenn es in die Richtung eines angelsächsischen Modells geht, dann sollte auch die angelsächsische Gradbezeichnung gewählt werden.

acatech wollte es aber nicht bei den Empfehlungen belassen und hat daher 2010 zum Wettbewerb aufgerufen. Mit ihm sollte das Aufgreifen dieser Anregungen honoriert werden. Ich finde es sehr positiv, dass im Rahmen dieses Wettbewerbs 28 Vorschläge eingereicht wurden. Das allein zeigt eigentlich schon, wie positiv diese Empfehlungen aufgenommen wurden. Es verdeutlicht, dass die Hochschulen proaktiv an die Sache herangegangen sind und nicht reaktiv wie im Zuge des Bologna-Prozesses. Ich habe an der TU München selbst erfahren, wie die acatech Empfehlungen aufgegriffen wurden und wie um die beste Lösung gerungen wurde.

Ich denke, es sind insgesamt sehr hervorragende, ganz ausgezeichnete Lösungen dabei herausgekommen. Es war vorhin die Rede davon, wer die Gewinner sind. Natürlich sind das im engeren Sinne die sechs Einrichtungen, die heute prämiert werden. Aber ich bin auch bei Herrn Rachel: Alle 28, die die Empfehlungen aufgegriffen und sich an dem Wettbewerb beteiligt haben, sind Gewinner. Ein Gewinner ist aber auch das deutsche Modell der Ingenieurpromotion und damit der Wissenschaftsstandort Deutschland.

Meine Damen und Herren, recht herzlichen Dank für Ihre Aufmerksamkeit.

LITERATUR

acatech 2008

acatech – Deutsche Akademie der Technikwissenschaften: Empfehlungen zur Zukunft der Ingenieurpromotion – Wege zur weiteren Verbesserung und Stärkung der Promotion in den Ingenieurwissenschaften an Universitäten in Deutschland. Stuttgart 2008.

VDMA 2006

Verband Deutscher Maschinen- und Anlagenbau e.V. (VDMA): Wir kümmern uns um die Elite – VDMA Positionen zur Promotion. Frankfurt am Main 2006.

ZUR PERSON

Prof. Dr.-Ing. Michael Friedrich Zäh ist seit 2002 Professor für Werkzeugmaschinen und Fertigungstechnik an der TU München. Dort studierte er Maschinenbau, arbeitete als wissenschaftlicher Mitarbeiter, promovierte 1993 und war anschließend Oberingenieur und Abteilungsleiter für Werkzeugmaschinen und Fertigungstechnik. 1996 ging er zu einem Werkzeugmaschinenhersteller in die Industrie, wo er bereits ein Jahr später zur erweiterten Geschäftsführung gehörte und nach kurzer Zeit leitender Angestellter wurde. Er ist Mitglied der acatech – Deutsche Akademie der Technikwissenschaften, der Wissenschaftlichen Gesellschaft für Produktionstechnik e.V. (WGP), der Wissenschaftlichen Gesellschaft für Lasertechnik e.V. (WLT), des VDI sowie zahlreicher weiterer Vereinigungen.

> DIE SITUATION DER INGENIEURPROMOTION HEUTE – EINE UNTERSUCHUNG AN DER RWTH AACHEN

MANFRED NAGL

Sehr geehrte Damen und Herren,

lassen Sie mich gleich zu Beginn Folgendes festhalten: Das Thema Ingenieurpromotion ruft eine breite Aufmerksamkeit hervor – nicht nur bei acatech – Deutsche Akademie der Technikwissenschaften, den Fakultätentagen der Ingenieurwissenschaften und der Informatik an Universitäten (4ING), dem Verband der neun führenden deutschen Technischen Universitäten (TU9) und der Arbeitsgemeinschaft Technischer Universitäten und Hochschulen, die dieses Symposium organisiert haben, sondern auch bei Berufsverbänden wie dem Verein Deutscher Ingenieure (VDI) und dem Verband der Elektrotechnik, Elektronik und Informationstechnik (VDE), bei Unternehmensverbänden wie dem Verband Deutscher Maschinen- und Anlagenbau (VDMA), dem Zentralverband Elektrotechnik- und Elektronikindustrie (ZVEI) und auch bei den Unternehmen selbst. So war es beispielsweise überhaupt kein Problem, bei Unternehmen Spenden für die Preisgelder des Wettbewerbs um Best Practices zur weiteren Verbesserung der Ingenieurpromotion einzuwerben. Die Ingenieurpromotion hat große Auswirkungen auf den Standort Deutschland. Sie ist einer der Faktoren, die dafür stehen, dass hochpreisige technische Produkte aus Deutschland weltweit verkauft werden können.

Ich möchte Ihnen heute eine Studie[1] über die Promotion in den Ingenieurwissenschaften und der Informatik vorstellen, die wir erst vor Kurzem an der Rheinisch-Westfälischen Technischen Hochschule (RWTH) Aachen durchgeführt haben. Diese Untersuchung präsentiert zwar keine grundsätzlich neuen Erkenntnisse, geht aber auf einige Aspekte ein, die in bisherigen Studien nicht im Fokus standen. Die Untersuchung wurde von der RWTH Aachen und von TU9 finanziell gefördert und unter Mitarbeit des Instituts für Soziologie der RWTH in Aachen, genauer gesagt von Frau Rüssmann und dem Kollegen Hill, angefertigt.

CHARAKTERISTIKA DER INGENIEURPROMOTION

Lassen Sie mich ein paar Worte zum Verlauf der Ingenieurpromotion sagen: Die Promotionsquote beträgt in den Ingenieurwissenschaften 10 bis 25 Prozent, die Promovendinnen und Promovenden sind also ausgesucht. In vielen Fällen ist die Promotion drittmittelfinanziert und die Doktorandin bzw. der Doktorand erhält nahezu immer eine

---

[1] Vgl. Nagl/Rüssmann 2011.

volle Stelle. Es gibt folglich keine prekären finanziellen Situationen wie zum Teil in anderen Disziplinen. Wir müssen voll bezahlen, damit wir die jungen talentierten Menschen überhaupt bekommen und halten können, da die Industrie natürlich auch ein Interesse an den besonders intelligenten Köpfen hat.

Jede Promotion wird in einem kleinen Projekt durchgeführt, hauptsächlich mit studentischer Unterstützung in Form von Studien-, Diplom-, Bachelor- oder Masterarbeiten. Das Projekt steht oft in Verbindung mit anderen Projekten am Lehrstuhl oder ist eingebunden in große Forschungsvorhaben, Transferbemühungen usw. Die Promovierenden lernen „on the job" Projektarbeit, Lehre und Vermittlung sowie Akquise kennen, was sie später auch für die Arbeit in Industrieunternehmen brauchen.

Die Ingenieurpromotion ist in erster Linie ein Karrieresprung für die Industrie, seltener der Anfang einer rein wissenschaftlichen Karriere. Die Mehrzahl der Promovierten – um die 90 Prozent – geht in die Industrie. Es ist üblich, dass man diejenigen, die sich in der Industrie durch eine besondere Technik- und Führungsleistung hervorgetan haben, später als Professorinnen bzw. Professoren wieder an die Hochschulen zurückruft. Die Promotion ist also in erster Linie ein Qualifikationsinstrument für höhere Industriepositionen.

Wir folgen auch hier dem Prinzip der frühzeitigen Übernahme von Verantwortung. So wird beispielsweise in der Promotionszeit bereits Lehre abgehalten, was im Ausland den Professorinnen und Professoren vorbehalten ist. Dieses Prinzip ist nicht auf die Ingenieurwissenschaft beschränkt. Wir nutzen es an Universitäten von Anfang an, indem wir z. B. Studierende schon im dritten, vierten Semester in Mentoring-Programmen oder als Hilfskräfte für Lehre und später für die Forschung beschäftigen.

STICHPROBE UND BEFRAGUNG

Wir haben die Befragung im Frühjahr 2011 durchgeführt und 468 Promovierte aus den 4ING-Fächern zweier akademischer Jahrgänge von Oktober 2008 bis September 2010 betrachtet. Hinzu kamen noch 32 Promovierte aus den Material- und Geowissenschaften, die ingenieurwissenschaftlich gearbeitet haben. Insgesamt bestand die Stichprobe somit aus 500 Promovierten.

Dabei gab es zwei Wege der Kontaktaufnahme: über die Fakultäten – das hat ungefähr ein Drittel der Befragungsergebnisse gebracht – und anschließend in einer zweiten Welle über die Doktormütter und Doktorväter, die den engsten Kontakt zu den Promovierten haben – hier erzielten wir zwei Drittel der Ergebnisse. Die Beteiligung an der Befragung war mit 72,2 Prozent der Stichprobe sehr hoch (siehe Abbildung 1). Bezieht man die Antwortquote auf diejenigen, mit denen wir in Kontakt kamen, dann liegt der Rücklauf sogar bei 85,1 Prozent. Ein solches Ergebnis ist nur möglich, wenn ein Interesse der Promovierten an einer Untersuchung vorliegt, aber auch nur bei großem Interesse der Professorinnen, Professoren und der Dekanate.

Abbildung 1: Stichprobe und Antwortquote

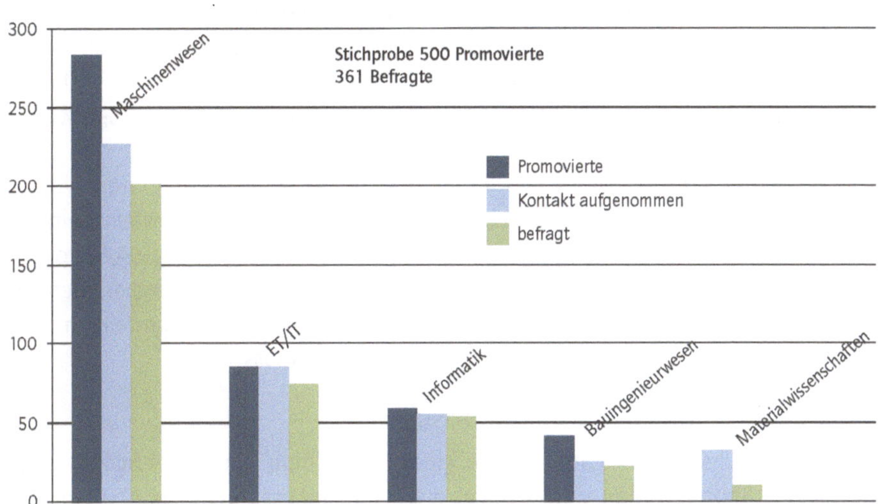

Ich möchte auch darauf hinweisen, dass es sich in der Befragung um Selbsteinschätzungen der Befragten handelt. Wir haben weder offizielle Daten zugrunde gelegt, noch haben wir die späteren Arbeitgeber befragt, wie es bei einer VDMA-Studie[2] der Fall war. In ihren Aussagen weicht die Studie wenig von anderen Untersuchungen ab, sofern die Fragen ähnlich waren. Die Angaben haben also eine gewisse Allgemeingültigkeit. Vorsicht ist jedoch geboten, wenn wir die Ergebnisse der einzelnen Fächer mit den doch relativ kleinen Teilstichproben betrachten und diese auf andere Universitäten übertragen wollen.

EINIGE GRUNDDATEN

Im Allgemeinen promoviert man an *der* Universität (73 Prozent) und in *dem* Fach (85 Prozent), an der das Diplom gemacht wurde. Der Ortswechsel erfolgt i. d. R. nach der Promotion, beim Weggang in die Industrie.

Miserabel ist nach wie vor die Frauenquote (9 Prozent). Die Situation ist ebenfalls verbesserungsfähig bei den Menschen mit Migrationshintergrund (ca. 14 Prozent), Ausländern (13 Prozent) und sozialen Aufsteigern. Letztere machen etwa 38 Prozent aus – das klingt zunächst recht gut. Bitte erinnern Sie sich aber, dass wir in den 60er- und 70er-Jahren 60 bis 70 Prozent soziale Aufsteiger hatten. Somit ist Handlungsbedarf gegeben, indem wir einerseits die bildungsferneren Schichten aktivieren und klarmachen, dass es sich lohnt, „in den Kopf" zu investieren. Andererseits muss es uns gelingen, viel mehr Frauen für Technik zu begeistern.

---

2 Vgl. Feller/Ellis/Rauen 2007.

Zu einer Promotion wird man im Allgemeinen von der betreuenden Assistentin bzw. von dem betreuenden Assistenten der Diplom- oder Masterarbeit und der Professorin bzw. dem Professor ermuntert, in deren bzw. dessen Gruppe die Arbeit geschrieben wurde. Das Alter bei Promotionsabschluss lag in der Stichprobe im Mittelwert bei 33 Jahren und die Promotionsdauer bei 5,4 Jahren. Das klingt sehr hoch; deshalb haben wir die Faktoren Alter und Dauer genauer untersucht (s. u.).

Die Finanzierung erfolgt nur zu 26 Prozent über Landesmittel. Zu 44 Prozent wird sie über Drittmittel aus öffentlichen Quellen (DFG, EU, BMBF etc.) bereitgestellt; seltener, nämlich zu gut 8 Prozent, direkt von Unternehmen und noch weniger (zu 4,6 Prozent) über ein Graduiertenkolleg bzw. eine Graduiertenschule oder über Stipendien. Betrachtet man Letzteres genauer, stellt man fest, dass Stipendien nicht die gesamte Promotion finanziell absichern, da man in drei Jahren kaum zum Abschluss kommt.

VERÖFFENTLICHUNGEN UND INTERNATIONALITÄT

Dass jemand seine 150 Pflichtexemplare einer Dissertation abgibt, ist schon selten geworden (12 Prozent). Man veröffentlicht meist im Dissertationsverlag (70 Prozent), elektronisch (30 Prozent) oder auf beiden Wegen. Wir haben keine einzige kumulative Dissertation festgestellt. Eine kumulative Dissertation besteht aus einigen bereits erzielten Veröffentlichungen, denen eine Zusammenfassung vorausgeschickt wird. Ich bin persönlich sehr froh darüber, dass man sich nach wie vor die Mühe macht, die erzielten Ergebnisse geschlossen in einer Dissertation darzustellen.

36 Prozent der Dissertationen sind auch bereits in Englisch geschrieben, mit einer stark steigenden Tendenz. 87 Prozent der Promovierten haben Ergebnisse der Arbeit bereits vorab in Konferenzbänden und Zeitschriften veröffentlicht. Der Mittelwert liegt bei 7,4 Veröffentlichungen, davon die Hälfte international. Konferenzbesuche – hauptsächlich internationale – lagen im Durchschnitt bei 5,3. Patente haben wir nur im Maschinenbau (19,4 Prozent) und der Elektrotechnik (16,4 Prozent) gefunden.

Es stimmt also nicht oder nicht mehr, was generell kolportiert wird: Der Ingenieur baut lieber, veröffentlicht eigentlich nicht und kaum international – er macht ggf. Patente. Es ist diesbezüglich eine starke Veränderung im Gange. Die Quoten der in Englisch und/oder international veröffentlichten Arbeiten sind respektabel.

BEWERTUNG DES UMFELDES UND DER WIRKUNG VON PROMOTIONEN

Bei den Einschätzungen des Promotionsumfeldes ließen wir die Befragten Schulnoten vergeben. Die Möglichkeit zur Weiterbildung und die bereitgestellten Hilfen wurden insgesamt mit einer guten Drei, die Betreuung durch Doktormutter oder -vater zwischen Zwei und Drei bewertet. Die Frage, ob immer Ansprechpartnerinnen bzw. Ansprechpartner für fachliche oder nicht fachliche Probleme vorhanden waren, wurde durchschnittlich mit einer Zwei minus benotet. Wir erzielten hier also befriedigende bis gute, aber keine überwältigenden Ergebnisse.

Wenn man danach fragte, inwiefern Soft Skills in der Promotionsphase erworben wurden, dann fiel die Einschätzung deutlich positiver aus, nämlich im Durchschnitt mit einer Zwei plus. Auch die Möglichkeit, Konferenzen zu besuchen, bekam eine Zwei plus. Insgesamt waren die Promovierten also mit den Bedingungen der Promotion mäßig bis sehr zufrieden.

BELASTUNGEN UND ZUMUTBARKEIT

Wir haben nach den Belastungen und der Zumutbarkeit promotionsferner Tätigkeiten gefragt. Eine Doktorandin bzw. ein Doktorand muss häufig Forschung ohne Bezug zur eigenen Arbeit leisten – etwa, weil einem Projekt geholfen werden muss, das kurz vor der Begutachtung steht oder weil man bei der Projektakquise mitmachen muss. Die Belastung mit solchen Forschungsleistungen wurde auf einer Skala von Eins („sehr stark") bis Sechs („nicht vorhanden") mit einer Zwei bewertet. Eine Drei („mäßig") gab es für Belastungen durch Lehre. Der Aufwand für die Organisation des Institutsbetriebs, also etwa die Kalkulation der Finanzen, den Rechnerbetrieb, die Zuständigkeit für einen Großversuch, die Betreuung eines Praktikums usw., wurde mit 3,5 benotet; die Beeinträchtigung durch den Wissenschaftsbetrieb mit Vier („weniger spürbar").

Anschließend haben wir danach gefragt, wie zumutbar diese Belastungen insgesamt seien, was bei Auswahlmöglichkeiten von „voll zumutbar" bis „nicht zumutbar" mit einer Zwei („zumutbar") bewertet wurde. Man kann die Einschätzungen so interpretieren, dass die Belastungen keine Begeisterung hervorrufen, aber doch die Einsicht vorhanden ist, dass die Arbeiten gemacht werden müssen. Nur dadurch kann der Betrieb aufrecht erhalten werden. Dieser stellt die Infrastruktur bereit, die es erlaubt, bei voller Bezahlung zu promovieren. Nur durch die umfassenden Verpflichtungen werden auch die Soft Skills erworben, die später in der Industrie benötigt werden.

ZUFRIEDENHEIT

Bei der Gesamtwertung der Zufriedenheit mit der Promotion (bezüglich Verlauf, Ergebnis, erlernter Fähigkeiten etc.) ergab sich ein respektabler Mittelwert von 2,09 (siehe Abbildung 2). Besonders gut gefallen hat die erworbene Selbstständigkeit (38 Prozent) sowie die Zusammenarbeit innerhalb des Lehrstuhls, mit anderen Gruppen außerhalb des Lehrstuhls, mit der Industrie und international (32 Prozent). Nicht ganz so zufrieden war man mit der Zusatzbelastung und der Betreuung (jeweils 22 Prozent) – das wurde bereits angesprochen. Als Verbesserungsvorschläge wurden u. a. die Optimierung der Betreuung und die Verbesserung des Ablaufs genannt (jeweils 17 Prozent).

Wir haben ferner gefragt: „Welche Fähigkeiten haben Sie selbst im Promotionsverfahren erworben?" An der Spitze stand hier „wissenschaftliches Arbeiten" mit 43 Prozent. Die „Selbstständigkeit", das „Überzeugenkönnen" bis hin zur „Durchsetzungsfähigkeit" wurden von 39 Prozent genannt und weiterhin „Erfahrung in Management und Organisation" von 23 Prozent der Befragten.

Abbildung 2: Zufriedenheit mit der Promotion

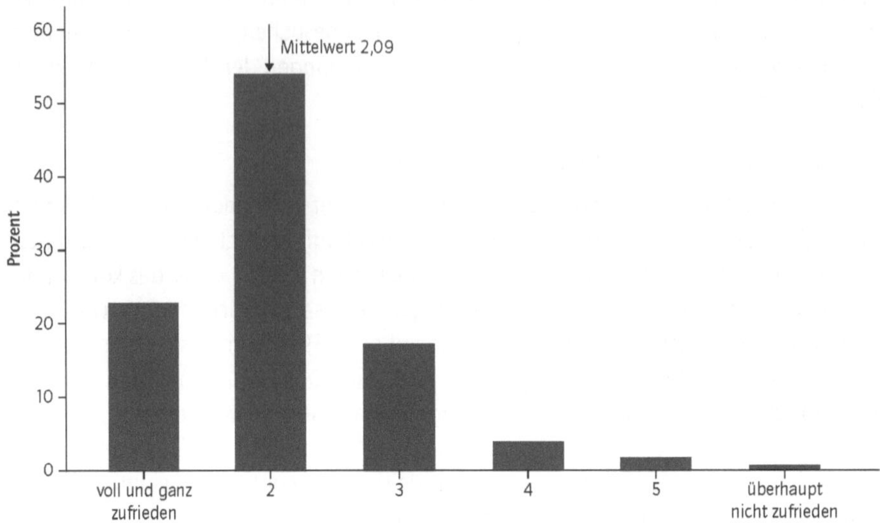

Wir sehen hier die zwei Pole der Ingenieurpromotion: auf der einen Seite wissenschaftliches Arbeiten mit intensivster Auseinandersetzung mit einem schwierigen Sachverhalt und auf der anderen Seite viele Zusatzaufgaben, Management und Organisation bei welchen man lernt, Dinge in die Hand zu nehmen. Beides geht mit Selbstständigkeit einher.

KARRIERE

Abgefragt haben wir auch die derzeitige Position. Die Befragten hatten im Schnitt eineinhalb Jahre zuvor die Promotion abgeschlossen. 33 Prozent sind nun auf gehobenen Entwicklerpositionen und 14,7 Prozent auf wissenschaftlichen bzw. Postdoc-Stellen. Bereits 50 Prozent tragen Personalverantwortung für Mitarbeiterinnen und Mitarbeiter.

In fünf Jahren wollen nur noch 2,3 Prozent der Befragten normale Entwicklertätigkeiten ausüben, 6,8 Prozent möchten noch im Wissenschaftsbereich tätig sein oder wieder dorthin kommen. Knapp 87 Prozent wollen Personalverantwortung haben: davon fast 50 Prozent als Gruppenleiterin bzw. Gruppenleiter, rund 30 Prozent als Abteilungsleiterin bzw. Abteilungsleiter und 3,7 Prozent als selbstständige Geschäftsführerin bzw. als selbstständiger Geschäftsführer.

Die Karrierechancen wurden überwiegend als „sehr gut" und „gut" eingeschätzt (zusammen von 87 Prozent), nur von 13 Prozent als „befriedigend" und schlechter. Die Durchschnittsnote für die Bewertung der Karrierechancen liegt bei 1,77! Die Promotion wird als ein Sprungbrett (in die Industrie) gesehen und das Karrierebewusstsein ist ausgeprägt. Man will was werden!

HOHES ALTER UND LANGE DAUER

Wir haben das hohe Alter bei Promotionsabschluss in der Unterstichprobe Maschinenbau unter die Lupe genommen, weil diese Gruppe die größte war und weil die Probleme dort noch etwas deutlicher waren. Sie erinnern sich: Für die gesamte Stichprobe lag der Durchschnitt bei 33 Jahren, im Maschinenbau sogar bei 33,9 Jahren (siehe Abbildung 3).

Allerdings befinden sich darunter einige „Ausreißer", die mit 36 Jahren und später promoviert haben. Würde man diese „herausrechnen", so erhielte man bereits ein Durchschnittsalter von 31,9 Jahren, also bereits einen nahezu „akzeptablen" Wert. Ist es eine Lösung, den Durchschnitt zu drücken, indem man eine Promotion in höherem Alter verhindert? Wohl kaum. Später promovieren Personen, an denen wir ebenfalls interessiert sind und an welchen wir in Zukunft noch mehr interessiert sein müssen. Diese Personen sind beispielsweise soziale Aufsteiger, die über den zweiten Bildungsweg an die Universität und damit viel später zur Promotion kamen. Auch bei Menschen, die sich zwischenzeitlich in Familienurlaub befinden – hauptsächlich Frauen – verzögert sich die Promotion entsprechend. Promovierende aus dem Ausland müssen sich im neuen Land zurechtfinden und Qualifikationen nachrüsten, was sich auf Dauer und Promotionsalter auswirkt. Schließlich findet man hier die externen Promotionen, also die von Personen, welche sich erst in einem Alter von nicht selten 40 bis 45 Jahren entschließen, als Mitarbeiterin bzw. Mitarbeiter eines Unternehmens zu promovieren. Für uns an den Universitäten sind letztere wichtig, weil sie oft bereits Entscheiderpositionen einnehmen und zu engeren Beziehungen zur Industrie beitragen.

Abbildung 3: Altersverteilung der Promovierten im Fach Maschinenbau

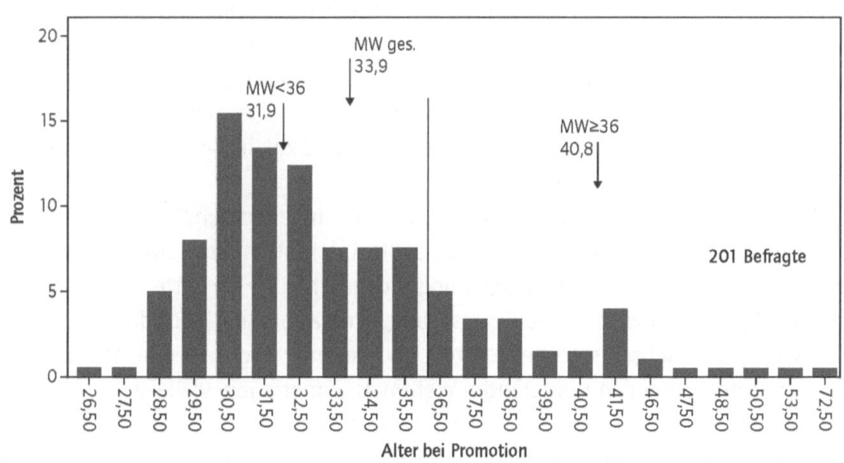

Die gleichen Phänomene beobachten wir bei der langen Promotionsdauer. Diese liegt im Maschinenbau in Aachen bei 5,65 Jahren. Einige brauchen sieben Jahre und länger. Das sind beispielsweise Teilzeitpromovierende, extern Promovierende oder solche mit Familie. Auch hier ist es kontraproduktiv, alle diese Fälle zu vermeiden. Die Gründe für die längere Dauer ähneln den bereits genannten.

Natürlich kann man an verschiedenen Punkten das Promotionsalter und die Promotionsdauer verbessern. Man muss aber auch akzeptieren, dass einige sehr wichtige Gruppen von Promovierenden begründet länger als andere brauchen. In jedem Falle sollte man darauf achten, dass diese „Sonderfälle" in den Statistiken der Dekanate auch gesondert erfasst sind. Die Mittelung unter Einbeziehung der „Sonderfälle" gibt ein schiefes Bild.

ZUSAMMENFASSUNG

Ablauf und Nutzen der Promotionsphase wurden insgesamt positiv bewertet. Ich war selbst überrascht, wie positiv diese gesehen wurden – angesichts der vielen Aufgaben und Verpflichtungen, die die Promovierenden zusätzlich haben. Die hohen Zusatzbelastungen werden akzeptiert, nicht gerade mit großer Begeisterung, aber mit der Einsicht, dass sie notwendig sind. Das Promotionsumfeld wird als „gut" eingeschätzt.

Wenn man fragt: „Welche Fähigkeiten haben Sie persönlich erworben?", dann tauchen ganz deutlich auf: die Fähigkeit zu tiefgründiger Arbeit, Zusammenarbeit, Selbstständigkeit oder Soft Skills. Die Personen, die wir auf diese Weise vorbereiten, sind prädestiniert für Leitungspositionen. Und es ist ganz klar, dass diese Menschen ihre Karriere auch im Blick haben und Leitungspositionen erringen und ausfüllen wollen.

AUSBLICK: VERBESSERUNGSPOTENZIALE

Es ergibt sich nach wie vor Handlungsdruck bezüglich der Promotionsdauer und des Alters bei Promotionsabschluss, auch wenn man das nicht pauschalieren darf, wie oben argumentiert wurde. Nach wie vor müssen wir uns um Frauen, Menschen mit Migrationshintergrund oder aus dem Ausland Kommende und insbesondere auch um soziale Aufsteiger kümmern. Denn sie stellen das derzeitige und zukünftige große Potenzial dar, auf das wir nicht verzichten können.

Wenn man die Promovierten fragt: „Was habt ihr erworben?", dann erhält man positive Antworten: Selbstständigkeit, Soft Skills, Internationalität, Interdisziplinarität. Das wird von der Industrie nicht unbedingt so gesehen.[3] Hier bitte ich, genauer zu definieren. Betrachten wir z. B. die Eigenschaft „Internationalität": Für die Promovierten heißt es, dass sie Englisch sprechen können und ein paar englische Aufsätze publiziert haben, auf internationalen Konferenzen mehrmals vorgetragen, vielleicht in einem EU-Vorhaben mitgearbeitet haben und dabei mit internationalen Kolleginnen und Kollegen Erfahrung sammeln konnten. Der spätere Arbeitgeber hat allerdings möglicherweise die Erwartung – ich nenne jetzt ein überzogenes Beispiel –, dass die Promovierten in der

---

3   Vgl. Feller/Ellis/Rauen 2007.

Lage sind, auch Projekte oder sogar ein Werk in Indien zu leiten. Das ist natürlich ein beträchtlicher Unterschied.

Hier ergibt sich die Frage: Wie können wir die Personalentwicklung im Dissertationsprojekt einerseits mit der späteren Industrieposition andererseits noch stärker verzahnen? Es ist unwahrscheinlich, dass eine Person schon ihre endgültige „Form" hat, wenn sie promoviert ist. Die Reifung setzt sich auch danach fort.

Wir wollen und können neue Wege beschreiten – auch bei der Ingenieurpromotion. Diese ist nur dauerhaft gut, wenn sie sich auch infrage stellt und dauerhaft Veränderungen zulässt. Bei Neugestaltungen gilt es aber, nicht die Vorteile der deutschen Ingenieurpromotion aufzugeben. Diese sind die wissenschaftlich fundierte konstruktive Arbeit, hohe Selbstständigkeit, Industrienähe und v. a., Lernen zu organisieren und zu leiten.

Ferner müssen wir uns klarmachen, dass wir in Zukunft noch mehr Menschen an die Hochschulen holen müssen: aus Schichten, die heute noch unterrepräsentiert sind und die zum Teil eher bildungsfern sind. Wir müssen auch die Leistungsfähigkeit der Frauen stärker für die Ingenieurwissenschaften nutzen. Die Alternative ist, Potenziale hierzulande zu heben oder Ingenieurarbeitsplätze zu exportieren! Angesichts der demografischen Entwicklung und der Globalisierung müssen wir alle Möglichkeiten nutzen, um den derzeitigen Stand auch zukünftig zu halten.

Vielen Dank für Ihre Aufmerksamkeit.

LITERATUR

acatech 2008
acatech – Deutsche Akademie der Technikwissenschaften: Empfehlungen zur Zukunft der Ingenieurpromotion – Wege zur weiteren Verbesserung und Stärkung der Promotion in den Ingenieurwissenschaften an Universitäten in Deutschland. Stuttgart 2008.

Feller/Ellis/Rauen 2007
Feller, C./Ellis, G./Rauen, H: Anforderungen an die Promotion im Maschinenbau und der Verfahrenstechnik – Ergebnisse einer empirischen Untersuchung. VDMA-Promotionsstudie. Stuttgart 2007.

Nagl/Rüssmann 2011
Nagl, M./Rüssmann, K.: Zufriedenheit mit der Ingenieurpromotion: Ist-Situation und Verbesserungspotenziale. Download unter www.4ING.net [Stand: 2011].

ZUR PERSON

Prof. Dr.-Ing. Dr. h. c. Manfred Nagl ist emeritierter Professor für Informatik der RWTH Aachen. Sein Studium der Mathematik und Physik hatte er an der Universität Erlangen-

Nürnberg abgeschlossen. Es folgten zwei Jahre Berufstätigkeit in der Industrie, bevor er 1974 zum Dr.-Ing. promovierte und sich 1979 habilitierte. Anschließend übernahm er Professuren an der Universität Koblenz-Landau, an der Universität Osnabrück und schließlich an der RWTH Aachen. 2006 bis 2009 war er Vorsitzender des Fakultätentags Informatik (FTI), 2007 bis 2008 Vorsitzender der Fakultätentage der Ingenieurwissenschaften und der Informatik an Universitäten (4ING). 2010 verlieh ihm die Fakultät für Elektrotechnik, Informatik und Mathematik der Universität Paderborn die Ehrendoktorwürde.

> DIE INGENIEURPROMOTION AUS SICHT DER INDUSTRIE

MANFRED WITTENSTEIN

Sehr geehrte Damen und Herren,

ich freue mich sehr, dass ich im Rahmen dieses Symposiums Gelegenheit habe, Ihnen die Sichtweise der deutschen Industrie auf das Thema Ingenieurpromotion näherzubringen. Gewiss existieren im Hinblick auf den Wunsch der Stärkung und der Qualitätssicherung der Ingenieurpromotion zahlreiche Gemeinsamkeiten zwischen der Wissenschaft, welche Sie vertreten, und der Industrie, für die ich heute sprechen möchte. Ich gehe davon aus, dass es einige Überlegungen bezüglich der Ingenieurpromotion im Bereich des industriellen Sektors gibt, mit denen Sie nicht oder zumindest selten in Berührung kommen, welche aber „unser täglich Brot" sind. Daher möchte ich zunächst mit einigen einführenden Bemerkungen zum „Industrieland Deutschland" beginnen.

Unter den „traditionellen" Industriestaaten ist Deutschland der einzige Mitgliedsstaat in der Organisation für wirtschaftliche Zusammenarbeit und Entwicklung (OECD), in dem sich der Industrieanteil am Bruttoinlandsprodukt seit Mitte der 1990er-Jahre nicht verringert hat. Bemerkenswerterweise ist – im Gegenteil – sogar ein leichter Zuwachs zu verzeichnen gewesen. Dies ist einer Abkehr von dem seinerzeit propagierten Trend zur Dienstleistungsgesellschaft und einer Tendenz zur Reindustrialisierung geschuldet. Hierbei kommt insbesondere dem deutschen Maschinen- und Anlagenbau ein großer Verdienst zu, da dieser als Schlüsselindustrie mit dazu beitrug, dass sich auch die übrigen Branchen, wie etwa die Energiewirtschaft oder der Fahrzeugbau, außerordentlich erfolgreich auf dem Weltmarkt behaupten konnten. Daran hat sich seither nichts geändert. Ebenso wenig wiederum aber auch an der landläufig verbreiteten Vorstellung dessen, was der Maschinen- und Anlagenbau heutzutage eigentlich leistet. Vielfach wird immer noch davon ausgegangen, dass diese Industrie erfahrungsbasiert und wenig innovativ ist. Schmutzige und düstere Fertigungshallen sowie einfache Prozessabläufe beherrschen die Szenerie in den Köpfen der Menschen.

Die Realität heute sieht jedoch gänzlich anders aus: Wir im Maschinen- und Anlagenbau sind es, die Innovation leben, die permanent gefordert sind, neueste wissenschaftliche Erkenntnisse in intelligente Produkte umzusetzen – und dies natürlich immer nach den von uns selbst gesetzten Maßstäben: Qualitätsbewusstsein, Pünktlichkeit und Zuverlässigkeit.

Es gibt kaum eine Industrie, die nicht direkt oder zumindest indirekt vom deutschen Maschinenbau und der Produktion abhängt. Und dennoch ist die Tatsache, dass die Branche längst eine wissensbasierte Industrie geworden ist, bislang noch nicht im Bewusstsein der Öffentlichkeit und der Politik angekommen. Dabei sprechen die Fakten für sich: Wir verfügen nicht nur über einen sehr hohen Anteil an qualifizierten Facharbeiterinnen und Facharbeitern, sondern sind mit einer Ausbildungsquote von gut sieben Prozent mit Abstand auch der größte industrielle Arbeitgeber für Auszubildende in Deutschland. Im Verlauf der vergangenen 30 Jahre wurde darüber hinaus der Ingenieuranteil in unserer Industrie stetig erhöht, sodass in Deutschland zurzeit knapp 170.000 Ingenieurinnen und Ingenieure – das entspricht rund 16 Prozent der Gesamtbelegschaft – im Maschinen- und Anlagenbau beschäftigt sind (siehe Abbildung 1). Gut die Hälfte unserer Ingenieurinnen und Ingenieure ist im Bereich Forschung und Entwicklung tätig und damit unmittelbar in Sachen Innovation aktiv.

Der Ingenieurerhebung des Verbandes Deutscher Maschinen- und Anlagenbau (VDMA) aus dem Jahr 2010 zufolge wird der Anteil an Ingenieurinnen und Ingenieuren im Maschinen- und Anlagenbau weiter deutlich steigen. 63 Prozent der Geschäftsführerinnen und Geschäftsführer sowie Vorstandsmitglieder haben bei uns einen ingenieurwissenschaftlichen Hintergrund. Auch mit Blick auf die Karriereaussichten kann ich jeden jungen Menschen daher nur ermutigen, den Ingenieurberuf zu ergreifen.

Unsere Wettbewerbsfähigkeit hängt folglich vom Qualifikationsniveau genau dieser Ingenieurinnen und Ingenieure und der Facharbeiterinnen und Facharbeiter ab. Umso mehr Wert legen wir auf das harmonische Zusammenspiel unserer Beschäftigten über die ganze Qualifikationskette. Und auf gute Nachwuchskräfte – natürlich auch weibliche. Wir im Maschinen- und Anlagenbau haben die Erfahrung gemacht, dass ein überdurchschnittlicher Frauenanteil unter den Beschäftigten einen Wettbewerbsvorteil bedeuten kann. Frauen repräsentieren nicht bloß im Sinne einer Quotenregelung den weiblichen Anteil der Bevölkerung im Unternehmen, sondern bringen in die Zusammenarbeit vielfach auch andere Ideen und Perspektiven ein. Gerade eine Branche wie der Maschinen- und Anlagenbau muss und will hierfür natürlich offen sein.

Im Bewusstsein seiner gesellschaftlichen Verantwortung reagierte der Maschinen- und Anlagenbau im Jahr 2009 auf die weltweit spürbare Finanzkrise. Und zwar nicht mit Entlassungen wie in anderen Wirtschaftszweigen. Unsere Branche hat – im Gegenteil – versucht, ihre Mitarbeiterinnen und Mitarbeiter unter allen Umständen zu halten. Das ist uns, wie ich nicht ohne Stolz berichten kann, durch intelligente Lösungen wie Kurzarbeit, flexible Arbeitszeitkonten und im engen Zusammenhalt mit unseren Belegschaften auch gelungen. Dies war v. a. auch durch den Verzicht auf Gewinn seitens der Unternehmen einerseits und auf Einkommen der Mitarbeiterinnen und Mitarbeiter andererseits möglich. Mit dem Erfolg, dass wir nach Abklingen der Krise sofort wieder hundertprozentig einsatzfähig waren.

Abbildung 1: Ingenieurinnen und Ingenieure im Maschinenbau: Unternehmen bauen weiter auf

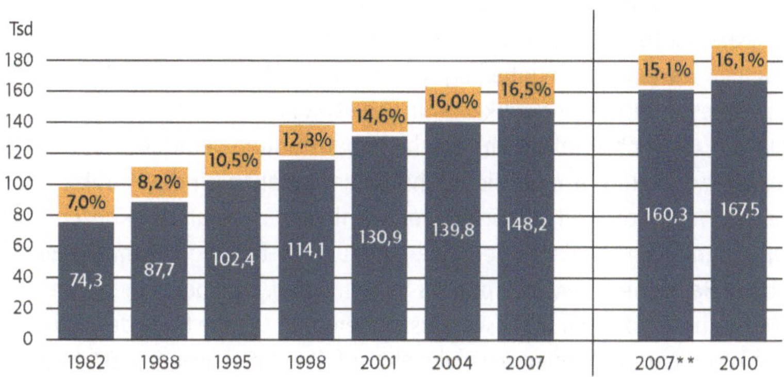

* in Unternehmen ab 20 Beschäftigten
** wg. method. Änderungen mit früheren Jahren nicht vergleichbar

Quelle: VDMA Ingenieurerhebung

Der VDMA verfolgt im Hinblick auf die Nachwuchsförderung einen ganzheitlichen Ansatz: Bereits seit Jahren engagieren wir uns beispielsweise im Rahmen verschiedener Nachwuchskampagnen in Schulen. Wir beteiligen uns aktiv an der Entwicklung und Umsetzung neuer Berufsbilder, genannt seien hier nur Mechatronikerin/Mechatroniker oder Produktionstechnologin/Produktionstechnologe. Während sich der Beruf Mechatronikerin/Mechatroniker – seinerzeit ein noch völlig unbekannter Ausbildungsgang – inzwischen bundesweit etabliert hat, befindet sich die Ausbildung zur Produktionstechnologin bzw. zum Produktionstechnologen noch in den Kinderschuhen. Aber wir sind davon überzeugt, dass sich das Konzept durchsetzen wird. Denn die Produktionstechnologinnen und Produktionstechnologen von morgen sitzen an der entscheidenden Nahtstelle zwischen Wissenschaft und Industrie. Gemeinsam mit den Ingenieurinnen und Ingenieuren werden sie in der Lage sein, wissenschaftliche Erkenntnisse und Forschungsergebnisse schnell und zuverlässig in intelligente Produkte umzusetzen. Und genau hierin besteht ein maßgeblicher Wettbewerbsvorteil des deutschen Maschinen- und Anlagenbaus, den es zu erhalten gilt, um im globalen Markt weiter erfolgreich agieren zu können. Im Übrigen werden nicht nur im Bereich von Forschung, Entwicklung und Produktion zunehmend Ingenieurinnen und Ingenieure gebraucht, sondern in der gesamten Wertschöpfungskette – gewissermaßen „von der Wiege bis zur Bahre" im Produktlebenszyklus. Dies ist ein Ergebnis der bereits erwähnten Ingenieurerhebung, welche der VDMA in regelmäßigen Abständen durchführt. Häufig mündet deren Auswertung dann auch in der Entwicklung neuer Berufsfelder, wie im aktuellen Beispiel Vertriebs- oder Serviceingenieurin bzw. -ingenieur.

Vor dem Hintergrund der Sicherung hoher Qualitätsstandards im Ingenieurstudium hat sich der VDMA schon frühzeitig konstruktiv in den sogenannten Bologna-Prozess eingebracht. Trotz der berechtigten Kritik an der Entwicklung vertreten wir die Ansicht, dass hier Chancen warten, die es unbedingt zu nutzen gilt. Deshalb versucht der VDMA auf konkrete Verbesserungen hinzuwirken. Kürzlich etwa haben wir eine Studie zur überaus bedenklichen Abbruchsituation im Maschinenbaustudium veröffentlicht, die unseres Erachtens wertvolle Hinweise für die Hochschulen wie auch für die Politik enthält.[1]

Im Falle der Promotion wollten wir uns von vornherein aktiv an der Konzeption der Doktoringenieurinnen und Doktoringenieure der Zukunft beteiligen, um Fehlentwicklungen wie beim Bachelor- und Masterprozess zu vermeiden. Und bei aller Sympathie für das Angelsächsische werden wir in diesem Zusammenhang um die Rolle des „Advocatus Diaboli" wohl kaum herumkommen. Zu viel steht auf dem Spiel, wenn es Bestrebungen gibt, die klassische Assistenzpromotion, den deutschen Sonderweg in Sachen Promotion, einfach sang- und klanglos zugunsten eines verschulten Systems aufzugeben.

Wir haben bereits im Jahr 2006 eine Round-Table-Veranstaltung gemeinsam mit acatech – Deutsche Akademie der Technikwissenschaften durchgeführt, zu der wir auch namhafte Politiker einluden. Um uns ein realistisches Bild von der aktuellen Situation der Doktorandinnen und Doktoranden und den Erwartungen der Industrie machen zu können, setzten wir parallel dazu eine Studie auf.[2] Die zentrale Frage an die jungen Absolventinnen und Absolventen kurz nach dem Einstieg ins Berufsleben in der Industrie war jene nach ihrer Zufriedenheit mit der traditionellen Form der Assistenzpromotion. Die Mehrheit sprach sich eindeutig für einen sinnvollen, gar notwendigen Erhalt der Assistenzpromotion aus. Uns war es v. a. auch wichtig, herauszufinden, inwiefern sich die Doktoringenieurinnen und -ingenieure gut vorbereitet sehen auf das, womit sie nun im industriellen Umfeld konfrontiert werden. Zu unserem Erstaunen sahen alle Befragten gerade die Einbindung der Promovierenden in die Forschungsaktivitäten der jeweiligen Hochschule als bedeutsam an. Hierbei würden gleichsam für die Industrie wichtige Qualifikationen wie analytisches Denken und eine systematische Arbeitsweise trainiert. Natürlich trat im Rahmen der Befragung auch der eine oder andere Nachholbedarf in bisheriger Form der Ausbildung zutage: Insbesondere wurde ein Manko im Hinblick auf die gezielte Weiterbildung bei Themen wie Projektmanagement, Mitarbeiterführung, Networking oder betriebswirtschaftliches Wissen hervorgehoben. Hier besteht also der allgemeinen Zufriedenheit mit dem bisherigen Promotionskonzept zum Trotz zweifellos Verbesserungspotenzial.

---

[1] Vgl. VDMA 2009.
[2] Vgl. VDMA 2006.

2010 entschlossen wir uns, im Rahmen des Fakultätentags eine weitere Untersuchung zu starten. Diesmal fragten wir nach der Einschätzung der Betroffenen in den Universitäten, ob die klassische Assistenzpromotion bedroht sei. An dem überaus umfangreichen Rücklauf – von 30 kontaktierten reagierten immerhin 26 Fakultäten auf unsere Befragung – kann man ablesen, dass auch in den Universitäten das Thema intensiv diskutiert wird. Analysiert wurden die drei derzeit verbreiteten Promotionsvarianten: Zum einen die althergebrachte, klassische Assistenzpromotion unter der intensiven Betreuung einer Doktormutter bzw. eines Doktorvaters, zum anderen die sogenannte Graduiertenschule als durchgängig strukturierte Promotionsform ohne eine feste Bindung an einen bestimmten Lehrstuhl und schließlich die Kombination aus den beiden vorgenannten Möglichkeiten.

Zu den entscheidenden Ergebnissen dieser Studie: Die bereits betonte Stärke der Assistenzpromotion, namentlich die Einbindung der Doktorandinnen und Doktoranden in die Forschungsprojekte der jeweiligen Institute, lassen die eher lehrstuhlunabhängig konzipierten und zeitlich straff durchgetakteten Graduiertenschulen natürlich vielfach vermissen (siehe Abbildung 2). Im Falle der Kombinationsvariante war in dieser Hinsicht interessanterweise kein wesentlicher Unterschied zur klassischen Assistenzpromotion festzustellen. Die Nase vorn hat die Assistenzpromotion gegenüber Graduiertenschulen und kombinierter Promotionsform auch, wenn man ausschließlich fakultätsübergreifende Forschungsprojekte näher betrachtet. Allerdings ist der Unterschied hier nicht sehr groß.

Abbildung 2: Graduiertenschulen: weniger in Forschungsprojekten eingebunden

Einbindung in Forschungsprojekte

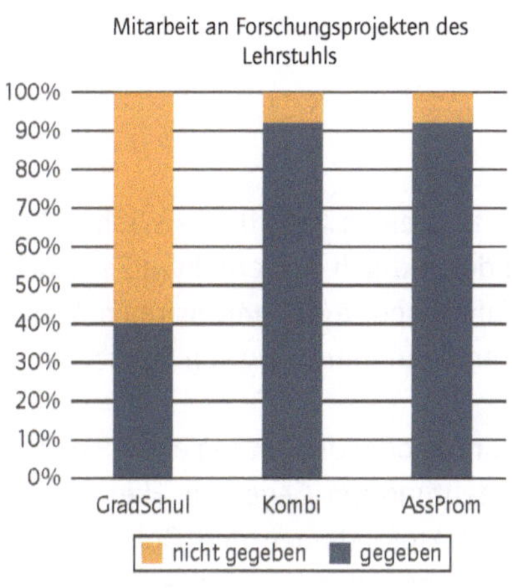

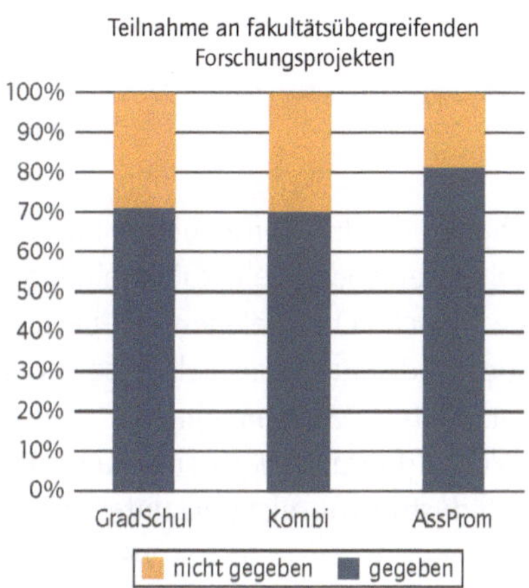

Quelle: VDMA Promotionsumfrage 2011

Ein großes Problem stellt in unseren Augen die durchschnittlich um ein Jahr verkürzte Promotionsphase von Doktorandinnen und Doktoranden an Graduiertenschulen dar. Während die klassische Assistenzpromotion im Regelfall 4,38 Jahre in Anspruch nimmt, dauert es an einer reinen Graduiertenschule im Schnitt lediglich 3,37 Jahre, bis aus der Doktorandin die fertige Doktoringenieurin bzw. bis aus dem Doktoranden der fertige Doktoringenieur geworden ist (siehe Abbildung 3). Die sehr kurze Promotionszeit geht meist zulasten praktischer Erfahrungen, wie sie etwa im Verlauf von Industrieforschungsprojekten erworben werden können.

Abbildung 3: Graduiertenschulen: kürzere Promotionszeit – der Industriebezug leidet

Angegebene durchschnittliche Promotionsdauer
in Jahren

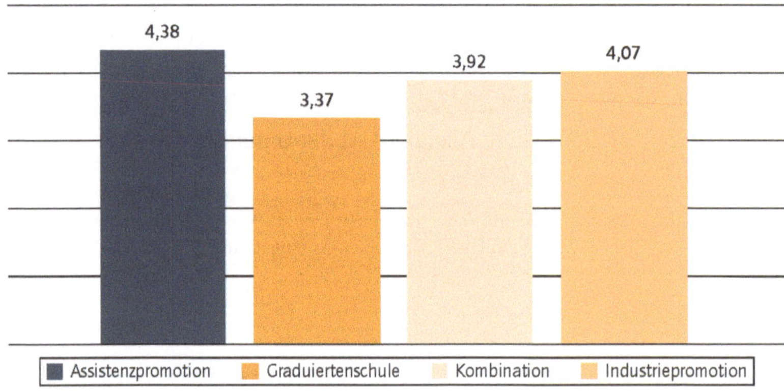

Quelle: VMDA Promotionsumfrage 2011

Auch haben Graduiertenschülerinnen und -schüler zum einen aufgrund der schon bemängelten fehlenden Lehrstuhlanbindung, zum anderen durch den erhöhten Zeitdruck für gewöhnlich keine Gelegenheit, persönliche Erfahrungen in der universitären Administration und Lehre – beispielsweise in der selbstständigen Betreuung von Studien- und Diplomarbeiten – zu sammeln.

Solche Erfahrungswerte sind für die Personalführung oder die Leitung eines Projekts in der Industrie von nicht zu unterschätzender Bedeutung. Im Gegenteil: Hier weicht die Bedarfsseite der Industrie weit vom Profil der Doktorandinnen und Doktoranden ab (siehe Abbildungen 4 und 5) – ganz davon abgesehen, dass der Verlust derartiger Unterstützung sicherlich auch auf Kosten der Professorenschaft geht.

Abbildung 4: Überfachliche Kompetenzen – Doktoringenieurinnen und -ingenieure haben noch deutliches Verbesserungspotenzial

Überfachliche Kompetenzen der Dr. Ing.
erwünscht und real, aus Sicht der Unternehmen

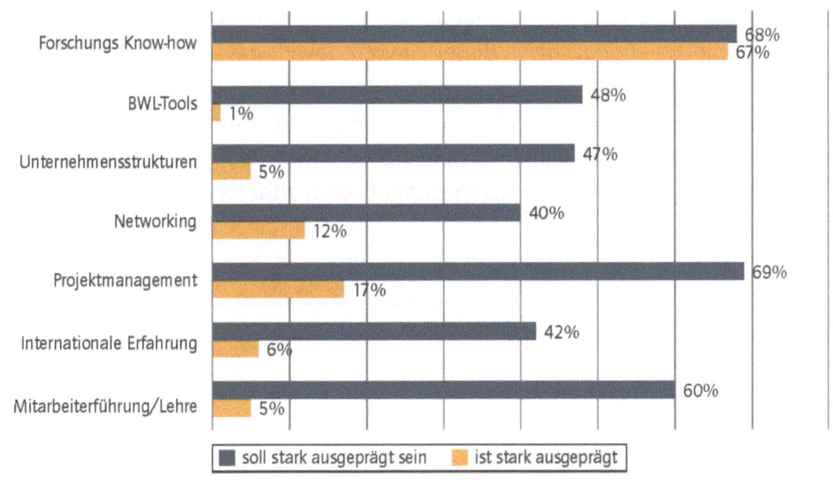

Quelle: VDMA 2006

Abbildung 5: Graduiertenschulen: mangelnde Industrieanbindung

Industrieprojekte und Verantwortung

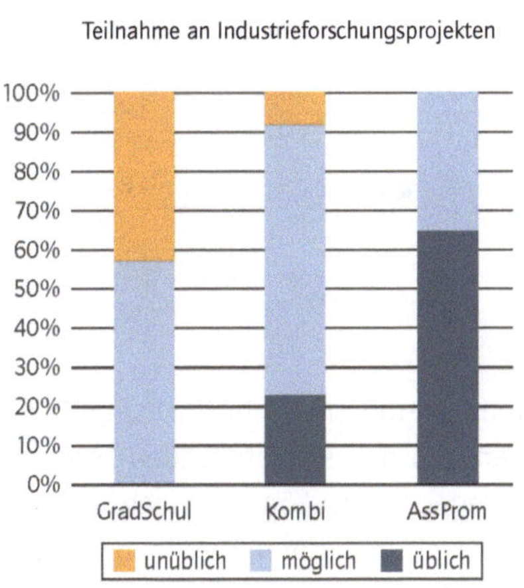

Promovierende haben Projekt- und Budgetverantwortung

Quelle: VMDA Promotionsumfrage 2011

Zusammenfassend lässt sich konstatieren, dass wir vom VDMA uns für eine etwa vier Jahre währende Promotionsphase mit aktiver Teilnahme an Industrieforschungsprojekten aussprechen. Ein solcher Zeitabschnitt erscheint uns geeignet, um sowohl die Breite an wissenschaftlichen als auch an praktischen Fähigkeiten zu vermitteln, welche den Absolventinnen und Absolventen einen reibungslosen Einstieg in die Berufstätigkeit in unserer Branche ermöglicht. In dieser Hinsicht favorisieren wir nach wie vor die klassische Assistenzpromotion, die aufgrund ihrer Industrienähe in unseren Augen die Promovierenden besser auf den künftigen Arbeitsplatz im Maschinen- und Anlagenbau vorbereitet. Aber wir erkennen im interdisziplinären Grundkonzept natürlich auch einen wichtigen Vorteil der Graduiertenschulen gegenüber dem althergebrachten Modell (siehe Abbildung 6).

Abbildung 6: Graduiertenschulen liegen bei interdisziplinärer Zusammenarbeit mit vorn

Interdisziplinarität und Weiterbildung

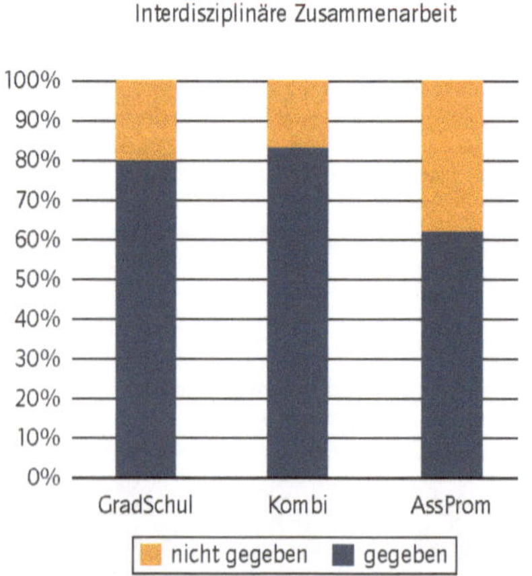

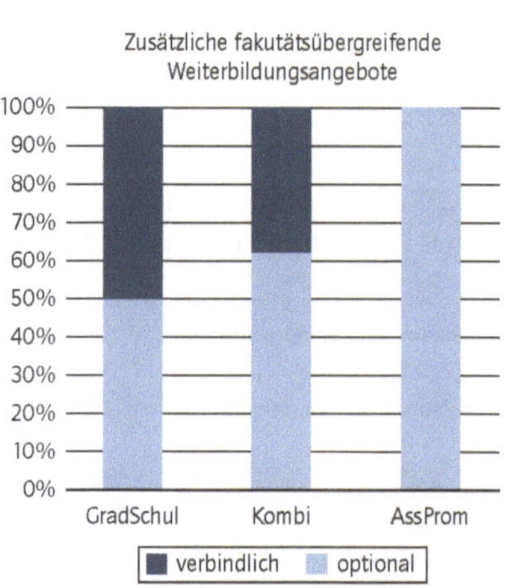

Quelle: VDMA Promotionsumfrage 2011

Denn in Zukunft wird es mehr denn je darauf ankommen, die unterschiedlichsten Fachgebiete sinnvoll miteinander in Einklang zu bringen, um den sich stellenden komplexen Herausforderungen mit innovativen Lösungen begegnen zu können. Nach unserer Einschätzung liegt die Stärke der Graduiertenschule auch eher darin, die Promovierenden ergänzend auf eine Karriere an der Hochschule vorzubereiten. Dagegen führt die klassische Assistenzpromotion zu Absolventinnen und Absolventen, die in der Industrie besonders erfolgreich sind. Und diese differenzierte Bewertung spiegelt sich auch in diversen Aussagen hinsichtlich der Akzeptanz und eines möglichen Ausbaus der Graduiertenschule wider (siehe Abbildung 7): Zwar halten 40 Prozent der Befragten die Graduiertenschule für überflüssig. Aber immerhin 28 Prozent stimmen dieser Bewertung nicht zu. Die verbleibenden 32 Prozent nehmen in dieser Frage eine neutrale Haltung ein. Doch es gilt eben auch die volkswirtschaftlichen Bedürfnisse zu berücksichtigen. Gerade in den Ingenieurwissenschaften wählen über 90 Prozent der Promovierenden die Karriere in der Industrie.

Abbildung 7: Unterschiedliche Akzeptanz der neuen Promotionswege

Sind Graduiertenschulen in den Ingenieurwissenschaften überflüssig?

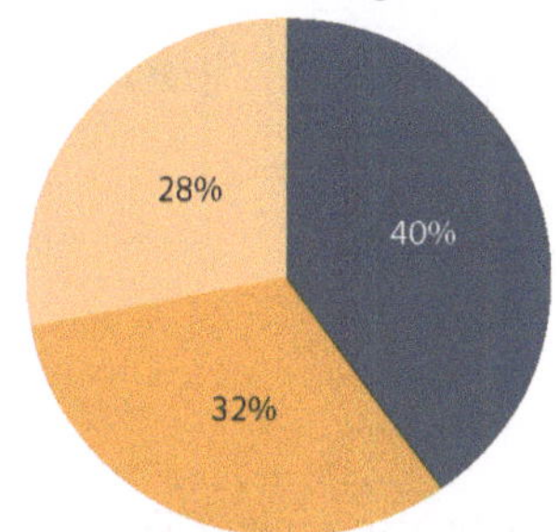

Quelle: VDMA Promotionsumfrage 2011

Weitaus eindeutiger allerdings äußerten sich die Untersuchungsteilnehmerinnen und -teilnehmer auf die Frage, ob Graduiertenschulen weiter ausgebaut werden sollen. Keine der befragten Fakultäten befürwortet einen solchen Ausbau (siehe Abbildung 8).

Abbildung 8: Graduiertenschulen: keine der befragten Fakultäten befürwortet Ausbau

Sollten Graduiertenschulen weiter ausgebaut werden?

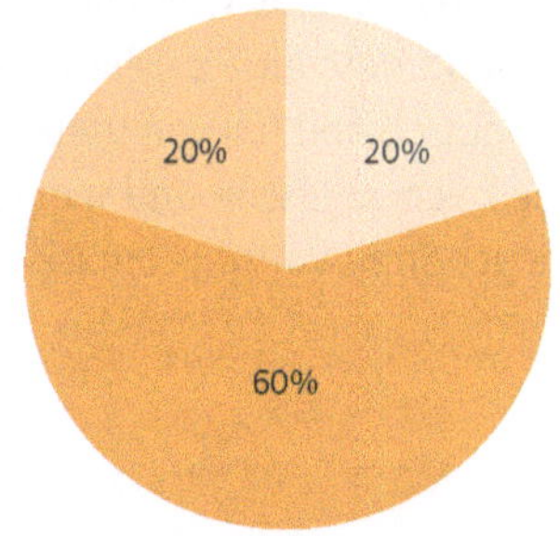

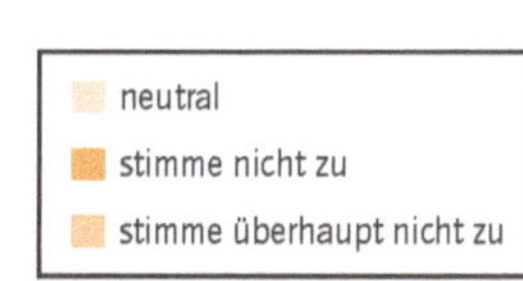

Quelle: VDMA Promotionsumfrage 2011

Mehrheitlich wurde jedoch zugestimmt, dass nach einer Kombination der Vorzüge beider Promotionskonzepte gestrebt werden sollte (siehe Abbildung 9).

Abbildung 9: Mehrheit der Befragten stimmt für Kombination

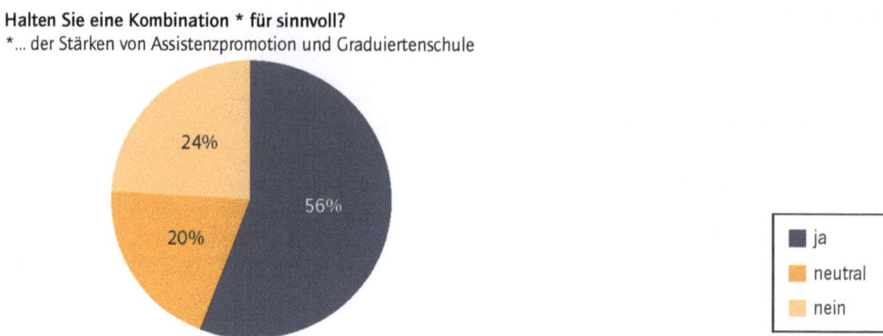

Quelle: VDMA Promotionsumfrage 2011

Unsere Handlungsempfehlung für die Zukunft lautet dementsprechend: Die klassische Assistenzpromotion mit lehrstuhlbetreuten und industrienahen Forschungsprojekten sollte fortgeführt werden. Gleiches gilt für die Einbindung der Promovierenden in Lehre und Administration. Von der Politik erwarten wir die Pflege, Weiterentwicklung und finanzielle Unterstützung des Modells der Assistenzpromotion. Bereichernd hinzutreten sollten eine verstärkte interdisziplinäre Zusammenarbeit und eine verbindliche überfachliche Weiterbildung. Auf diese Weise können die Promovierenden frühzeitig die notwendigen Kontakte zur Industrie knüpfen und sich darin üben, Wissen an Dritte zu vermitteln und Projektverantwortung zu tragen. Gleichzeitig wird ihr Horizont über die Fachgrenzen hinaus erweitert. Solche Absolventinnen und Absolventen sind es, die den über viele Jahrzehnte gewachsenen und bewährten „Kreislauf des Wissens" von der Hochschule in die Industrie und vice versa positiv beeinflussen. Das wünsche ich mir als Vertreter der Industrie und ich bin fest davon überzeugt, dass eine solche Entwicklung gleichsam für die Ingenieurwissenschaften hier in Deutschland nur von Vorteil sein kann. Daher ist auch künftig eine enge Zusammenarbeit von Industrie und Ingenieurwissenschaft geboten. Und in Anbetracht der hier heute gehörten Vorträge bin ich voller Zuversicht, dass der Boden hierfür bestens bereitet ist.

Ich bedanke mich für Ihre Aufmerksamkeit!

LITERATUR

VDMA 2006

Verband Deutscher Maschinen- und Anlagenbau e.V. (VDMA): Wir kümmern uns um die Elite – VDMA Positionen zur Promotion. Frankfurt am Main 2006.

VDMA 2009

VDMA: Ergebnisüberblick zur bundesweiten Befragung von Exmatrikulierten. Frankfurt am Main 2009.

VDMA 2011

VDMA: Ingenieurpromotion quo vadis? Wege zum Dr.-Ing. Ergebnisse der bundesweiten Umfrage an Maschinenbaufakultäten zum Vergleich von Graduiertenschule und Assistenzpromotion. Frankfurt am Main 2011

ZUR PERSON

Dr.-Ing. E.h. Manfred Wittenstein ist Vorstandsvorsitzender der WITTENSTEIN AG und ehemaliger Präsident des VDMA. Der Wirtschaftsingenieur gründete verschiedene Unternehmen im In- und Ausland und übernahm von seinem Vater die Spezialmaschinenfabrik Dewitta, die er zur heutigen WITTENSTEIN AG, einem international tätigen Hersteller intelligenter Antriebssysteme umgestaltete. 1997 erhielt er die Wirtschaftsmedaille des Landes Baden-Württemberg für seine Verdienste um die Wirtschaft, 2010 wurde ihm das Bundesverdienstkreuz verliehen. Neben dem Vorstandsvorsitz in der WITTENSTEIN AG ist er u. a. Mitglied der Forschungsunion Wirtschaft – Wissenschaft der Bundesregierung und Senatsmitglied von acatech – Deutsche Akademie der Technikwissenschaften.

> GERMAN DOCTORAL STUDIES IN ENGINEERING –
AN INTERNATIONAL PERSPECTIVE

GERRY BYRNE

Ladies and gentlemen,

it is a great pleasure for me to speak at this important colloquium on the international perspective for doctoral studies in engineering in Germany. It is very interesting and timely to consider the developments in Germany in recent years. I have reviewed the twelve recommendations of acatech[1] and the perspective that I bring is that from the United Kingdom and primarily from Ireland rather than from the United States. But I believe it is a somewhat representative view of the Anglo-Saxon system. In the case of my university, which is University College Dublin, Ireland, we have introduced a structured PhD programme (see figure 1) in recent years. After twelve to fifteen months a transfer assessment of the student takes place – this represents the first stage of the PhD programme. Stage two then continues followed by a final assessment. A PhD programme takes approximately four years. We did not hear much about the European Credit Transfer System (ECTS) as yet in this symposium – we award 240 credits for the research component of the PhD programme. In addition there are taught elements to the PhD programme. We also have a doctoral studies panel and so the supervisor is not the sole academic involved in the PhD programme. A plan for research and professional development also forms a part of the PhD programme. These are the main elements of the structured PhD at University College Dublin. The panel examining the PhD thesis does not include the supervisor of the work and so the supervisor does not have any influence on the examination. That may be an interesting difference to the examining process for German engineering doctorates.

The question of transferable skills is also very much on the agenda for our doctoral studies. In figure 2 we see a document from the Irish Universities Association and the transferable skills which are being developed. These are the issues which we are addressing in addition to the scientific-technical content of the PhD programmes.

---

[1] Cp. acatech 2008.

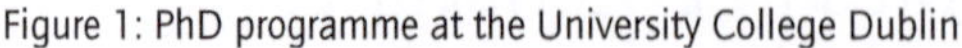

Figure 1: PhD programme at the University College Dublin

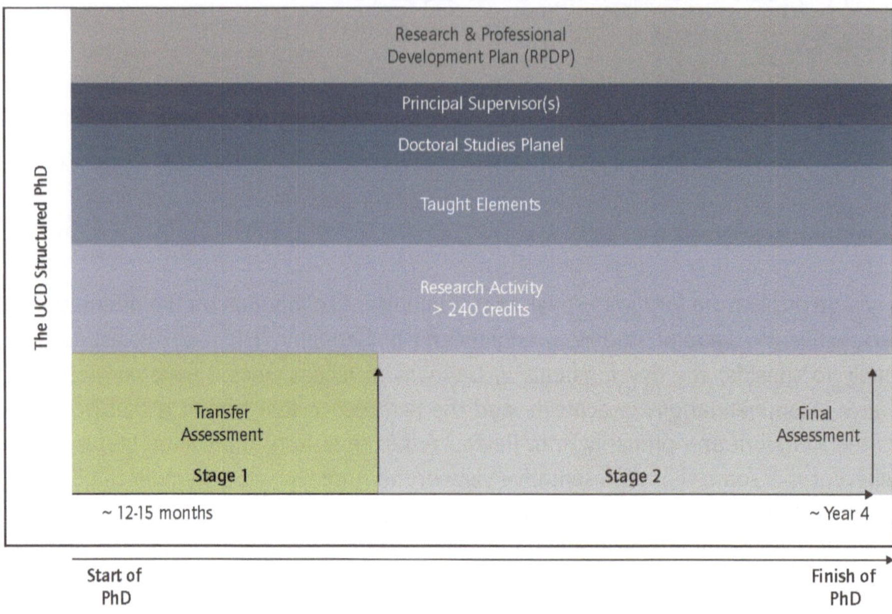

I will now move on to look at what I consider to be some of the major differences between the PhD programmes in the Anglo-Saxon system and the *Doktor-Ingenieur* in Germany. In my opinion there are some very clear and very distinct differences. One of these differences is that the duration for the PhD programme is actually about four years. As I said 240 credits are awarded, this is 60 credits per year. I am not sure what the duration is in Germany but it seems that it is considerably longer than four years. The acatech recommendation of four years seems to make a lot of sense.

I would say this is a generalisation, but the classical PhD in the Anglo-Saxon regions is probably not aimed primarily at industry. Clearly the message that we have been also hearing today is that the PhD in Germany is primarily aimed at industry and that is a very clear distinction for me looking at it from abroad. Perhaps the PhD in the Anglo-Saxon system is primarily aimed at an academic career as shown by the importance attached to publications and one sees this in the publication mode in the Anglo-Saxon system. This is an issue for today's topic in relation to improvement potential. I believe that there is a lesser focus in the German system on the journal publications. The journal publications in the Anglo-Saxon system are a very, very important instrument for the career development of an academic. The objective of publication is somewhat different between the two systems. That is an important point to make and merits further discussion.

Figure 2: Transferable skill documentation of the Irish Universities Association

UCD Transferable Skills

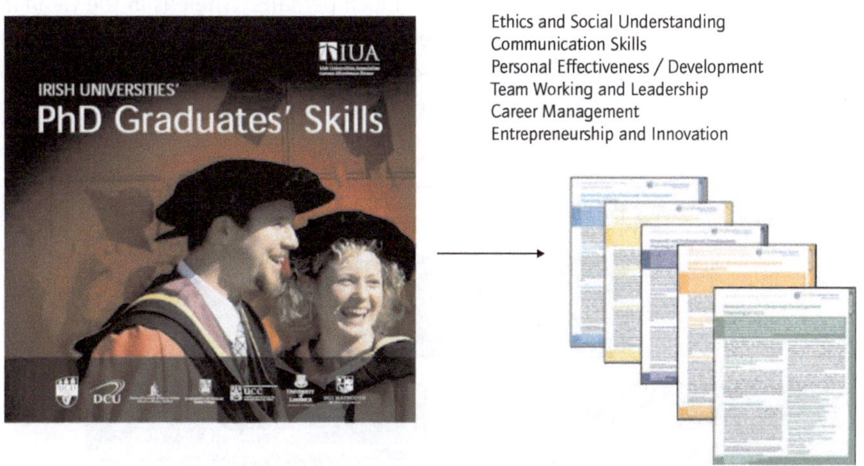

In relation to the age on graduation it looks like 33 years for mechanical engineering is typical in Germany. For the case of the PhDs it is somewhat greater than 26 – but seldom would it be 30 years. In summary, I believe it is considerably earlier than in Germany. This is a very critical issue when we talk about the parenting, the family and the females in engineering undertaking doctorates. I believe that age upon graduation and the number of years of work for the doctorate is actually a central issue for us to address.

In our system we see our doctoral candidates to be students who are continuing their studies. The system here in Germany with *wissenschaftliche Mitarbeiter* (research assistants) then is clearly distinctively different. In general the PhD candidates undertake a single project, whilst the *wissenschaftliche Mitarbeiter* are working on multiple projects. So that again is a clear distinction between the two systems. The expectations from the academic or from the professor are also different. The expectations are more towards the academic contribution than towards the industrial relevance/significance. In the case of the system in Germany the expectations are perhaps more balanced between academia and industry. So in my view these are some of the major, broad differences between the two systems.

Let me consider the supervision process. The supervision methodology is quite different between the "classical" approach in engineering in Germany and that of the Anglo-Saxon approach. Of course this depends strongly on the number of *wissenschaftliche Mitarbeiter* in the institute. If this number is large then the contact between the professor and the *wissenschaftliche Mitarbeiter* is probably relatively limited. So there is a question mark about the supervision process in the large German institutes. In most cases, academics like myself would have less than six PhDs and anything more than that could be seen to be heavy supervision, too much perhaps. Whereas in the German system there can be a very strong dependence on the *Oberingenieur* (chief engineer) in the system. In relation to a comparison between the scientific depth of the work of the PhD and that of the *Doktor-Ingenieur* I am not in a position to comment.

Figure 3: The role of the professor in doctoral supervision

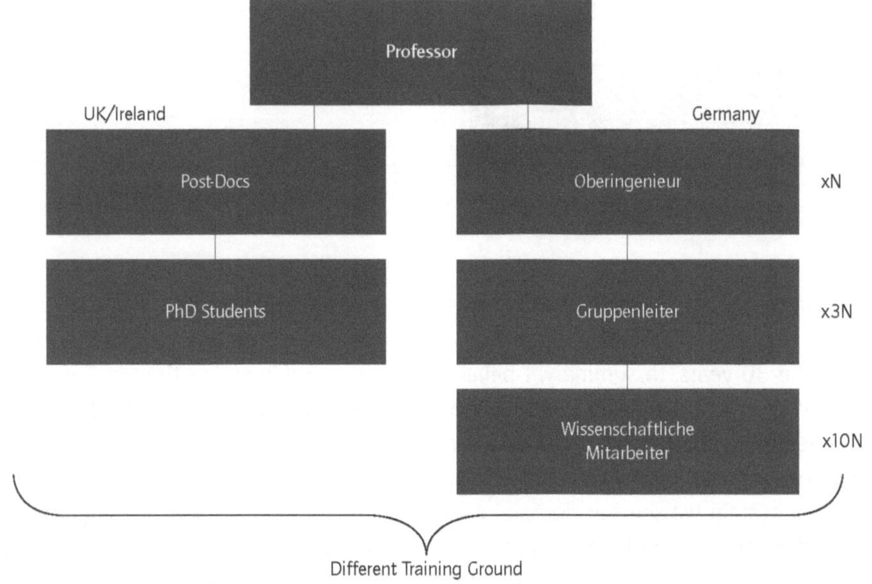

Let me continue to talk about the supervising professor. In figure 3 I have attempted to show the different structures – the structure of post-docs and PhD-students as compared with the *Oberingenieur*, the *Gruppenleiter* (group leader) and the *wissenschaftliche Mitarbeiter* (xN, x3N and x10N only indicative). For the case of large numbers of research assistants use is made of the *Gruppenleiter* and the *Oberingenieur*. It would be worthwhile undertaking a detailed analysis of both of these structures. From the perspective of the career development of the incumbents, there is significant benefit in holding the posts of *Gruppenleiter* and *Oberingenieur*. The experience gained is of particular value when the *Doktor-Ingenieur* enters industry. As far as I understand it, this type of experience is not available in the Anglo-Saxon system. There is thus a very different training ground between the two systems. In my experience, the German professors in general place a much greater focus on industry than the Anglo-Saxon professors. The German professors place very significant emphasis on experimental work and in general – at least in my experience – the facilities that are here in Germany for experimental work (in manufacturing engineering for example) are absolutely excellent compared with the Anglo-Saxon system. In fact, the Anglo-Saxon system appears to have moved even in the last ten years more towards modelling and simulation, but with less experimental work. The professors in my country, in Ireland, place a lot of emphasis on analytical work and probably less on the experimental work than in Germany. Experimental work in many cases is more at a validation level to the modelling.

Figure 4: Engineering Doctorate stimulus in manufacturing engineering

EPSRC Manufacturing Delivery – 2010-2011

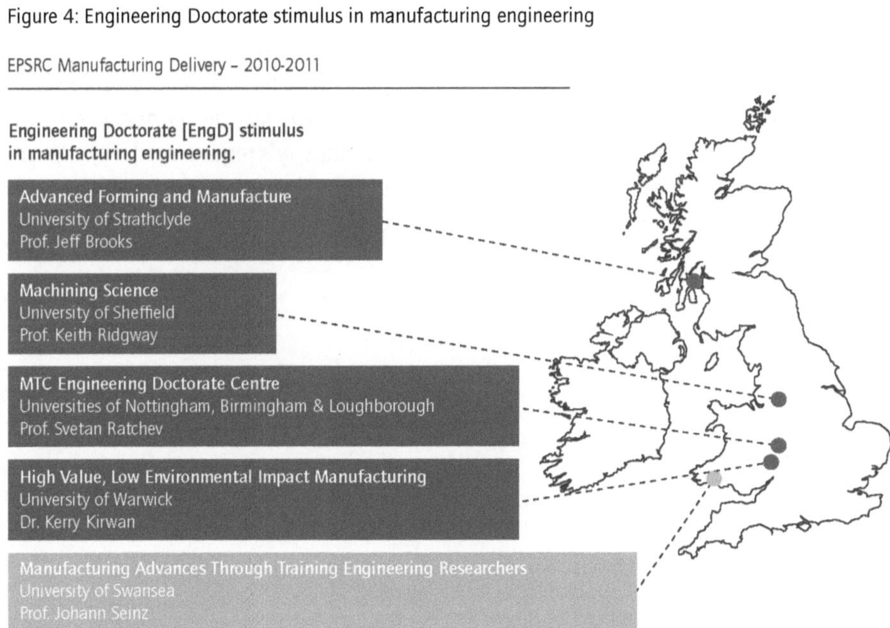

I believe that the situation with funding for research is also different. Whilst I do not have quantitative figures it seems to me that the funding from industry in the German

system is stronger than it is in the other systems. The German professors probably undertake a lot more projects directly with industry than you would see in the Anglo-Saxon system. I recognise that these are generalisations and it is difficult (and perhaps not appropriate) to generalise, but these are my own personal views and observations.

In summary, it is fair to say that there are very significant differences between the two systems – there is a different mode of supervision, a different emphasis placed on the industry interaction, a different publication strategy, the sources of funding are also somewhat different, the experimental facilities in many cases are better in Germany and the German *Doktor-Ingenieur* is in many cases more closely aligned to industry. And so, for example in the United Kingdom – I just received figure 4 last week from the Engineering and Physical Sciences Research Council as funding agency for engineering and science in the UK – they are setting up some 19 centres for engineering doctorates. The abbreviation is EngD and they are Industry-PhDs. This represents an attempt to bring more Industry-PhDs into the fold in our system.

Finally to conclude, when we look at engineering doctorates and analyse the German system, we find that there are very distinct attributes and features. I do believe that the *Doktor-Ingenieur* title is very strong. I believe that in international benchmarking there are interesting questions for the German system. There is a strong emphasis put on the Science Citation Index in the Anglo-Saxon system and this has a strong influence. In conclusion, the quality of German *Doktor-Ingenieur* is very high. The leadership skills and the soft skills developed by the *wissenschaftliche Mitarbeiter*, the *Gruppenleiter* and the *Oberingenieur* are very strong and well aligned to industry's requirement. My overall conclusion is that there are tremendous attributes in the German system. acatech is doing very good work to refine and hone these attributes.

Thank you very much.

LITERATURE

acatech 2008

acatech – Deutsche Akademie der Technikwissenschaften: Empfehlungen zur Zukunft der Ingenieurpromotion – Wege zur weiteren Verbesserung und Stärkung der Promotion in den Ingenieurwissenschaften an Universitäten in Deutschland. Stuttgart 2008.

ABOUT THE AUTHOR

Prof. Dr. h. c. Dr.-Ing. Gerald Byrne studied mechanical engineering at the Dublin Institute of Technology, at the Trinity College Dublin und at the Technische Universität Berlin. At the TU Berlin, he also undertook the German doctor's degree Dr.-Ing. In 1993, he took up the chair of mechanical engineering at the University College Dublin, where he is the College Principal for Engineering and Architecture, the Dean of Engineering and the Director of the Advanced Manufacturing Science Research Centre. Byrne is a former president of the Collège International pour l'Étude Scientifices des Techniques de Production Méchanique (C.I.R.P.) and a former president of the Institution of Engineers of Ireland and of the Irish Academy of Engineering. Moreover, he is a member of the National Academy of Science and Engineering Germany and of the academies of engineering in Ireland and Great Britain.

QUALITÄTSSICHERUNG DER INGENIEURPROMOTION

HORST HIPPLER

Sehr geehrte Frau Ministerin Kunst,
sehr geehrter Herr Staatssekretär Rachel
sehr geehrter Herr Hüttl,
sehr geehrte Kolleginnen und Kollegen,
meine sehr verehrten Damen und Herren,

eine Promotion ist kein Studium. Eine Promotion – insbesondere im Ingenieurbereich –
ist die erste Berufstätigkeit der Doktorandin bzw. des Doktoranden nach dem Studium,
in der wissenschaftliches Arbeiten praktiziert wird. Diese Feststellung möchte ich all meinen nun folgenden Ausführungen voranstellen – denn sie ist die Grundlage meiner Perspektive auf die im Zuge des Bologna-Prozesses diskutierte Reform der Promotionsphase.
Wenn jedoch die Promotion ähnlich wie die heutigen Bachelor- und Masterstudiengänge durch verpflichtende ausbildungsartige Elemente oder auch zeitlich einschränkende
Vorgaben stark strukturiert wird, ist eine ernsthafte Betrachtung als erste berufliche
Tätigkeit nicht mehr sinnvoll. Vielmehr besteht die Gefahr, dass die Selbstständigkeit der
Doktorandin bzw. des Doktoranden in Forschung, Lehre und Projektarbeit eingeschränkt
und damit der berufliche Leistungsaspekt der Promotionsphase geschwächt wird.

Das mündet sogar im Bemühen um kürzere Promotionszeiten. Es gibt mittlerweile gut frequentierte Angebote für herausragende Bachelorabsolventinnen und -absol-
venten, direkt in ein Masterstudienprogramm einzusteigen, das auf eine Promotion
ausgerichtet ist. Hier stellt sich die Frage, ob dieses stetig zunehmende Tempo in der
Qualifizierung von vielversprechenden Studentinnen und Studenten nicht zu Lasten der
geistigen Reife der Promovierenden geht. Auch deren Möglichkeiten, wissenschaftliche
Erfahrungen zu sammeln, werden durch dieses Konzept stark eingeschränkt. Ich möchte
deswegen gewisse Zweifel an der Nachhaltigkeit solcher Vorgehensweisen anmelden.
Andererseits darf man die Dinge nicht nur schwarzsehen. Es zeigt sich, dass gewisse
Reformen durchaus zielführend für eine höhere Qualität der Ingenieurpromotionen sein
können. So ermöglichen eine promotionsbegleitende, fächerübergreifende Bildung oder
die Schulung im Bereich von sogenannten Soft Skills sowie auch die gezielte Förderung
von unterrepräsentierten Gruppen enorme Verbesserungen der Ingenieurpromotion.

Diese durchaus gegensätzlich wirkenden Perspektiven haben die acatech Projektgruppe unter der Leitung von Prof. Zäh von der Technischen Universität München 2008 dazu geführt, sich Gedanken über die Zukunft der Ingenieurpromotion zu machen. Das Ergebnis dieser Überlegungen – die Publikation[1] der acatech – Deutsche Akademie der Technikwissenschaften möchte ich nun als Grundlage für einige Gedanken nehmen, die uns für das Podiumsgespräch einen Impuls geben sollen.

Ein wichtiger Gedanke ist die Frage: Über welche Qualifikationen müssen promovierte Ingenieurinnen und Ingenieure verfügen? Ich behaupte: Am Ende sind immer Personen gefragt, die gestanden und qualifiziert sind. Der Arbeitsmarkt – egal, ob in der Wirtschaft oder in der Wissenschaft – braucht Menschen, die nicht nur in ihrem Fach wissenschaftlich arbeiten können, sondern auch andere Qualifikationen haben. Ich spreche von sogenannten Soft Skills wie Sozial- oder Kommunikationskompetenzen, aber auch von der Fähigkeit, sich international und in der Wirtschaft zu vernetzen. Unsere Promovierenden müssen in der Lage sein, neue Projekte selbst ins Leben zu rufen und zu gestalten. Dafür müssen unsere Ingenieurinnen und Ingenieure während ihrer Promotion erfahren, wie sie selbst neue Fragestellungen erkennen und ein Projekt eigenständig erarbeiten können. Das beinhaltet auch, dass sie selbstverantwortlich die Finanzierung sicherstellen. Und weil diese Fähigkeiten für eine Doktorandin bzw. einen Doktoranden so wichtig sind, müssen wir alle Möglichkeiten der promotionsbegleitenden Bildung in Betracht ziehen.

Es gibt eben nicht nur einen, sondern viele Wege zur Promotion – und alle haben ihre Berechtigung und ihre besonderen Vorteile. Dabei kann jede dieser Varianten von den anderen profitieren und lernen. Ich fasse diese kurz zusammen:

- *die klassische Assistenz-Promotion*: Ich sage „klassisch", weil dieses das wohl gängigste Modell für den Erwerb eines Doktorgrades in den Ingenieurwissenschaften in Deutschland ist. Es handelt sich dabei um eine Stelle aus Landesmitteln mit Lehrverpflichtung. Der entscheidende Faktor hier ist die promotionsbegleitende – im Optimalfall intensive – Betreuung durch die Doktormutter bzw. den Doktorvater.
- *die Drittmittel-Promotion*: Diese Form der Promotion ist ebenfalls direkt an die Universität gekoppelt. Jedoch ist sie direkt projektbezogen und wird durch Drittmittel finanziert. Diese Finanzierung betrifft lediglich den Forschungsteil. Jedoch wird meist davon ausgegangen, dass auch eine Einbindung der Promovierenden in die Lehre ermöglicht wird. Nahezu 90 Prozent aller Ingenieurpromotionen erfolgen über eine berufliche Tätigkeit auf einer zeitlich befristeten Mitarbeiterstelle, die aus Landes- oder aus Drittmitteln finanziert wird.
- *die externe Promotion*: Die Ingenieurpromotion als Mitarbeiterin oder Mitarbeiter in einem mit der Universität kooperierenden Institut oder in der Wirtschaft („Industriepromotion") ist ein Sonderfall.

---

[1] Vgl. acatech 2008.

  – die strukturierte Promotion: Diese Form der Promotion erfolgt entweder in Graduiertenkollegs oder in Nachwuchsförderprogrammen im Rahmen der Exzellenzinitiative – das bedeutet, in koordinierten, von mehreren Hochschullehrenden getrage-
  nen Forschungsprogrammen. Damit soll die traditionelle Einzelbetreuung ergänzt
  werden. Das Programm eines Graduiertenkollegs soll eine fundierte Einführung in
  und ein breiteres Verständnis für den jeweiligen Wissenschaftszweig gewährleisten.

Diese vier genannten Wege zur Ingenieurpromotion lassen sich zudem unterschiedlich
variieren und kombinieren. Aus meiner Sicht gibt es nicht nur einen Weg zu einer erfolgreichen Promotion. Vielmehr müssen wir – auch anhand der individuellen Persönlichkeit
und Qualifikation der Doktorandinnen und Doktoranden – jeder bzw. jeden Promotions-
willigen die Wahl lassen.

Die unterschiedlichen Wege zu Ingenieurpromotion haben alle eines gemeinsam:
Sie zielen darauf ab, den Promovierenden die Instrumente in die Hand zu geben, die sie
nachhaltig für das Berufsleben qualifizieren.

Dennoch spreche ich mich nicht dafür aus, unsere Promovierenden im Ingenieurbereich zu stark in vorgefertigte Lehrkorsette zu zwängen. Neben aller begleitenden Ausbildung und intensiven Betreuung brauchen die Doktorandinnen und Doktoranden meiner
Ansicht nach Freiraum, um sich individuell nach ihren Fähigkeiten und Neigungen zu
entwickeln. Nur so können wir eigenständige Persönlichkeiten fördern.

Wenn die Promotion die erste berufliche Erfahrung ist, braucht die Doktorandin bzw.
der Doktorand zwar weiterhin begleitende Förderung, aber ebenso die Zuversicht, selbstverantwortlich arbeiten zu können. Auch das ist unsere Aufgabe – wenn nicht sogar Pflicht –
als Verantwortliche für die zukünftig promovierten Ingenieurinnen und Ingenieure.

Damit spreche ich einen weiteren wichtigen Punkt an: Denn wir müssen auch darüber nachdenken, welche Rechte denn eigentlich die Person hat, die dafür sorgt, dass
unsere Doktorandinnen und Doktoranden so hochqualifiziert ausgebildet werden, wie
sie jetzt in der Wirtschaft und in der Wissenschaft gebraucht werden.

Welche Rechte haben z. B. die Oberingenieurinnen und Oberingenieure, die eigentlich die ganze Arbeit machen? Dürfen sie ein Gutachten schreiben? Dürfen sie in der
Promotionskommission sitzen? Ich meine: Sie müssten es – sie *sollten* es. Das würde aus
meiner Sicht viel zur Qualitätssicherung beitragen. Es ist wichtig, dass wir die Personen,
die wirklich in der Verantwortung stehen, auch wirklich in die Pflicht nehmen.

Daraus ergibt sich eine weitere Konsequenz. Wir müssen uns fragen: Ist denn das
alte Lehrstuhlprinzip mit den ganz großen Instituten wirklich noch zeitgemäß oder sollten wir diese Strukturen nicht anders gestalten? Im internationalen Wettbewerb zählen
auch die „Köpfe". Und wenn wir international wettbewerbsfähig sein wollen, müssen wir
auch genügend Persönlichkeiten haben, die international aktiv bzw. wissenschaftlich
tätig sind, aber auch in Gremien sitzen können.

Dafür brauchen wir mehr „Köpfe". Eigentlich bräuchten wir in der Größenordnung von zehn bis maximal 15 Doktorandinnen und Doktoranden einen wissenschaftlichen „Kopf". Und diese Wissenschaftlerin bzw. dieser Wissenschaftler sollte dann aber auch auf Augenhöhe mit allen anderen hoch qualifizierten und etablierten Forscherinnen und Forschern sein. Genau da liegt meiner Meinung nach in unserer Ingenieurausbildung und unserer Struktur aber noch einige Arbeit vor uns. Wir haben natürlich auch schon einige herausragende Institute und es gibt bereits hervorragende Strukturen – aber ich denke, zur Qualitätssicherung und zur Qualität der Promotion kann noch einiges mehr beigetragen werden.

Ein häufig diskutiertes Thema im Bereich der Ingenieurpromotion ist die noch immer zu geringe Frauenquote. Dabei denke ich: Wir setzen zu spät an, wenn wir uns erst bei der Rekrutierung von Promovierenden darüber Gedanken machen, wie wir Frauen gewinnen können. Natürlich sind die von acatech vorgeschlagenen Maßnahmen zur Frauenförderung, wie beispielsweise verbindliche Zielvereinbarungen zur Steigerung des Anteils von Wissenschaftlerinnen oder die Ausschreibung von Stipendien und Mitarbeiterstellen explizit für Frauen, bis zu einem gewissen Grad sinnvoll. Aber diese Maßnahmen zur Förderung des weiblichen Nachwuchses an den Universitäten kommen viel zu spät. Denn das Problem besteht schon zu Beginn des Ingenieurstudiums. Während laut Statistischem Bundesamt 2009 der Anteil an Frauen bei den Studienbeginnern über alle Fächergruppen hinweg bei 50 Prozent lag und von den Absolvierten 51 Prozent weiblich waren, liegt der Anteil an Studienanfängerinnen in den Ingenieurwissenschaften bei nur 22 Prozent. Nur 23 Prozent jener, die dieses Studium erfolgreich abschließen, sind Frauen. Entsprechend sehen auch die Zahlen der Frauen bei Promotionen aus: 42 Prozent der Promovierenden über alle Fächergruppen hinweg sind Frauen. Aber nur 17 Prozent der Promovierenden in den Ingenieurwissenschaften sind weiblich.

Dabei gibt es eine interessante Beobachtung: Wenn Sie Diplomingenieurinnen überzeugen wollen, zu promovieren, ist der Unterschied zwischen Frauen und Männern an der Stelle gar nicht mehr so groß. Das Verhältnis bleibt eigentlich konstant. Das Problem liegt vielmehr in der vorherigen Entwicklung: Wie überzeugen wir junge Frauen, überhaupt mehr in die sogenannten MINT-Fächer (Mathematik, Informatik, Naturwissenschaften und Technik) hineinzugehen? Mein Fazit hieraus ist deutlich: Wir müssen schon in den Schulen stärker das Interesse der Mädchen an den Ingenieurwissenschaften wecken. Erst, wenn wir den Frauenanteil insgesamt heben können, werden wir auch für die Promotionen mehr hoch qualifizierte Frauen finden.

Doch daraus ergibt sich eine wichtige Frage, auf die ich bisher keine Lösung gefunden habe: Wie ändern wir die Gesellschaft und die gesellschaftlichen Empfindungen gegenüber weiblichen Ingenieuren? – Das Umfeld beeinflusst die Wahl der Studienrichtung sehr früh. Und nach wie vor ist unsere Kultur von tradierten Frauen- und Männerbildern, von klassischen Berufsvorstellungen für beide Geschlechter geprägt. Das löst sich nur langsam auf. Es hat sich zwar mittlerweile ein Bewusstsein für diese Problematik entwickelt, aber die vielen Förderprogramme zeigen nur schleppend Erfolge. Diesen Prozess müssen wir weiter beobachten.

Auch die zunehmende Ausrichtung der deutschen hochschulpolitischen Entwicklungen auf internationale Aspekte muss sich in der Gestaltung der Ingenieurpromotionen wiederfinden. Gerade im Ingenieurbereich könnten wir noch mehr internationale Doktorandinnen und Doktoranden gebrauchen. Deshalb reicht es nicht mehr aus, wenn die Promovierenden sich sowohl räumlich als auch wissenschaftlich ausschließlich im deutschsprachigen Gebiet bewegen. Vielmehr gehören Publikationen in internationalen Fachzeitschriften heute zum Standard. Wir müssen unsere Doktorandinnen und Doktoranden dringend zur aktiven Teilnahme an internationalen Konferenzen motivieren und ihnen dies durch Reisestipendien etc. auch finanziell ermöglichen. Die Förderung der Mitarbeit in internationalen Projekten, wenn nicht sogar ein mindestens dreimonatiger Auslandsaufenthalt während der Promotion, sind – sofern für das Promotionsvorhaben sinnvoll – sicherlich ideal.

Meine Damen und Herren, mit meinen Ausführungen habe ich einige wichtige Grundlagen für eine langfristige und nachhaltige Weiterentwicklung der optimalen Modelle für Ingenieurpromotionen angesprochen. Wichtig ist, dass die unterschiedlichen Aspekte der einzelnen Punkte immer wieder neu in Betracht gezogen werden.

Vielen Dank.

LITERATUR

acatech 2008

acatech – Deutsche Akademie der Technikwissenschaften: Empfehlungen zur Zukunft der Ingenieurpromotion – Wege zur weiteren Verbesserung und Stärkung der Promotion in den Ingenieurwissenschaften an Universitäten in Deutschland. Stuttgart 2008.

ZUR PERSON

Prof. Dr. sc. tech. Dr. h. c. Horst Hippler studierte Physik an der Universität Göttingen und promovierte 1974 zum Dr. sc. tech. an der École polytechnique fédérale de Lausanne (EPFL) in Lausanne/Schweiz. Anschließend war er Post-Doktorand am IBM Research Laboratory in San Jose (California, USA) und wissenschaftlicher Assistent am Institut für Physikalische Chemie an der Universität Göttingen. 1988 habilitierte er sich in Physikalischer Chemie und folgte 1993 einem Ruf an die Universität Karlsruhe (TH). Ab 2002 übernahm er dort das Amt des Rektors. 2099 wurde er einer der zwei Gründungspräsidenten an der Nachfolgeeinrichtung, dem Karlsruher Institut für Technologie (KIT). Hippler war der Gründungs-Präsident des Verbandes der neun führenden deutschen Technischen Universitäten (TU9), ist noch heute Sprecher der Arbeitsgemeinschaft der Technischen Universitäten und Hochschulen (ARGE TU/TH) und Mitglied der acatech – Deutsche Akademie der Technikwissenschaften.

> PODIUMSDISKUSSION

SABINE KUNST/JÜRGEN HESSELBACH/ELLEN IVERS-TIFFÉE/LARA KÖHNE/
ECKART KOTTKAMP/GERHARD MÜLLER
MODERATION: JAN-MARTIN WIARDA

Zusammengefasste Podiumsdiskussion aus dem Symposium „Ingenieurpromotion – Stärken und Qualitätssicherung" am 24.05.2011 in Berlin

J.-M. Wiarda: Frau Ivers-Tiffée, was ist für Sie Qualität in der Ingenieurpromotion?

E. Ivers-Tiffée: Dass ich nach drei bis vier Jahren sicher bin, dass ich eine exzellente Ingenieurin oder einen exzellenten Ingenieur auf dem Weg in die Industrie begleitet habe. Und dass ich diesem jungen Menschen dazu geholfen habe, die Qualität, die in ihr oder ihm steckt, tatsächlich selbst zu erkennen und sich vielleicht sogar über die eigenen Grenzen hinaus zu entwickeln. Das heißt für mich Qualität.

J.-M. Wiarda: Würden Sie sagen, das wird derzeit umgesetzt? Herrscht Qualität an den meisten Fakultäten?

E. Ivers-Tiffée: Hier kann ich nur vermuten. Ich kenne die Universität, an der ich promoviert habe, seit 14 Jahren, das Karlsruher Institut für Technologie (KIT), und viele Kolleginnen und Kollegen aus anderen Fakultäten. Ich denke, dass wir die Sache sehr ernsthaft und sehr gut betreiben. Aber wo Licht ist, ist auch Schatten. Insofern gibt es immer noch genügend Dinge, die man verbessern kann. Wenn man gut sein will, darf es keinen Stillstand geben.

J.-M. Wiarda: Herr Hesselbach, gehen wir zum Stichwort „Hierarchie": Eine Professorin bzw. ein Professor mit 50 bis 60 Doktorandinnen und Doktoranden – das erinnert so ein bisschen an das Sonnenkönigs-Modell im französischen Absolutismus. Wie absolutistisch sind tatsächlich die Ingenieurwissenschaften und wie absolutistisch sollten sie um der Qualität willen sein?

J. Hesselbach: Das kann man nicht verallgemeinern. Aber richtig ist, dass es an den Fakultäten viele „Indianer" gibt unter einem „Häuptling". Bevor ich Präsident wurde, hatte ich ein Institut mit 40 Doktorandinnen und Doktoranden. Da war es schwer, alle Arbeiten persönlich intensiv zu betreuen. Entscheidend ist aber – und da sind wir bei der Qualität –, dass wir die Persönlichkeit der Doktorandinnen und Doktoranden fachlich und überfachlich weiterentwickeln. Und das funktioniert mit 40 Doktorandinnen und Doktoranden dadurch, dass man einen entsprechenden Mittelbau hat. An dieser

Stelle muss man aber fragen: Was machen wir denn eigentlich mit unserem Mittelbau und wie bringen wir ihn international in Sichtbarkeit? Im internationalen Vergleich hat eine deutsche Oberingenieurin bzw. ein Oberingenieur oder eine Privatdozentin bzw. ein Privatdozent eine niedrige Position. Wir müssen uns also Gedanken darüber machen, ob die Struktur an den Instituten oder das Lehrstuhlprinzip noch zeitgemäß sind, um Promotionen in hoher Qualität auch im Ingenieurbereich weiter zu betreuen.

J.-M. Wiarda: Frau Kunst, ist nicht auch der Begriff „Mittelbau" veraltet?

S. Kunst: Er ist ein Charakteristikum des deutschen Systems. Die strenge Hierarchisierung – mit dem geringen Prozentanteil von Personen, die im Professorenstand und echte „Bestimmer" sind, im Verhältnis zu den hauptamtlich Lehrenden – ist hierzulande historisch gewachsen. Im Ingenieurbereich gibt es durch die systematische Nutzung von Oberingenieurpositionen noch eine weitere Untergliederung im Mittelbau. Mittlerweile besteht aber auch die Möglichkeit, sich über eine Juniorprofessur oder die Leitung einer Nachwuchsgruppe in den Professorenstand hinein zu entwickeln und in dieser Funktion auch Promotionen mit bewerten zu können. Es ist aber wichtig, sich weiter Gedanken zu machen, wie man die strenge Hierarchie auflöst und internationale Kompatibilität schafft.

J.-M. Wiarda: Frau Köhne, wie oft sehen Sie denn als externe Promovendin ihren Professor?

L. Köhne: Ich hatte gerade erst ein Gespräch mit meinem Doktorvater. Ungefähr zweimal im Jahr führen wir solche Gespräche. Viel mehr Austausch habe ich aber mit einem Oberingenieur, der einst bei meinem Doktorvater promoviert hat und jetzt Chef in der universitätsnahen Unternehmensberatung ist, in der ich arbeite. Er hilft mir unheimlich viel, weil er noch tiefer in der Thematik drinsteckt. In Detailfragen hilft also eher der Oberingenieur, in übergreifenden Fragen der Doktorvater.

J.-M. Wiarda: Wenn man seine Doktormutter oder seinen Doktorvater nur zweimal jährlich sieht, muss man doch jedes Mal zunächst erklären, was man eigentlich in der Dissertation vorhat. Herr Müller, ist das ein Problem oder ist das völlig in Ordnung?

G. Müller: Ich stelle eine Gegenfrage: Kann man erwarten, dass man nach einem halben Jahr sofort wieder voll in jedem Detail steckt? Das geht nicht. Darum gibt es eine Arbeitsteilung. Und wenn man mehr Einbindung der Doktormutter bzw. des Doktorvaters möchte, dann müsste man auch häufiger das Gespräch suchen. Ich finde, ein halbjährlicher Gesprächsturnus ist ein recht großzügiges Intervall. Das sollte man etwas verkürzen, dann kann man auch mehr in die Tiefe gehen.

J.-M. Wiarda: Wem spielen Sie diesen Ball zu? Wenn eine Doktorandin oder ein Doktorand viermal, fünfmal oder siebenmal zur Doktormutter bzw. zum Doktorvater geht, dann rollt der oder die doch mit den Augen und sagt: „Ich hab noch andere".

G. Müller: Es sollte eine gewisse Regelmäßigkeit und Systematik der Gespräche hergestellt werden. Ein Drei-Monats-Rhythmus oder Zwei-Monats-Rhythmus ist machbar. Dann verringern sich Dauer und Aufwand. Zu einem Dialog gehören aber immer mindestens zwei, d. h., ein Gespräch muss dann auch von beiden Seiten gesucht werden.

J.-M. Wiarda: Ich möchte an der Stelle noch ein bisschen zuspitzen: Mir sind persönlich einige Fälle bekannt, wo Promovierende von ihrer Professorin oder ihrem Professor ausgenutzt werden. Dort heißt es: „Du kannst gern bei mir promovieren, aber ich habe bereits 40, 50 andere, die auch bei mir promovieren. Du kannst aber für zwei oder drei Jahre ein bisschen Praxiserfahrung in meinem Unternehmen sammeln und dann bekommst du eine Stelle an der Universität." Mich schockt das. Sie auch, Herr Hesselbach?

J. Hesselbach: Erst mal gibt es in jedem System – und insbesondere in einem hierarchischen System – Missbrauch. Im Ingenieurbereich kommt das meiner Meinung nach seltener vor, weil die Ingenieurinstitute in einem starken Wettbewerb mit der Industrie stehen. Wenn mir das nicht passt, was da von mir verlangt wird, kann ich auch woandershin gehen. In anderen Fächern, wo man auf einer halben oder dreiviertel Stelle promovieren muss, wo man keine Perspektive oder Alternative hat, ist das Abhängigkeitsverhältnis viel stärker ausgeprägt.

S. Kunst: Ich glaube schon, dass die strenge strukturelle Hierarchisierung an den Ingenieurfakultäten solche Abhängigkeitsverhältnisse mitbegründet bzw. ermöglicht. Die Frage ist daher, wie man in Ingenieurpromotionen qualitätssichernde Betreuungsformen und systematische Betreuungsvereinbarungen mit mehreren Betreuerinnen bzw. Betreuern einbindet, wie sie beispielsweise in Graduiertenschulen zu finden sind.

L. Köhne: Das ist der Vorteil, den viele Graduiertenschulen bieten: die fehlende Abhängigkeit von einer Professorin oder einem Professor.

E. Ivers-Tiffée: Es muss ein ganz klares Commitment geben über die Stelle, über die Dauer, über die Inhalte und darüber, was während der Promotion alles passiert: Auslandsaufenthalt, Vorträge, Veröffentlichungen, Auslandsreisen und und und ... Ich denke, das machen die meisten Kolleginnen und Kollegen von uns.

J.-M. Wiarda: Herr Kottkamp, was ist nun besser: die Graduiertenschule, der man ja gerne Industrieferne nachsagt, oder die Assistenzpromotion? Oder wird da bewusst ein Gegensatz aufgebaut, der gar nicht nötig ist?

E. Kottkamp: Mich ärgert der Begriff „Schule", weil er suggeriert, dass Schülerinnen und Schüler in einem Lehrgang sitzen und eine Promotion vermittelt bekommen. Der

Verband Deutscher Maschinen- und Anlagenbau (VDMA) sieht die Promotion aber als erste Phase selbstständiger Tätigkeit und ist ein Verfechter der Assistenzpromotion. Man kann aber die Vorteile eines Modells nutzen und entsprechende Elemente in das andere Modell übertragen – beispielsweise die Lehre in Lehrpläne der Graduiertenschulen. Wenn gesamthaft Leitplanken – also Standards – wie von der TUM Graduate School festgelegt werden, dann sind beide Modelle nebeneinander existenzberechtigt.

J.-M. Wiarda: Leitplanken – ja. Aber Einheitlichkeit – nein. Herr Hesselbach, was sagen Sie zu verbindlichen Standards in der Promotion über alle Fächergrenzen einer Universität hinweg?

J. Hesselbach: Ich halte davon nichts, weil ich der Meinung bin, dass die Promotion eigentlich eine Fakultäts- oder Fächerangelegenheit ist und die Fächerkulturen und fachspezifischen Regeln respektiert werden sollten. Man kann aber – wie im strukturierten Doktorat an der Fakultät für Maschinenbau in Braunschweig – gemeinschaftlich bestimmte Eckpunkte festlegen, zu denen sich die Beteiligten freiwillig verpflichten.

J.-M. Wiarda: Herr Müller, übertreiben Sie es in München mit der Gleichmacherei?

G. Müller: Nein. Es gibt natürlich übergreifende, einheitliche Klammern der TUM Graduate School, über die wir uns einig sind. Wir können das aber dann durchaus auf Fakultätsebene runterbrechen und anpassen. Qualität heißt doch, dass man Ziele formuliert und sich dann daran misst, ob man diese auch erreicht. Es gibt Ziele, die man fachübergreifend für die Promotion festschreiben kann, beispielsweise Wissenschaftlichkeit und Selbstständigkeit. Und dann gibt es für die verschiedenen Fächerkulturen durchaus spezifische Zielsetzungen. Die Fakultäten haben eine ganz wichtige Schlüsselfunktion in der Diskussion und Formulierung solcher Ziele.

E. Kottkamp: Ich teile das. Störend und wettbewerbsverzerrend ist aber die in der letzten Zeit ungleichgewichtige Förderung von Graduiertenkollegs und -schulen durch die Politik. Man stelle sich mal vor, es gäbe keine Assistenzpromotion.

J.-M. Wiarda: Frau Kunst, warum wird immer wieder betont, dass die Assistenzpromotion funktioniert, und gleichzeitig davor gewarnt, die Graduiertenschulen aufzuwerten?

S. Kunst: Man sollte beides nicht gegeneinanderstellen. Ich habe es in unserer Diskussion als Konsens wahrgenommen, dass die Assistenzpromotion ihre Berechtigung hat, dass die Verbindung von Projektmanagement, Forschung und Lehre ein Vorteil ist. Im internationalen Wettbewerb steigt aber der Druck auf das deutsche Universitätssystem, sich zu öffnen, sich anzupassen und auszudifferenzieren. Dazu gehört auch, Entwicklungen im eigenen Land und in anderen Ländern zu reflektieren. Das gilt auch für Graduate Schools als ein bewährtes, vorteilhaftes Instrument einer engeren Betreuung, einer Unterstützung auf dem Weg der eigenen Wissenschaftlichkeit. Den Strauß an Vielfalt, den Graduate Schools heute haben, kann man mit in den eigenen Ansatz bringen – als Ergänzung und nicht als Konkurrenz. Ich finde, dass es zu unserem deutschen Hochschulsystem gut passt, das Positive eines Weges mit den Herausforderungen eines anderen, auch neuen Weges zu kombinieren.

J.-M. Wiarda: Herr Hesselbach, was halten Sie denn von Fast-Track-Promotionen?

J. Hesselbach: Ich halte überhaupt nichts davon. Wir haben doch Qualitätsansprüche! Die werden mit diesem Kurzweg nicht erfüllt.

G. Müller: Man muss ja auch sehen, was wir da verlieren. Also bei mir flatterte vor Kurzem ein Vorschlag für ein derartiges Fast-Track-Programm auf den Schreibtisch. Das sah so aus: Man holt international Studierende in ein Master-Programm mit der klaren Perspektive auf eine Promotion. Nach zwei Jahren gibt es den Masterabschluss und dann ist man gleich in der Promotion. Ich wäre aber als Hochschullehrender nicht bereit, jedem bzw. jeder Studierenden eine Blanco-Zustimmung für eine Promotion zu geben. Und dann befürchte ich auch einen Verlust an selbstständiger Tätigkeit in der Promotion.

S. Kunst: Also, wenn man den Blick noch mal vom Internationalen nach Deutschland zurückwendet, so ist ja gerade das, was an Ingenieurausbildung und Ingenieurpromotion in Deutschland stattfindet, ein echter Exportschlager. Viele Länder beneiden uns darum. Man muss aber auch junge, talentierte Menschen im Land halten und internationale Entwicklungen verfolgen. Die sogenannten Fast-Track-Ansätze gehören dazu. Es muss vielleicht nicht die Qualifizierungszeit verkürzt, sondern der Promotionseinstieg schon mit dem Ziel und mit dem Weg vermittelt werden.

J.-M. Wiarda: Frau Ivers-Tiffée, Frauen gibt es in den Ingenieurwissenschaften relativ wenige. Warum entscheiden sich noch immer viele junge Frauen dagegen, eine Promotion einzugehen? Welche Strukturen müsste man schaffen, um Promotionen noch familienfreundlicher zu machen?

E. Ivers-Tiffée: Jede Frau kann sich heute überlegen, wann sie ein Kind haben möchte. Das kann während der Promotionszeit sein, das kann im späteren Beruf sein. Allerdings sind die Bedingungen während der Promotion an einem universitären Institut häufig günstiger als in einem Industrieunternehmen: Das Team ist kleiner, man kann die Arbeiten besser verteilen, man kann sich besser absprechen, die Leute sind jünger und stehen nicht unter so einem irren Erfolgsdruck usw. Insofern sage ich: Es sollten einfach viel mehr Frauen schwanger werden, während sie promovieren. Die Randbedingungen haben wir dazu geschaffen. Keine Angst davor!

L. Köhne: Ich würde zunächst sagen, Familienplanung betrifft genauso Männer wie Frauen. Ich kenne genügend Männer, die würden lieber mehr Zeit mit ihren Kindern verbringen, können das aber nicht. Auch die Frage, ob ein Meeting zu verschieben ist, wenn man sein Kind vom Kindergarten abholen möchte, betrifft Männer ganz genauso. Und wenn eine Karriere von Frauen allein von ihrem Familienstand abhängen würde, dann müssten doch viel mehr kinderlose Frauen im Vorstand sitzen. Wenn ich als Frau aber im Beruf bin, dann weiß ich, dass ich erst mal raus bin, wenn ich ein Kind bekomme. Dann brauche ich einen Arbeitgeber, der mir die Möglichkeit gibt, das alles miteinander zu kombinieren.

J.-M. Wiarda: Herr Hesselbach, finden Sie das auch: Mehr Promovierende sollten schwanger werden?

J. Hesselbach: Ja, und zwar aus persönlicher Betroffenheit. Von meinen vier Kindern werden drei Diplomingenieure oder sind es schon – und das sind meine drei Mädchen ..

J.-M. Wiarda: ... sind alle drei schwanger?

J. Hesselbach: Die älteste hat schon zwei Kinder. Sie promoviert jetzt in Hamburg-Harburg. Es ist tatsächlich nicht eine Frage, ob die Frauen das dann unter einen Hut kriegen – die wissenschaftliche Tätigkeit und Familie – sondern, ob der Mann mitmacht. Man braucht also den richtigen Mann. Und es stimmt: Es gibt zur Familiengründung fast keine idealeren Berufs- oder Lebensverhältnisse als in der Promotionsphase. Mir gefällt das Beispiel vom Institut für Textiltechnik der Rheinisch-Westfälischen Technischen Hochschule Aachen. Dort funktioniert der gewählte Ansatz offensichtlich, denn an dem Institut gibt es viele schwangere Mitarbeiterinnen oder solche mit Kind. Das finde ich einfach toll. Übrigens bin ich auch begeisterter Großvater.

G. Müller: Es ist vieles gesagt worden, wo ich mich nur anschließen kann. Wir haben auch bei uns an der Fakultät Bauingenieurwesen der Technischen Universität München überzeugende Beispiele dafür, dass gerade in der Promotionsphase die Familiengründung gut funktioniert, weil man von der zeitlichen Taktung her ein bisschen freier ist als im Betrieb. Allerdings finde ich, dass wir zur Förderung von Frauen in MINT-Berufen, also in Mathematik, Informatik, Naturwissenschaften und Technik noch mehr Energie in frühere Bildungsphasen stecken müssen, beispielsweise in die Schulen und vorschulischen Einrichtungen.

L. Köhne: Das stimmt, man muss bereits in der Schule ansetzen. Man muss den Mädchen aber auch eine Perspektive geben. Man muss ihnen sagen: „Wenn du eine Ingenieurwissenschaft studierst, dann sitzt du nicht tagein und tagaus ganz allein vor einem Mikroskop und hast nur Männer um dich herum." Rollenbilder – sowas finde ich unglaublich wichtig. Die sollte man an den Schnittstellen zwischen Schule, Studium und Promotion kommunizieren.

J.-M. Wiarda: Ich glaube auch, dass die Schülerinnen und Schüler ganz genau beobachten, was später im Berufsleben, was an den Universitäten los ist. Es gibt an der Technischen Universität München oder in Bayern ein Modell, wo Professorinnen und

Professoren als Patinnen und Paten von Schulen agieren. An dieser Stelle können Professorinnen und Professoren Verantwortung übernehmen. Das sollte vielleicht noch weiter ausgebaut werden.

Wir sind allerdings am Ende unserer Diskussionszeit und haben viele Themen angerissen. Man sieht, dass es eben doch noch einige Arbeitsfelder gibt und wir nicht in allen Punkten zu abschließenden Antworten, zu einem letzten Konsens, gekommen sind. Insofern danke ich Ihnen für die richtige Mischung einer kontroversen und konsensorientierten Diskussion.

ZU DEN PERSONEN

Prof. Dr.-Ing. Dr. h. c. Jürgen Hesselbach ist seit 2004 Präsident der Technischen Universität Braunschweig – eine der neun führenden Technischen Universitäten im Verbund der TU9 sowie Mitgliedsuniversität der Niedersächsischen Technischen Hochschule (NTH). Bereits seit 1990 gehört er der TU Braunschweig als Professor und später als Leiter des Instituts für Werkzeugmaschinen und Fertigungstechnik an. Zuvor hatte er an der Universität Stuttgart Maschinenbau studiert, mit Auszeichnung zum Dr.-Ing. promoviert und mehrere Jahre bei der Robert Bosch GmbH in verschiedenen leitenden Positionen gearbeitet. Er ist Ehrendoktor der Technischen Universität Cluj-Napoca (Rumänien) und Professor an drei chinesischen Universitäten. 1987 erhielt er den Ehrenring des Vereins Deutscher Ingenieure (VDI) für besondere wissenschaftliche Leistungen. Hesselbach ist u. a. Mitglied in verschiedenen Aufsichtsräten, außerdem in der Wissenschaftlichen Gesellschaft für Produktionstechnik (WGP) und in acatech – Deutsche Akademie der Technikwissenschaften.

Prof. Dr.-Ing. Ellen Ivers-Tiffée studierte Mineralogie/Kristallografie an der Philipps-Universität Marburg und promovierte anschließend zum Dr.-Ing. in Werkstoffwissenschaften an der Friedrich-Alexander-Universität Erlangen. Von 1980 bis 1996 leitete sie bei Siemens verschiedene nationale und europäische Forschungsprojekte auf dem Gebiet der Brennstoffzellen, bevor sie 1996 Lehrstuhlinhaberin und Leiterin des Instituts für Werkstoffe der Elektrotechnik IWE an der Fakultät Elektrotechnik und Informationstechnik am heutigen KIT wurde. Sie war außerdem Prorektorin für Studium und Lehre der Universität Karlsruhe (TH), gehört zahlreichen Ausschüssen und Kommissionen an und ist Mitglied der acatech – Deutsche Akademie der Technikwissenschaften sowie der Deutschen Akademie der Naturforscher Leopoldina.

Dipl.-Ing. Lara Köhne studierte Wirtschaftsingenieurwesen mit der Studienrichtung Informations- und Kommunikationssysteme an der Technischen Universität Berlin und war anschließend zwei Jahre als Unternehmensberaterin bei Capgemini im Bereich Manufacturing, Automotive und Hightechnologies tätig. Seit April 2010 arbeitet sie als

Unternehmensberaterin bei der ITCL GmbH, einer Ausgründung des Lehrstuhls für Logistik und Materialflusstechnik an der TU Berlin. Dort promoviert sie gegenwärtig auch als externe Promovendin zum Thema „strategische differenzierte Flexibilitätsplanung". Nebenbei hält sie Lehrveranstaltungen an der TU Berlin und an der Verwaltungs- und Wirtschaftsakademie in Berlin.

Prof. Dr.-Ing. Eckart Kottkamp ist Ingenieur der Regelungs- und Nachrichtentechnik. 1976 promovierte er zum Dr.-Ing. und war anschließend in verschiedenen Unternehmen in der Geschäftsführung, als Vorstandsvorsitzender und als Aufsichtsratsmitglied tätig. 1996 erhielt er eine Ehrenprofessur von der Hochschule für Angewandte Wissenschaften in Hamburg, in deren Hochschulrat er den Vorsitz innehat. Er gehört zu den Freunden und Förderern der Helmut-Schmidt-Universität und war Vorsitzender der VDMA-Initiative Ingenieurausbildung.

Prof. Dr.-Ing. Dr. Sabine Kunst ist seit 2011 Ministerin für Wissenschaft, Forschung und Kultur des Landes Brandenburg. Sie studierte in Hannover Biologie, Politologie und Wasserbauwesen und promovierte 1982 im Ingenieurwesen. 1990 schloss sie eine weitere Promotion – in Politikwissenschaft - ab und habilitierte sich in Bauingenieur- und Vermessungswesen. Bereits ein Jahr später übernahm sie eine Vertretungsprofessur an der Technischen Universität Hamburg-Harburg und eine Professur an der Universität Hannover. 2005 wurde sie Vizepräsidentin für Lehre, Studium, Weiterbildung und Internationales an der Universität Hannover, 2007 neue Präsidentin der Universität Potsdam und 2010 – als erste Frau – Präsidentin des Deutschen Akademischen Austausch Dienstes e. V. Letztgenannte Ämter gab sie 2011 für den Posten der Wissenschaftsministerin in Brandenburg auf. Sabine Kunst ist Mitglied der acatech – Deutsche Akademie der Technikwissenschaften und in verschiedenen anderen Vereinigungen und Organisationen.

Prof. Dr.-Ing. Gerhard Müller studierte Bauingenieurwesen an der TU München. Er blieb danach als wissenschaftlicher Mitarbeiter an der TU München und schloss 1989 seine Promotion zum Dr.-Ing. ab. Als er sich 1993 habilitierte, war er bereits in ein Ingenieurbüro gewechselt, wo er nur wenige Jahre später die Geschäftsführung übernahm. 2004 folgte er einen Ruf zum Professor für Baumechanik an die TU München. Von 2009 bis 2010 war er außerdem Vorsitzender des Fakultätentags für Bauingenieurwesen und Geodäsie (FTBG). In dieser Funktion übernahm er im gleichen Zeitraum den Vorsitz der Fakultätentage der Ingenieurwissenschaften und der Informatik an Universitäten (4ING). Darüber hinaus ist er aktuell Dekan der Fakultät für Bauingenieur- und Vermessungswesen an der TU München und stellvertretender Vorsitzender des FTBG.

BEST PRACTICES ZUR VERBESSERUNG DER INGENIEURPROMOTION

> LAUDATIO UND VORSTELLUNG DER PREISTRÄGER

SABINE KUNST

Sehr geehrter Herr Professor Hüttl,
sehr verehrte Damen und Herren!

Der Ingenieur als Tüftler und Bastler? In seiner Inaugurationsrede charakterisierte der Rektor der Technischen Hochschule Graz, Wilhelm Heye, im Jahr 1888 den Absolventen seiner Hochschule wie folgt:

> *„Also – Geologe, Meteorologe, Chemiker, Mikroskopiker, Arzt, Jurist und Techniker, dies alles soll dieser Ingenieur in einer Person sein? [...] Nun, so ist es auch nicht gemeint [...]. Er muss soviel Kenntnisse von jedem dieser Fächer besitzen, um an den Specialisten nicht nur die entsprechenden Fragen stellen zu können, sondern auch dessen Antworten zu verstehen."*

Im gleichen Jahr unternahm Bertha Benz mit ihren Söhnen die erste richtige Testfahrt der deutschen Autogeschichte mit dem dreirädrigen, von ihrem Mann konstruierten Automobil. Carl Friedrich Benz zeichnete sich durch Erfindergeist, Problemlösungsfähigkeiten und Neugier aus. Ähnlich haben Johann Friedrich August Borsig, Otto Lilienthal und viele andere „getickt" – und Dampflokomotiven oder Fluggeräte entwickelt. Oder Brücken, oder Schiffshebewerke.

Ingenieurinnen und Ingenieure sind so seit Langem „Architekten des Fortschritts" – gerade weil ihre wegweisenden Lösungen Praxisbezug aufweisen. Und weil sie mit Hartnäckigkeit für auftretende Probleme neue Wege finden.

INGENIEURINNEN UND INGENIEURE ZWISCHEN WISSENSCHAFT UND PRAXIS

Doch wird an dem Zitat von Wilhelm Heye deutlich, dass eine akademische Ausbildung mehr bedeutet als Tüfteln und Erfinden. Und als 1899 die drei Technischen Landeshochschulen in Preußen durch Kaiser Wilhelm II. das Promotionsrecht erhielten, so geschah dies „[...] in Anerkennung der wissenschaftlichen Bedeutung, welche sie in den letzten Jahrzehnten neben der Erfüllung ihrer praktischen Aufgaben erlangt haben."[1]

Der Dr.-Ing. reflektiert auch heute noch die wissenschaftliche Forschung in den Ingenieurwissenschaften. Er ist ebenso prädestiniert für die Forschung an der Hochschule

---

[1] Erlass des Deutschen Kaisers Wilhelm II. vom 11. Oktober 1899.

oder in einer Forschungseinrichtung wie für die Forschung und Entwicklung in der Industrie. Nach 112 Jahren ist der Dr.-Ing. nach wie vor ein exzellentes, international nachgefragtes Gütesiegel. Doch auch exzellente Qualität muss ständig überprüft werden. Belastungsproben müssen zeigen, wo die Ingenieurin bzw. der Ingenieur neu denken, sich verbessern, sich verändern muss.

WARUM WIR HEUTE HIER SIND: VON DER ACATECH STUDIE ZUM WETTBEWERB

Vor diesem Hintergrund hatte acatech – Deutsche Akademie der Technikwissenschaften 2008 eine Studie zur Zukunft der Ingenieurpromotion durchgeführt, die auch Empfehlungen mit konkreten Verbesserungsvorschlägen beinhaltet. Diese Empfehlungen verbinden die Stärken des Dr.-Ing. mit den „Rosinen" aus den Promotionskonzepten anderer europäischer Länder sowie der Vereinigten Staaten. Um zu überprüfen, inwieweit diese Ratschläge nach zwei Jahren umgesetzt werden, hat acatech im Herbst vergangenen Jahres gemeinsam mit dem Verband der neun führenden deutschen Technischen Universitäten (TU9), der Arbeitsgemeinschaft Technischer Universitäten und Hochschulen (ARGE TU/TH) und den Fakultätentagen der Ingenieurwissenschaften und der Informatik an Universitäten (4ING) einen Best-Practice-Wettbewerb ausgeschrieben. Erwünscht waren neben Beiträgen zu strukturierten Promotionswegen wie Graduiertenschulen ausdrücklich auch solche zu traditionellen Promotionswegen wie der Assistenz-, Drittmittel- oder der externen Promotion sowie Beiträge, die übergreifende Lösungen für verschiedene Promotionswege anbieten.

Eingereicht wurden insgesamt 28 Vorschläge, darunter waren viele bereits gelebte Praktiken, aber auch neue Ideen von Universitäten in ganz Deutschland – teilweise in Kooperation mit der Industrie. Die Preisträgerinnen und Preisträger erhalten jeweils einen von der Industrie gestifteten Preis in Höhe von 5.000 Euro, was das Interesse der Industrie an der Qualität der Ingenieurpromotion deutlich belegt.

Die Jury bestand aus den vier Mitgliedern der acatech Projektgruppe zum Wettbewerb: Horst Kippler vom Karlsruher Institut für Technologie (KIT), Michael Zäh von der Technischen Universität München, Günther Pritschow von der Universität Stuttgart und Manfred Nagl von der Rheinisch-Westfälischen Technischen Hochschule (RWTH) Aachen – sowie Helga Lukoschat von der Europäischen Akademie für Frauen in Politik und Wirtschaft, Carola Feller vom Verband Deutscher Maschinen- und Anlagenbau, Hans Jürgen Prömel von der Technischen Universität Darmstadt und Peter Strohschneider von der Ludwig-Maximilians-Universität München.

In der ersten Kategorie war um Vorschläge zur Verbesserung der Auswahl von Promotionskandidatinnen und -kandidaten, der Betreuung, des Ablaufs und der Dauer der Promotion gebeten worden. Denn all diese Punkte sind Stellschrauben, an denen man die Ingenieurpromotion noch optimieren und sich dabei durch Verfahren in anderen Ländern inspirieren lassen kann.

Unter den eingereichten Vorschlägen hat die Fakultät Maschinenbau der Technischen Universität Braunschweig mit ihrem „Strukturierten Doktorat" die Jury überzeugt: „Die Assistenzpromotion ist hier mit Elementen eines modernen Personalmanagements und mit einheitlichen Betreuungsstandards ausgestaltet worden. Ein ´Braunschweiger Betreuungskodex` garantiert u. a. regelmäßige wissenschaftliche und Personalentwicklungsgespräche, Potenzialanalysen, Weiterbildungsmaßnahmen und eine neutrale Schlichtungsstelle bei Problemen. Darüber hinaus ist das ´Strukturierte Doktorat` auf andere Fakultäten bzw. Einrichtungen übertragbar. Als innovatives, erfolgreiches und übertragbares Modell wird es als Best Practice v. a. zur Verbesserung der Betreuung und Strukturierung der Ingenieurpromotion nominiert."

Das „Strukturierte Doktorat" zeigt in meinen Augen, wie wegweisend die acatech Empfehlungen waren und welche positiven Effekte entstehen, wenn sie umgesetzt werden. Denn es geht ja nicht darum, die Assistenzpromotion und die strukturierte Doktorandenausbildung oder Graduiertenschulen als Gegner aufzubauen. Vielmehr sollten wir offen sein für Elemente einer strukturierten Ausbildung, welche die Assistenzpromotion – wo nötig – fördern können. Das „Strukturierte Doktorat" stärkt die Betreuung, bietet akademische Programme, kümmert sich um Qualitätssicherung und vereint so das Beste aus zwei Welten. Und besonders attraktiv ist die Tatsache der Übertragbarkeit dieses Modells auf andere Hochschulen – durchaus auch ohne große finanzielle Mehrausgaben.

Den Anstoß für die zweite Kategorie – „Unterrepräsentierte Doktorandengruppen" – gab der Fachkräftemangel gerade im Ingenieurbereich. Wir können uns vor diesem Hintergrund nicht leisten, dass in Deutschland noch viel zu wenige Ingenieurinnen promovieren und dass nur so wenige begabte, junge Menschen aus Familien mit Migrationshintergrund den Grad des Dr.-Ing. erlangen. Den Preis erhält daher das Institut für Textiltechnik der RWTH Aachen für seinen Wettbewerbsbeitrag „Gut gerüstet ans Ziel". Die Jury betont: „In diesem Beitrag wird deutlich, dass das Institut sowohl Frauen als auch ausländische Doktorandinnen und Doktoranden und solche mit Migrationshintergrund exemplarisch und mit nachgewiesenem Erfolg unterstützt. So setzt das Institut durch eine außerordentlich hohe Vereinbarkeit von Promotion und Familie Anreize zur Erhöhung des Frauenanteils, deren Erfolge und Wirksamkeit nachgewiesen werden. [...] Organisatorische Hilfe, Sprachkurse und die Freistellung von Nebenaufgaben sichern andererseits einen stabilen Anteil an Promovierenden mit Migrationshintergrund auf Assistenzstellen. Die Maßnahmen haben Best-Practice-Charakter und sind für andere ingenieurwissenschaftliche Fakultäten zu empfehlen."

Dieses Projekt besticht mit seiner Kombination einer Vielfalt an wirksamen Maßnahmen. Und, weil es zwei unterrepräsentierte Zielgruppen im Blick hat: Frauen und Menschen mit Migrationshintergrund. Je stärker es uns nämlich bei beiden Gruppen gelingt, die Anzahl promovierter Ingenieurinnen und Ingenieure zu erhöhen, umso größer wird die Vorbildwirkung, die von ihnen ausgeht, um andere mitzureißen. Sicherlich wird die Herangehensweise der RWTH auf andere Hochschulen übertragen werden – und dies nicht nur im Bereich der Familienfreundlichkeit.

In der dritten Kategorie – „Erwerb von außerfachlichen Qualifikationen bzw. Schlüsselqualifikationen" – hat sich unter allen Teilnehmenden nach Überzeugung der Jury die Universität Stuttgart mit ihrer Graduate School of Excellence advanced Manufacturing Engineering als preiswürdig erwiesen. „Die Graduate School of Excellence advanced Manufacturing Engineering unterstützt vorbildlich den Erwerb von Schlüsselqualifikationen, Interdisziplinarität sowie den Wissens- und Technologietransfer. Hierfür sorgt [u. a.] das duale Prinzip, das in innovativer Weise auf die Promotion übertragen wurde: In Kooperation mit nationalen und internationalen außeruniversitären und industriellen Partnern wird ein Wechsel von theoretischen Ausbildungsphasen und praktischer Forschertätigkeit ermöglicht. Die Theoriephasen bieten individuell vereinbarte Qualifizierungsbausteine, die Praxisphasen hingegen ermöglichen Einblicke in betriebliche Prozesse und Forschung vor Ort."

Hier wird eine Graduiertenschule prämiert – zu Recht, denn Graduiertenschulen sind gerade in der Vermittlung von Schlüsselqualifikationen stark. Besonders spannend erscheint mir die Übertragung des dualen Prinzips in den Promotionsbereich mit theoretischen Ausbildungsphasen und praktischer Forschertätigkeit. Denn das wirkt der Gefahr einer Verschulung und Berufsferne entgegen, bietet den Doktorandinnen und Doktoranden aber dennoch die Möglichkeit, dank eines breiten Angebots die notwendigen Schlüsselqualifikationen zu erwerben.

Der Preis in der vierten Kategorie – „Internationalisierung" – geht an die Universität Bremen für ihren Beitrag „Promovieren im Verbund: international + interdisziplinär = vernetzt (Log*Dynamics*)". Die Jury würdigte ihn wie folgt: „Dieser hochschulübergreifende Forschungsverbund zeichnet sich durch die Promotion außergewöhnlich vieler internationaler Doktorandinnen und Doktoranden aus. Bewirkt wird das durch die kulturelle Einbindung der Promovierenden, Deutschunterricht, Englisch als Arbeitssprache, interkulturell ausgerichtete Soft-Skill-Schulungen, internationale Konferenzen, dreimonatige Auslandsaufenthalte sowie die Besuche von Gastwissenschaftlerinnen und -wissenschaftlern aus dem Ausland. So profitieren deutsche Promovierende von der Internationalität und umgekehrt die internationalen Kolleginnen und Kollegen vom Austausch mit deutschen Promovierenden."

Dieser Forschungsverbund überzeugt mich besonders durch die Verknüpfung von kultureller Einbindung mit der internen Verbindung von inländischen und internationalen Doktorandinnen und Doktoranden. Neben dem Austausch und dem Sammeln von Erfahrung ist auch ein höherer Verbleib der internationalen Nachwuchswissenschaftlerinnen und -wissenschaftlern in Deutschland das Ziel.

In der fünften Kategorie – „Neue Modelle der Promotionsförderung" – geht der Preis an die Technische Fakultät der Universität Erlangen-Nürnberg und ihren Beitrag zu kooperativen Promotionen mit Fachhochschulen. „Die Kandidatinnen und Kandidaten werden nach bestandener Eignungsprüfung als Mitglied der fakultätsinternen Graduiertenschule aufgenommen. Dort profitieren sie u. a. von einem Qualifizierungsprogramm mit Zusatzzertifikaten, einer regelmäßigen Betreuung, punktuellen Arbeiten an der Universität und von einer Zweitbegutachtung der Dissertation von Fachhochschulseite. Voraussetzung ist eine gemeinsame Forschungsaktivität mit der jeweiligen Fachhochschule sowie die Sicherstellung eines forschungsadäquaten Arbeitsumfeldes."

Die kooperativen Promotionen dieses Modells erscheinen mir besonders konsequent, da die Doktorandinnen und Doktoranden auch punktuell an der Universität arbeiten können und Fachhochschulprofessorinnen und -professoren die Zweitbegutachtung übernehmen. Zudem profitieren die Fachhochschulabsolventinnen und -absolventen von der Graduiertenschule der Universität. Entscheidendes Merkmal dieses Vorschlags ist auch seine einfache Übertragbarkeit auf andere Institutionen ohne großen Mehraufwand. Angesichts des Potenzials, das uns exzellente Fachhochschulabsolventinnen und -absolventen bieten, ist das ein wichtiges Projekt.

Sechste Kategorie ist der Sonderpreis für einen Lösungsansatz für mehrere Handlungsfelder oder mit einer besonders originellen Idee: Preisträgerin ist die TUM Graduate School, deren Beitrag von der Jury als „Benchmark" in der nationalen und internationalen Promotionslandschaft bezeichnet wird. „Als fakultätsübergreifender Dienstleister schafft sie einheitliche Qualitätsstandards und gibt dennoch Freiraum für Fächerspezifika. Durch die hochschulweite und präsidiale Verankerung der Graduiertenschule erhält die Promotion einen hohen Stellenwert. Vorgegeben werden Qualifizierungsmodule mit fachlichen und überfachlichen Anteilen, Vernetzungsmöglichkeiten, internationalen Phasen, Veröffentlichungsstandards und strukturierenden Elementen. Hinzu kommen vielfältige Beratungsleistungen, Gender- und Diversitymaßnahmen sowie Mitbestimmungsmöglichkeiten."

Der TU München ist es gelungen, mit ihrem Projekt einen Großteil der acatech Empfehlungen umzusetzen. Besonders interessant ist das Konzept der präsidialen Verankerung der Graduiertenschule, was ihr hochschulintern ein großes Gewicht verschaffen dürfte. Auch die Verbindung einheitlicher Qualitätsstandards ohne das Ergebnis einer einheitlichen Kost für alle ist ein gelungener Ansatz. Wie bei allen anderen Projekten bin ich auf ihre anschließende ausführlichere Vorstellung gespannt.

Meine Damen und Herren, heute zeichnen wir eine ganze Reihe höchst spannender Projekte aus. Ich wünsche mir, dass diese möglichst viel Beachtung in der Wissenschaft wie auch in der Industrie finden. Ich hoffe, dass sie Nachahmung und, in alter Ingenieurtradition, Weiterentwicklung bewirken. Ich glaube, es wäre eine lohnende Sache, in vielleicht zwei Jahren eine erneute Bestandsaufnahme durchzuführen um dann zu prüfen und zu bewerten, welche Veränderungen deutschlandweit stattgefunden haben.

ZUR PERSON

Prof. Dr.-Ing. Dr. Sabine Kunst ist seit 2011 Ministerin für Wissenschaft, Forschung und Kultur des Landes Brandenburg. Sie studierte in Hannover Biologie, Politologie und Wasserbauwesen und promovierte 1982 im Ingenieurwesen. 1990 schloss sie eine weitere Promotion – in Politikwissenschaft – ab und habilitierte sich in Bauingenieur- und Vermessungswesen. Bereits ein Jahr später übernahm sie eine Vertretungsprofessur an der Technischen Universität Hamburg-Harburg und eine Professur an der Universität Hannover. 2005 wurde sie Vizepräsidentin für Lehre, Studium, Weiterbildung und Internationales an der Universität Hannover, 2007 neue Präsidentin der Universität Potsdam und 2010 – als erste Frau – Präsidentin des Deutschen Akademischen Austausch Dienstes. Letztgenannte Ämter gab sie 2011 für den Posten der Wissenschaftsministerin in Brandenburg auf. Sabine Kunst ist Mitglied der acatech – Deutsche Akademie der Technikwissenschaften und in verschiedenen anderen Vereinigungen und Organisationen.

> DAS „STRUKTURIERTE DOKTORAT" AN DER FAKULTÄT FÜR MASCHINENBAU DER TU BRAUNSCHWEIG

AGLAJA POPOFF

Das „Strukturierte Doktorat" an der Fakultät für Maschinenbau der TU Braunschweig wurde in der Kategorie „Auswahl von Kandidaten und Kandidatinnen, Betreuung, Ablauf und Dauer der Promotion" als Best Practice zur Verbesserung der Ingenieurpromotion mit einem von der BMW AG gespendeten Preis ausgezeichnet.

HERAUSFORDERUNGEN AN DIE INGENIEURPROMOTION

Der Verlauf der ingenieurwissenschaftlichen Promotion und die Anforderungen an eine zukünftige Dr.-Ing. bzw. einen zukünftigen Dr.-Ing. stehen in den letzten Jahren vor dem Hintergrund des Bologna-Prozesses im Fokus verschiedener Organisationen, Verbände und Gremien im Ingenieurbereich. Durch Befragungen von Unternehmen, Promovierenden, Professorinnen und Professoren sowie in Studien zu den Anforderungen und dem Verlauf der Promotion haben sich u. a. folgende Ergebnisse herauskristallisiert:

- Die Forschungsorientierung der Ingenieurpromotion ist den Unternehmen äußerst wichtig und wird als sehr positiv ausgeprägt angesehen. Defizite nehmen die Unternehmen aber in den Bereichen der überfachlichen Qualifizierung (z. B. im Projektmanagement oder der Mitarbeiterführung) sowie im Bereich des Networking und der internationalen Erfahrung wahr.[1]
- Der Anteil der weiblichen Promovierenden im ingenieurwissenschaftlichen Bereich ist mit 14 Prozent gering und bedarf besonderer Aufmerksamkeit in der ingenieurwissenschaftlichen Promotion.[2]
- Promovierende sind in den meisten Fällen als Assistenzpromovierende vollzeitbeschäftigt. Da sie gerade durch dieses Modell Forschungsqualifizierung erwerben, sprechen sich sämtliche Verbände gegen eine Verschulung der Promotion bzw. gegen die Auffassung der Promotion als Ausbildung aus.[3]
- Der überfachliche Kompetenzerwerb sollte in die berufliche Tätigkeit integriert und durch Schulungsmaßnahmen ergänzt werden.[4] Da das Wissen zu relevanten überfachlichen Qualifikationen in den Unternehmen vorhanden ist, sollte dieses in den Kompetenzerwerb mit einbezogen werden.

---

[1] Vgl. VDMA 2006.
[2] Vgl. Zäh/Trautmann 2008.
[3] Vgl. acatech 2008.
[4] Vgl. ebd.

Ein weiterer Aspekt, der im Rahmen der Modifizierung der Ingenieurpromotion stärker zu beachten ist, lässt sich als sozio-technische Herausforderungen beschreiben. Die National Academy of Engineering (NAE)[5] hat u. a. folgende zukünftige Handlungsfelder und Anforderungen an das Ingenieurwesen identifiziert:

- Umweltgerechtigkeit und Nachhaltigkeit
- zunehmende Globalisierung
- komplexe interdisziplinäre Fragestellungen
- weltweite sozio-politische Spannungen
- demografischer Wandel.[6]

Entsprechende Fähigkeiten müssen bereits in der Promotionsphase erworben werden, denn nur verantwortungsbewusste Ingenieurinnen und Ingenieure werden mit diesen Herausforderungen adäquat umzugehen wissen. Dieser Sachverhalt stellt die Hochschulen vor die Aufgabe, die bewährte Gestaltung der Promotionsphase um neue Elemente und Maßnahmen zu ergänzen, ohne diese jedoch zeitlich zu verlängern oder den Workload signifikant zu erhöhen. Dies betrifft sowohl die Sicherstellung hoher Qualitätsstandards in der Betreuung, die das konzentrierte Arbeiten am eigenen Forschungsprojekt ermöglichen, als auch den verstärkten Erwerb überfachlicher Kompetenzen.

LÖSUNGSANSATZ UND INNOVATIONSGEHALT

Um den bereits skizzierten und auch an der Technischen Universität Braunschweig festzustellenden Herausforderungen aktiv entgegenzutreten, hat die Fakultät für Maschinenbau das innovative Konzept „Strukturiertes Doktorat" entwickelt und eingeführt. Es wurde von einer fakultätsinternen Arbeitsgruppe, bestehend aus Vertreterinnen und Vertretern der Professorenschaft, wissenschaftlichen Mitarbeiterinnen und Mitarbeitern sowie der Geschäftsführung, erarbeitet und in der Folge von den Gremien (Hochschullehrerversammlung und Fakultätsrat) verabschiedet. Nach entsprechenden Änderungen der Promotionsordnung trat das „Strukturierte Doktorat" zum Sommersemester 2008 in Kraft.

Zu jeder Zeit bestand innerhalb der Fakultät für Maschinenbau Konsens darüber, dass die klassische Ingenieurpromotion einen hohen fachlichen Qualitätsstandard aufweist und keinesfalls in ein verschultes System überführt werden solle. Gleichzeitig sollten im Sinne der Vergleich- und Reproduzierbarkeit fakultätsweit geltende Betreuungsstandards und ein gezieltes akademisches Personalmanagement eingeführt werden. Bei der konkreten Gestaltung galt es zudem, auf die spezifischen Gegebenheiten und Rahmenbedingungen einer Ingenieurpromotion Rücksicht zu nehmen, die durch die Verbindung von Aufgaben u. a. in der Lehre, der Forschung am eigenen Projekt inklu-

---

5 US-amerikanische Organisation, vgl.: http://www.nae.edu/ [Stand: 2011].
6 Vgl. NAE 2005.

sive der Erstellung von Publikationen, der Drittmitteleinwerbung, der Verwaltung, der Weiterbildung und ggf. der Gremienarbeit und damit von einem außerordentlich hohen Workload geprägt ist.

Unter der Voraussetzung, diese bewährte Ingenieurpromotion um Elemente eines gezielten akademischen Personalmanagements sowie einheitliche Qualitätsstandards in der Betreuung zu erweitern, umfasst das „Strukturierte Doktorat" die in der Folge genauer zu erläuternden Elemente:

- Braunschweiger Betreuungskodex
- Promotionsbetreuungszusage
- regelmäßige wissenschaftliche Gespräche und Personalentwicklungsgespräche
- Promotionsstudium:
    - Potenzialanalyse und Teilnahme an vier Workshops aus dem Bereich der überfachlichen Qualifizierung
    - individueller Tätigkeitskatalog
- Senior Board.

Der Braunschweiger Betreuungskodex wurde in Selbstverpflichtung der Professorinnen und Professoren der Fakultät für Maschinenbau erarbeitet und sichert den Doktorandinnen und Doktoranden exzellente Betreuung bei der zielgerichteten wissenschaftlichen Arbeit zu. Der Braunschweiger Betreuungskodex ist – wie in der folgenden Abbildung aufgeführt – seit seiner Ausarbeitung durch alle Gremien der Fakultät verabschiedet worden und Bestandteil der Promotionsordnung.

Eine Zusage zur Promotionsbetreuung wird bereits zu Beginn des Beschäftigungsverhältnisses von den angehenden Promovierenden der Fakultät für Maschinenbau zusammen mit den betreuenden Professorinnen bzw. Professoren erstellt und beinhaltet, von beiden Seiten unterschrieben, u. a. die Punkte:

- Festlegung eines Themas bzw. Themenbereichs der Arbeit
- Betreuungszusage unter Beachtung des Braunschweiger Betreuungskodex.

Mindestens zweimal jährlich findet ein fachliches Gespräch zwischen Doktorandin bzw. Doktoranden und betreuender Professorin bzw. betreuendem Professor statt. Darin werden der Fortgang der wissenschaftlichen Arbeit besprochen sowie die Tätigkeiten des nächsten Zeitabschnitts geplant. Parallel dazu wird mindestens einmal jährlich ein Personalentwicklungsgespräch über die promotionsbegleitenden Tätigkeiten im Institut geführt. Im Rahmen dieses Gespräches werden auch eine Potenzialanalyse vorgenommen und darauf basierend gezielt Weiterbildungsmaßnahmen festgelegt. Die Gespräche dienen der Feststellung von Fortschritten und auch von Defiziten im Doktorat und in der Institutsarbeit, der institutionsinternen Transparenz, der Verbesserung der Kommunikation und der möglichst individuellen Förderung jeder Mitarbeiterin bzw. jedes Mitarbeiters.

Abbildung 1: Braunschweiger Betreuungskodex

BRAUNSCHWEIGER BETREUUNGSKODEX

Präambel:
Der Braunschweiger Betreuungskodex sichert den Doktorandinnen und Doktoranden an der Fakultät für Maschinenbau der TU Braunschweig exzellente Betreuung bei der zielgerichteten wissenschaftlichen Arbeit zu.

Betreuungsgrundsätze:
Fünf Betreuungsgrundsätze bilden das Betreuungsselbstverständnis der Fakultät für Maschinenbau:

1. frühzeitige Themenstellung
Zu Beginn des Beschäftigungsverhältnisses bzw. des Stipendiums wird in Form einer Promotionsbetreuungszusage ein Promotionsthema, mindestens jedoch ein Promotionsbereich, bestimmt. Die Promotionsbetreuungszusage enthält die Beschreibung des Promotionsvorhabens und erlaubt eine zielgerichtete wissenschaftliche Arbeit. Die Betreuungszusage schließt die Einhaltung der Regeln guter wissenschaftlicher Praxis ein.[7]

2. regelmäßige fachliche Gespräche
Ein Promotionsvorhaben an der Fakultät für Maschinenbau ist gekennzeichnet durch kooperative Zusammenarbeit. Dafür werden mindestens halbjährlich unter vier Augen ausführliche Gespräche über den Fortgang der Arbeit geführt. Die Betreuerin bzw. der Betreuer nimmt sich Zeit für die Diskussion der Arbeit, fördert die Qualität des Promotionsvorhabens durch Beratung und Diskussion und leistet alle verfügbare Hilfe für das Gelingen des Promotionsvorhabens.

3. Unterstützung bei Tagungsteilnahmen, Publikationen, Vorträgen
Die Betreuerin bzw. der Betreuer fordert von der Doktorandin bzw. dem Doktoranden die Erstellung von Publikationen und die Darlegung des Promotionsthemas im Rahmen von Fachtagungen. Dazu stellt sie bzw. er ein entsprechendes Budget zur Verfügung und unterstützt inhaltlich.

4. Potenzialanalyse und Förderung durch allgemeine Weiterbildungsmaßnahmen
Die Betreuerin bzw. der Betreuer ermöglicht der Doktorandin bzw. dem Doktoranden die Teilnahme an Weiterbildungsveranstaltungen zum Erwerb überfachlicher Zusatzqualifikationen, die im Rahmen einer jährlichen Potenzialanalyse (Personalberatungsgespräch) gemeinsam festgelegt werden.

5. zügige Bearbeitung abgegebener Promotionsschriften
Die Betreuerin bzw. der Betreuer wird die eingereichte Dissertationsschrift umgehend bearbeiten, um einen möglichst schnellen Abschluss des Promotionsverfahrens zu ermöglichen.

Bei möglichen Problemen bei oder im Umfeld einer Promotion steht den Beteiligten eine neutrale Schlichtungsstelle (**„Senior Board"**) zur Verfügung.

Um die Reproduzier- und Vergleichbarkeit der Personalentwicklungsgespräche zu garantieren, haben die Professorinnen und Professoren der Fakultät für Maschinenbau in einem eintägigen Workshop unter Leitung eines externen Führungskräftetrainers ge-

---

[7] Vgl. www.dfg.de [Stand: 2011].

meinsam Standards für diese Gespräche erarbeitet. So soll in den Gesprächen der Potenzial- und Weiterbildungsbedarf der Promovierenden in den im Folgenden dargestellten Bereichen ermittelt werden:

- Forschung (u. a. Projektdurchführung, Publikations- und Vortragstätigkeit)
- Fachkompetenz
- Mitarbeit in der Lehre
- Führungskompetenz
- Kommunikations- und Teamfähigkeit
- persönliche und soziale Kompetenzen.

Jede bzw. jeder Promovierende bzw. jeder Promovierende hat sich für mindestens vier Semester als Promotionsstudentin bzw. -student einzuschreiben. Folgende Elemente bilden den Inhalt des Promotionsstudiums:

a) *Weiterbildungsangebot im Bereich Soft Skills*
Neben der Sicherstellung vergleich- und reproduzierbarer Betreuungsstandards besteht ein weiteres Ziel des „Strukturierten Doktorats" darin, die vonseiten der Industrie in der Vergangenheit häufig bemängelte überfachliche Ausbildung fachlich unumstritten hoch qualifizierter Ingenieurinnen und Ingenieure zu Führungskräften zu stärken. Durch ein breites überfachliches Angebot sollen insbesondere die Entwicklung sozialer Kompetenzen, ein klares Führungsverständnis sowie das Bewusstsein der gesellschaftlichen Relevanz und Verantwortung der eigenen Tätigkeit gefördert werden.

Während vier Semestern nehmen daher alle Doktorandinnen und Doktoranden an Weiterbildungsangeboten aus dem Bereich der überfachlichen Qualifizierung teil. Normalerweise wird ein Workshop pro Semester besucht. Aufgrund der ohnehin hohen Arbeitsbelastung im Rahmen einer Ingenieurpromotion wurde viel Wert darauf gelegt, einerseits eine bedarfsorientierte, überfachliche Qualifizierung zu bieten, diese aber derart zu gestalten, dass es zu keiner Überbelastung der Promovierenden oder gar zu Abstrichen bei der fachlichen Weiterbildung kommt.

Die Teilnahme an vier Kursen wird für die Doktorandinnen und Doktoranden kostenneutral angeboten. Seit Einführung der ein- bis zweitägigen Workshops wurden diese u. a. zu folgenden Themen angeboten:

- Mitarbeiterführung sowie Konfliktmanagement in Führungssituationen (deutsch & englisch)
- Verhandlungsführung

- Arbeiten im internationalen Team (deutsch & englisch)
- Business Knigge
- Englisch für Meetings und Verhandlungen
- Publishing in English
- Karriereplanung
- Zeitmanagement (deutsch & englisch).

Die Workshops werden kontinuierlich evaluiert, an den Bedarf der Promovierenden angepasst sowie unter Berücksichtigung der Ergebnisse der Personalentwicklungsgespräche konzipiert. Als Dozentinnen und Dozenten werden professionelle externe Trainerinnen und Trainer aus den jeweiligen Themengebieten engagiert.

b)	*individueller Tätigkeitskatalog*

Alle Promovierenden führen als Teil der Promotionstätigkeit einen individuellen Katalog zu den eigenen Tätigkeiten in den Bereichen Forschung, Lehre und Verwaltung. Der Katalog bildet u. a. die Grundlage für die wissenschaftlichen Entwicklungsgespräche und kann sich nach einem institutseigenen Rahmenkatalog richten.

Bei möglichen Problemen bei oder im Umfeld einer Promotion steht den Beteiligten eine neutrale Schlichtungsstelle zur Verfügung. Diese setzt sich aus einer Emerita bzw. einem Emeritus, der bzw. dem Vorsitzenden des Promotionsausschusses, einer Industrievertreterin bzw. einem Industrievertreter, einer wissenschaftlichen Mitarbeiterin bzw. einem wissenschaftlichen Mitarbeiter und einem Mitglied der Geschäftsführung der Fakultät zusammen. Die Mitglieder werden für zwei Jahre vom Dekan berufen.

WIRKSAMKEIT, ERFOLGE SOWIE NACHHALTIGKEIT

Um die Wirksamkeit und die Nachhaltigkeit der Elemente des „Strukturierten Doktorats" zu gewährleisten, werden diese kontinuierlich begleitend evaluiert. Dabei stehen die Erfolgs- und Zufriedenheitsmessung sowie die Programmoptimierung im Mittelpunkt. Bei der zuletzt durchgeführten Befragung unter den 299 eingeschriebenen Promovierenden und 32 Professoren der Fakultät für Maschinenbau im Herbst 2010 wurden der Umsetzungsgrad der einzelnen Elemente und deren Wirksamkeit sowie die generelle Zufriedenheit mit dem „Strukturierten Doktorat" erfragt. Folgende Ergebnisse können festgehalten werden:

- 81 Prozent der Professoren sehen den „Braunschweiger Betreuungskodex" als umgesetzt an.

- 95 Prozent der Professoren haben mit 70 Prozent der Promovierenden bereits Personalentwicklungsgespräche geführt und im Allgemeinen lässt sich feststellen, dass durch die Gespräche:
    - die Kommunikation im Institut verbessert,
    - gezielte Weiterbildungsmaßnahmen aufgrund von gemeinsam herausgearbeiteten Entwicklungsmöglichkeiten festgelegt sowie
    - Ziele und Maßnahmen für den nächsten Zeitabschnitt erarbeitet und festgelegt wurden.
- Über 70 Prozent der Professoren sind sich einig, dass der Nutzen der Gespräche den Mehraufwand übersteigt.
- Die Mehrheit der Promovierenden betont, dass das „Strukturierte Doktorat" die Qualität und Breite der Promotion erhöht sowie eine positive Weiterentwicklung zur bewährten Ingenieurpromotion darstellt.
- 79 Prozent der Promovierenden geben an, dass das „Strukturierte Doktorat" eine fachliche und überfachliche Weiterqualifikation für Beruf und Persönlichkeit bietet und sehen durch die besuchten Workshops eine Kompetenzverbesserung v. a. in den Bereichen Teamfähigkeit und Sozialkompetenz.
- Über die Angebote des „Strukturierten Doktorats" hinaus wünschen sich die Promovierenden ein Mentoring-Programm und Netzwerkveranstaltungen.

INSTITUTIONELLE VERANKERUNG UND DAUERHAFTE IMPLEMENTIERUNG

Das „Strukturierte Doktorat" mit seinen verschiedenen Elementen ist verbindlicher Bestandteil der Promotionsordnung der Fakultät für Maschinenbau. Es handelt sich somit um eine dauerhaft implementierte Maßnahme, deren Kosten – insbesondere für Workshop-Angebote – von der Fakultät selbst getragen werden.

ÜBERTRAGBARKEIT AUF ANDERE ORGANISATIONSEINHEITEN BZW. EINRICHTUNGEN

Das „Strukturierte Doktorat" als Kombination aus der bewährten und nicht verschulten Ingenieurpromotion und Elementen eines gezielten akademischen Personalmanagements stößt auch außerhalb der Fakultät für Maschinenbau auf breites Interesse. Bedingt durch die Tatsache, dass im Rahmen des „Strukturierten Doktorats" bewusst auf die Einführung eines fachlichen Promotionsstudiengangs verzichtet wurde und der Schwerpunkt auf der Sicherstellung einheitlicher Qualitätsstandards in der Betreuung sowie auf der überfachlichen Qualifizierung der Promovierenden liegt, ist das Konzept in nur leichter Modifizierung auf andere technische, aber auch weitere Fächergruppen übertragbar.

Als erstes Beispiel der Übertragbarkeit kann der Sonderforschungsbereich 880 („Hochauftrieb künftiger Verkehrsflugzeuge") genannt werden, in dessen integriertes

Graduiertenkolleg[8] der Braunschweiger Betreuungskodex ebenso wie die Promotions-betreuungs-Zusage übernommen wurden. Bei den Workshop-Angeboten zur überfachlichen Qualifizierung wird im Rahmen des genannten Graduiertenkollegs mit dem „Strukturierten Doktorat" kooperiert, um so Synergie-Effekte optimal zu nutzen.

Aufgrund der bisherigen Erfahrungen und der kontinuierlichen Evaluation wird das „Strukturierte Doktorat" laufend weiterentwickelt. Es kristallisierte sich dabei u. a. der Bedarf an zusätzlichen, jedoch nicht verpflichtenden Angeboten für Promovierende heraus.

Vor diesem Hintergrund wurde eine Graduate School aus Mitteln des Europäischen Fonds für regionale Entwicklung (EFRE) beantragt und nach positiver Begutachtung eingerichtet. Ziel des sogenannten „Graduierten-Forum[s] Maschinenbau"[9] stellt die noch intensivere und individuell abgestimmte, fachliche wie überfachliche Weiterbildung und Betreuung dar. Mit dieser sollen die Promovierenden optimal auf die spätere Übernahme anspruchsvoller und verantwortungsbewusster Führungsaufgaben in Wissenschaft, Wirtschaft und Gesellschaft oder auf den Weg in die Neugründung eines Unternehmens vorbereitet werden. Das „Graduierten-Forum Maschinenbau" umfasst vier Bausteine, die von den freiwilligen Teilnehmerinnen und Teilnehmern flexibel angepasst durchlaufen werden: Soft Skills (weiterführende Workshops zur überfachlichen Qualifizierung), Fachdiskurs (u. a. Vorträge, Summer School), Mentoring und Networking (u. a. Netzwerk-Dinner).

FAZIT

Die Fakultät für Maschinenbau der TU Braunschweig hat mit dem „Strukturierten Doktorat" ein innovatives Konzept geschaffen, welches neue Wege in der Ingenieurpromotion aufzeigt. Das „Strukturierte Doktorat" ist auf die Besonderheiten der Ingenieurpromotion abgestimmt, v. a. im Hinblick auf die Vielfalt der Aufgaben der Promovierenden und die Vermeidung eines starren, verschulten Promotionswesens.

Über den Anspruch einer strukturierteren Promotionsphase mit allgemein gültigen Betreuungsstandards hinaus bietet das umfangreiche, dynamische Workshop-Programm zur überfachlichen Qualifizierung eine Weiterentwicklung der von Industrie und Wissenschaft geforderten Kompetenzen.

Die Notwendigkeit einer strukturierteren Promotionsphase und außerfachlichen Weiterentwicklung wird sowohl vonseiten der Betreuenden als auch der Promovierenden erkannt, was zu einer hohen Akzeptanz des „Strukturierten Doktorats" unter allen Beteiligten geführt hat. Aufgrund der kontinuierlichen Evaluation der Maßnahmen konnten neue Bedarfe identifiziert werden, die nun im Rahmen einer zusätzlichen und freiwilligen Graduate School umgesetzt werden.

Das Konzept des „Strukturierten Doktorats" lässt sich mit nur geringen Modifizierungen auch auf andere Fächer und Fakultäten übertragen und stellt damit ein erfolgreiches Best-Practice-Modell im Bereich der Ingenieurpromotion dar.

---

8 Vgl. http://www.tu-braunschweig.de/sfb880/graduiertenkolleg [Stand: 2011].
9 Vgl. http://www.tu-braunschweig.de/fmb/promotion/graduiertenforum [Stand: 2011].

LITERATUR

acatech 2008

acatech – Deutsche Akademie der Technikwissenschaften: Empfehlungen zur Zukunft der Ingenieurpromotion – Wege zur weiteren Verbesserung und Stärkung der Promotion in den Ingenieurwissenschaften an Universitäten in Deutschland. Stuttgart 2008.

NAE 2005

National Academy of Engineering (NAE): The Engineer of 2020 – Visions of Engineering in the New Century. Washington 2005.

VDMA 2006

Verband Deutscher Maschinen- und Anlagenbau e.V. (VDMA): Wir kümmern uns um die Elite – VDMA Positionen zur Promotion. Frankfurt am Main 2006.

Zäh/Trautmann 2008

Zäh, M. F./Trautmann, A.: Die Ingenieurpromotion heute – Auslaufmodell oder doch ein Renner? In: 4ING: Zukunft Ingenieurwissenschaften – Zukunft Deutschland. Berlin: 2008.

INTERNETQUELLEN

Internetseiten der Deutschen Forschungsgemeinschaft (DFG). URL: www.dfg.de [Stand: 2011].

Internetseiten der National Academy of Engineering (NAE). URL: http://www.nae.edu/ [Stand: 2011].

Internetseiten des Graduiertenkollegs der TU Braunschweig im Sonderforschungsbereich 880. URL: http://www.tu-braunschweig.de/sfb880/graduiertenkolleg [Stand: 2011] sowie URL: http://www.tu-braunschweig.de/fmb/promotion/graduiertenforum [Stand: 2011].

ZUR PERSON

Aglaja Popoff war bis Ende 2010 Mitglied der Geschäftsführung der Fakultät für Maschinenbau an der TU Braunschweig. Seitdem ist sie selbstständig tätig.

> DIE INGENIEURPROMOTION AM ITA DER RWTH AACHEN

THOMAS GRIES/DIETER VEIT

Die Ingenieurpromotion am ITA der RWTH Aachen wurde in der Kategorie „Förderung unterrepräsentierter Doktorandengruppen" als Best Practice zur Verbesserung der Ingenieurpromotion mit einem von der DSA GmbH gespendeten Preis ausgezeichnet.

HERAUSFORDERUNGEN AN DIE INGENIEURPROMOTION

Die Ingenieurpromotion ist der klassische Ausbildungs- und Karriereweg für technische Führungskräfte. Das gilt insbesondere für die Promotion an industrienahen Forschungseinrichtungen wie dem Institut für Textiltechnik (ITA) der Rheinisch-Westfälischen Technischen Hochschule (RWTH) Aachen. Der Doktortitel hat aber keinen Wert an sich. Entscheidend ist der gut ausgebildete Mensch mit seinen umfangreichen Erfahrungen: Projekte und Menschen erfolgreich managen – Komplexität aushalten und beherrschen. Dies alles kann die Ingenieurpromotion leisten, wenn sie gut geplant, gut betreut und konsequent durchgeführt wird.[1]

Am ITA sind die wissenschaftlichen Mitarbeiterinnen und Mitarbeiter einem Themenbereich zugeordnet. Aus diesem heraus entwickelt sich die Promotion. Dabei gilt es, ungeklärte praxisrelevante Fragen eigenständig zu identifizieren und eine industrietaugliche Lösung zu entwickeln. Diese „Tiefenbohrung" wird i. d. R. mit der Promotion abgeschlossen.

Darüber hinaus bietet sich jedoch den Mitarbeiterinnen und Mitarbeitern die Möglichkeit, in zahlreichen, industrienahen Projekten ganz unterschiedliche Dinge zu tun und sich somit fachlich auch stark in die Breite zu entwickeln (siehe Abbildung 1). Hier ist eine viel größere Themenbreite möglich als beim Direkteinstieg in die Industrie.

Insbesondere Frauen und Menschen mit Migrationshintergrund stehen einer Promotion oft kritisch gegenüber, weil die entsprechenden Rahmenbedingungen (z. B. Kinderbetreuungsplätze, Sprachkurse etc.) oft nicht gegeben sind. Hier setzt das ITA mit gezielten Fördermaßnahmen an.

---

[1] Vgl. ITA 2010, Scherff 2007.

Abbildung 1: Fachliche Breite vs. fachliche Tiefe einer Ingenieurpromotion

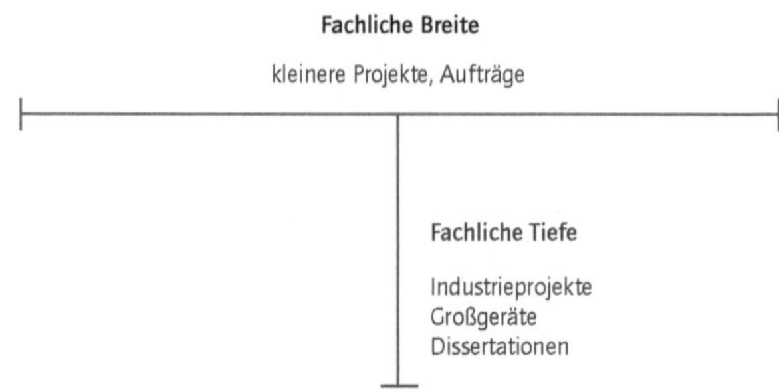

LÖSUNGSANSATZ UND INNOVATIONSGEHALT

Schon im Studium der Textiltechnik an der RWTH Aachen liegt der Anteil von weiblichen Studierenden mit ca. 30 Prozent deutlich höher als in allen anderen Fachrichtungen innerhalb des Maschinenbaus. Der Durchschnitt liegt bei ca. 10 bis 15 Prozent. Aufgrund der Internationalität der Textilindustrie ist auch der Anteil von Studierenden der Textiltechnik mit Migrationshintergrund relativ groß und liegt bei ca. 20 Prozent. Durch zahlreiche Studierendenaustauschverträge mit Universitäten in Europa, Asien und den USA kommen weitere ausländische Studierende – insbesondere Frauen – hinzu, die am ITA ein bis zwei Semester studieren oder dort ein Forschungspraktikum absolvieren.

Dieser hohe Anteil von Frauen und Studierenden mit Migrationshintergrund spielt auch bei der Auswahl der Promotionskandidatinnen und -kandidaten eine wichtige Rolle. Die Auswahl erfolgt auf unterschiedliche Weise:

- Bewerberinnen und Bewerber, die bereits am ITA studiert oder dort als studentische Mitarbeiterinnen bzw. Mitarbeiter gearbeitet haben, reichen schriftliche Bewerbungsunterlagen ein und werden dann ggf. zu einem persönlichen Gespräch eingeladen. Daran nimmt neben dem Institutsleiter auch die jeweilige Bereichsleiterin bzw. der jeweilige Bereichsleiter teil. Auf diese Weise können auch fachliche Detailfragen sofort besprochen und geklärt werden.
- Bewerberinnen und Bewerber, die nicht am ITA, sondern an einer anderen deutschen Universität studiert haben, werden zunächst über den prinzipiellen Ablauf einer Ingenieurpromotion an der RWTH Aachen schriftlich informiert. Wenn ihnen dieses Modell zusagt und sie die Anforderungen an die jeweilige Position erfüllen, werden sie zu einem persönlichen Gespräch eingeladen (s. o.).

- Bei Bewerberinnen und Bewerbern von Fachhochschulen wird analog verfahren. Allerdings wird mit diesen im Vorstellungsgespräch bereits vereinbart, welche Fachprüfungen sie im Laufe der ersten beiden Jahre ihrer Promotion noch an der RWTH Aachen ablegen müssen. Dies geschieht in Übereinstimmung mit den Vorgaben der Fakultät für Maschinenwesen.
- Bewerberinnen und Bewerber aus dem Ausland, die der deutschen Sprache noch nicht mächtig sind, werden je nach Qualität ihrer schriftlichen Bewerbung ebenfalls eingeladen. Sie erhalten die Gelegenheit, innerhalb des ersten Jahres ihrer Promotion am ITA einen Deutschkurs zu absolvieren. Dieser wird entsprechend ihres Sprachniveaus gemeinsam mit der Institutsleitung ausgewählt.
- Bewerberinnen und Bewerber aus dem Ausland, die bereits die deutsche Sprache beherrschen und am ITA entweder studiert oder ein Praktikum absolviert haben, werden mit Absolventinnen und Absolventen von Fachhochschulen i. d. R. gleichgestellt. Das bedeutet, sie legen noch einige wenige Fachprüfungen in den ersten ein bis zwei Jahren ihrer Promotion ab.

Diese Auswahlmethode hat sich bewährt und wird von den Kandidatinnen und Kandidaten, insbesondere von jenen mit Migrationshintergrund, ausdrücklich begrüßt. Zum einen, weil ihnen so die Gelegenheit gegeben wird, die deutsche Sprache zu erlernen – zum anderen, weil genügend Zeit zur Verfügung steht, um mögliche fachliche Defizite schon in der Anfangsphase der Promotion auszugleichen.

Bereits im Vorstellungsgespräch wird bei prinzipieller Eignung der Kandidatinnen und Kandidaten für eine Promotion der Themenbereich der Doktorarbeit vorgestellt und skizziert (z. B. „Faserverbundwerkstoffe im Automobilbau"). Nach der Einstellung finden regelmäßig Gespräche zwischen Promovendin bzw. Promovend und Professorin bzw. Professor statt.

Die neue Mitarbeiterin bzw. der neue Mitarbeiter beginnt mit der Zuordnung zu einem Arbeitsgebiet. Das erste Jahr ist das Orientierungsjahr. Hier muss sie bzw. er fachlich Fuß fassen und eine Idee davon entwickeln, wo die „weißen Flecken auf der Wissenslandkarte" sind. Auch muss entschieden werden, wie sie bzw. er sich diesen weißen Flecken nähern möchte: beispielsweise produktionswissenschaftlich, simulativ oder experimentell. Bei der eigenständigen Suche wird sie oder er natürlich durch seine Kolleginnen und Kollegen sowie die Führungskräfte unterstützt. Außerdem sind die Forschungsthemen i. d. R. mit der Strategie der Abteilung und des gesamten Instituts rückgekoppelt.

Das Thema der Doktorarbeit wird von der Promovendin bzw. dem Promovenden in Abstimmung mit der Bereichsleitung und dem jeweiligen Kollegium innerhalb des ersten Jahres selbstständig entwickelt und formuliert. Dann werden im Promotionsgespräch nach dem ersten Jahr das Thema, das Mission Statement mit Konzeptbild sowie die Gliederung der Doktorarbeit und die weitere Finanzierung der Mitarbeiterin bzw. des Mitarbeiters oder der Arbeitsgruppe besprochen. Damit ist das weitere Vorgehen, um das Promotionsthema mit Inhalten zu füllen und die jeweiligen Ziele zu erreichen, abgestimmt und für die folgenden zwei Jahre festgelegt.

Im Promotionsgespräch nach dem dritten Jahr wird die Gliederung der aktuellen Entwicklung angepasst und endgültig festgelegt. Nach dem vierten Jahr werden das Thema des Doktorvortrages sowie weitere Einzelheiten der Promotionsprüfung vereinbart. Die Doktorarbeit wird abgeschlossen und eine erste Version abgegeben, welche bereits einreichungsfähig sein muss. Im fünften Jahr folgen dann die Korrekturschleife, die Vorbereitung auf die mündliche Prüfung und die Drucklegung der Arbeit (siehe auch Abbildung 2).

Abbildung 2: Zeitlogik der Ingenieurpromotion am ITA

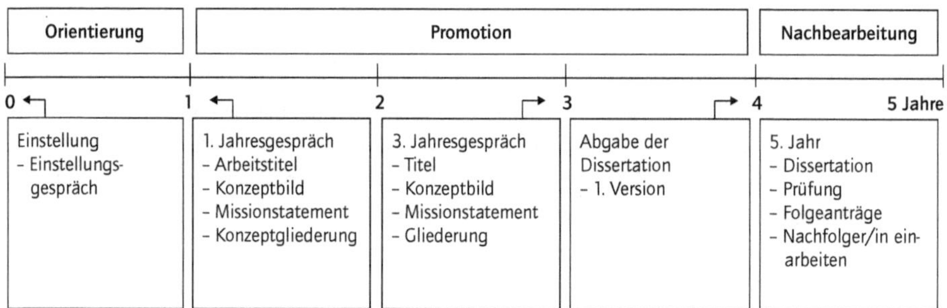

Der ständige Kontakt zwischen Professorin bzw. Professor und Kandidatin bzw. Kandidaten während der gesamten Promotionsphase stellt sicher, dass für alle Beteiligten zu jedem Zeitpunkt der Promotion Thema und genaue Inhalte der Arbeit klar sind. Auftretende Probleme werden zeitnah besprochen und gelöst.

Um eine kontinuierliche Betreuung der Doktorandinnen und Doktoranden sicherzustellen, wird neben den bereits genannten jährlichen Promotionsgesprächen das Thema der Doktorarbeit regelmäßig innerhalb der monatlichen Bereichsbesprechungen inhaltlich und organisatorisch abgestimmt. Dadurch ist das Thema stets in die Bereichsstrategie eingebettet. So kann es nicht zu Überschneidungen mit den Fragestellungen der Arbeiten anderer Kandidatinnen und Kandidaten desselben Bereichs kommen. Gleichzeitig erhält die Promovendin bzw. der Promovend regelmäßig eine Rückmeldung der Bereichsleitung und der Kolleginnen und Kollegen zum Stand seiner Promotionsarbeit.

Alle bislang erläuterten Maßnahmen sichern die inhaltliche Qualität und legen den äußeren Zeitrahmen fest. Sie werden schriftlich dokumentiert. Auf diese Weise stehen sie allen Beteiligten fortwährend zur Verfügung und es kann keine Missverständnisse geben. Die benötigten Ressourcen (Maschinen, Bedienpersonal etc.) werden in Abstimmung mit den zuständigen Mitarbeiterinnen und Mitarbeitern des ITA ermittelt. Dadurch ist ihre Verfügbarkeit zum jeweils richtigen Zeitpunkt sichergestellt.

Am ITA existieren außerdem zahlreiche Maßnahmen, um den Anteil an Frauen unter den Promovenden gezielt zu erhöhen. Unsere Erfahrung zeigt, dass die Haupthürde für viele Frauen, sich um eine Promotionsstelle zu bewerben, die Sorge ist, bei einer eventuellen Schwangerschaft die Promotion abbrechen zu müssen. Um diese Problematik gar nicht erst entstehen zu lassen, werden am ITA folgende Maßnahmen durchgeführt:

- Bereitstellung von Informationsmaterial für Schwangere,
- Beratung über rechtliche und sonstige Fragen während der Schwangerschaft,
- Hilfe bei der Suche nach einem Platz in einer Kindertagesstätte (unabhängig vom bereits existierenden, aber begrenzten Angebot der RWTH Aachen),
- ausdrückliche Möglichkeit, auch in Elternteilzeit am ITA arbeiten und somit auch promovieren zu können – zahlreiche Mütter und Väter haben von diesem Angebot in der Vergangenheit Gebrauch gemacht und tun dies auch aktuell; ergänzt wird dies durch die Möglichkeit der Home Office-Arbeit für Mitarbeiter in Elternzeit,
- entsprechende organisatorische Änderungen (Besprechungstermine werden beispielsweise nicht auf Nachmittage gelegt etc.), die für einen weitgehend reibungsfreien Ablauf sorgen.

Das ITA wirbt außerdem gezielt über Stellenveröffentlichungen in internationalen Jobbörsen ausländische Absolventinnen und Absolventen der Ingenieurwissenschaften bzw. der Textiltechnik an. Geeignete Kandidatinnen und Kandidaten werden zum Gespräch (s. o.) eingeladen. Vor einer Einstellung organisieren wir eine Unterkunft sowie bei Bedarf die Teilnahme an einem Deutsch-Sprachkurs. Innerhalb des ersten Jahres der Promotion werden ausländische Promovierende von vielen Nebenaufgaben (PR-Tätigkeit etc.) freigestellt, um sich so entweder ihren Studien (sofern noch Prüfungen abzulegen sind) oder dem Erwerb der deutschen Sprache widmen zu können.

Die meisten Absolventinnen und Absolventen sehen in der Promotion im Wesentlichen die fachliche Herausforderung der wissenschaftlichen Arbeit. Bei genauer Betrachtung muss sich die wissenschaftliche Mitarbeiterin bzw. der wissenschaftliche Mitarbeiter jedoch drei Herausforderungen stellen. So muss sie bzw. er fachlich tiefgründig arbeiten und gleichzeitig eine Multiprojektlandschaft beherrschen. Außerdem sind ausgeprägte Managementfähigkeiten (Eigen-, Projekt- und Personalmanagement) gefragt. Normalerweise muss die Mitarbeiterin bzw. der Mitarbeiter eine Gruppe führen, die durchschnittlich eine Technikerin bzw. einen Techniker oder eine Servicemitarbeiterin bzw. -mitarbeiter, ein bis drei studentische Mitarbeiterinnen und Mitarbeiter und ein bis drei wissenschaftliche Arbeiten anfertigende Studierende umfasst. Drittens sind an den industrienahen Instituten wie dem ITA die wissenschaftlichen Mitarbeiterinnen und Mitarbeiter auch gefordert, PR-Arbeit und Projektakquisition zu leisten. Dazu gehören Präsentationen bei Kunden und auf Fachtagungen, Akquisitionen von Industrieaufträgen und öffentlich geförderten Projekten oder Dokumentationen in Angeboten, Anträgen und Berichten.

Abbildung 3: Die drei Dimensionen der Personalentwicklung während der Promotion

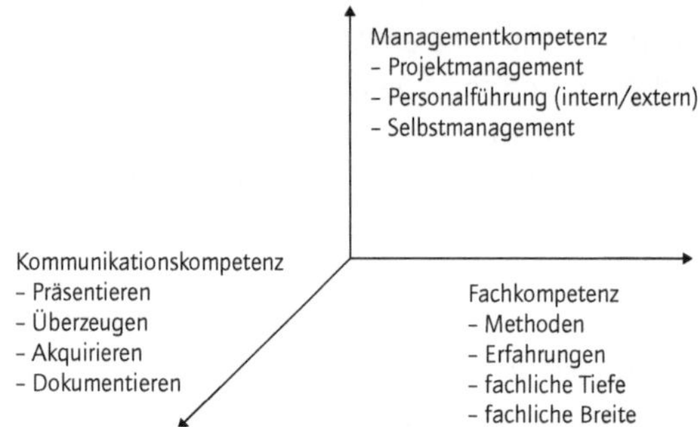

Die bereits genannten Dimensionen der Personalentwicklung (siehe Abbildung 3) fordern natürlich die wissenschaftliche Mitarbeiterin bzw. den wissenschaftlichen Mitarbeiter immens. Hinzu kommt, dass gerade die für die Promotion ausgewählten Mitarbeiterinnen und Mitarbeiter einen hohen Anspruch an die Ergebnisse ihrer Arbeit haben. So ergibt sich folgendes Bild: Während die Mitarbeiterin bzw. der Mitarbeiter in den ersten ein bis zwei Jahren schnell an Performance gewinnt, erwartet sie bzw. er von sich selbst jedoch bereits nach dem ersten Jahr Ergebnisse. Die eigenen Erwartungen sind dabei oft höher als diejenigen von der bzw. dem fachlich Vorgesetzten und der Betreuerin bzw. dem Betreuer. Häufig ist phänomenologisch festzustellen, dass nach dem ersten Jahr ein Motivationstief entsteht: Noch haben sich keine eigenen Erfolge eingestellt, aber der eigene Anspruch und die Komplexität zehren an den Nerven. Ca. 10 Prozent bis 20 Prozent der Promotionskandidatinnen und -kandidaten geben in dieser kritischen Phase auf – und das oft unnötigerweise.

Zu lernen, mit diesem Motivationsverlauf (siehe Abbildung 4) umzugehen, ist Teil des Erfahrungsschatzes, der später großen Nutzen bringt! Daher versuchen wir am ITA, die Mitarbeiterin bzw. den Mitarbeiter übermäßig zu beanspruchen, sondern aktiv zu fördern.

Abbildung 4: Performance und Motivation im Laufe der Promotionszeit

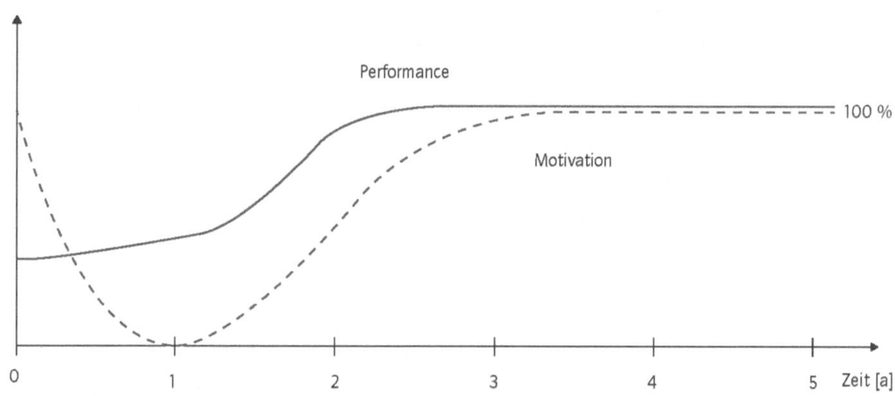

Von Promovierenden wird ein hohes Maß an Selbstständigkeit erwartet. Sie tragen die fachliche und finanzielle Verantwortung für die eigenen Forschungsprojekte. Dies ermöglicht es, eigene Ideen hinsichtlich Projektakquise und -durchführung, Kundenbetreuung und -kommunikation etc. zu entwickeln und zu erproben. Dabei stehen die Promovierenden in ständigem Kontakt mit den fachlichen Kolleginnen und Kollegen und Vorgesetzten, sodass jederzeit die Möglichkeit besteht, sich bei Bedarf Hilfe zu holen. Zu Beginn der wissenschaftlichen Tätigkeit begleitet die wissenschaftliche Mitarbeiterin bzw. der wissenschaftliche Mitarbeiter seine Kolleginnen und Kollegen häufig zu Firmenbesuchen, Konferenzen etc. und erhält auf diese Weise einen sehr guten Einblick in deren Arbeitsweise. Gleichzeitig haben die Neuen so die Möglichkeit, eigene Kontakte zu Vertreterinnen und Vertretern aus der Industrie zu knüpfen.

Interessierte Promovendinnen und Promovenden erhalten darüber hinaus die Gelegenheit, sich aktiv innerhalb des Lehrangebots des ITA zu engagieren, beispielsweise bei der Organisation und Durchführung von Vorlesungen und Übungen – je nach Angebot und Bedarf. So nehmen mittlerweile fast alle wissenschaftlichen Mitarbeiterinnen und Mitarbeiter aktiv am Lehrbetrieb teil, indem sie mindestens eine Veranstaltung eigenständig organisieren und durchführen.

Um diese Ziele auch zu erreichen, wird jeder neuen Mitarbeiterin bzw. jedem neuen Mitarbeiter eine Mentorin bzw. ein Mentor zur Seite gestellt. Die Mentorin bzw. der Mentor hilft, sich in neuen Abläufen zurechtzufinden, die Äußerungen von Kolleginnen und Kollegen, Vorgesetzten und Kunden zu deuten und steht auch bei Fragen mit Rat und Tat zur Seite.[2] Die neue Mitarbeiterin bzw. der neue Mitarbeiter wird auch durch die ersten Mitarbeitergespräche und Kundenkontaktebegleitet – stets mit dem Ziel, möglichst schnell eine Eigenständigkeit zu erreichen und zu fördern. Die Mentorin bzw. der

---

2   Vgl. Achterhold 2007.

Mentor berät zusammen mit der Doktormutter bzw. dem Doktorvater auch fachlich, wissenschaftlich und innovativ.

An der RWTH Aachen wurde vor einigen Jahren außerdem das Center for Doctoral Studies (CDS) eingeführt. Im Rahmen dieses Programms werden zahlreiche Veranstaltungen zu ganz unterschiedlichen Themenstellungen angeboten. Dazu gehören Rhetorik, Präsentations- und Zeitmanagement u. v. m. Alle Promovierende am ITA nehmen an diesen Veranstaltungen teil und erhalten so später ein „Supplement" zur Promotion, in dem die besuchten Vorlesungen und Seminare aufgeführt sind. Durch diese Maßnahme ist es gelungen, zumindest für die o. g. Schlüsselqualifikationen zu sensibilisieren und diese nachhaltig zu vermitteln.

Auch wenn die Promotion bei der Diskussion häufig im Vordergrund steht, so muss sich doch die Kandidatin bzw. der Kandidat hinsichtlich der in Abbildung 3 genannten drei Herausforderungsdimensionen entwickeln. Denn am Ende – beim Eintritt in die Industrie – zählen die Gesamtheit der Fähigkeiten und die vielfältigen gesammelten Erfahrungen. Die Promotion dient der umfangreichen fachlichen Personalentwicklung.

Um den Einstieg zu erleichtern, doch auch während der Promotion, werden die Mitarbeiterinnen und Mitarbeiter bei uns am ITA durch fachliche Weiterbildung bei unseren Industriepartnern und bei unabhängigen Seminaranbietern geschult.

Für die sogenannten Soft Skills im Bereich der Managementfähigkeiten und Akquise-Tätigkeiten haben wir einen Katalog von ca. zehn Standardmaßnahmen entwickelt (Rhetorik, Technologie- und Innovationsmanagement, Vertriebsingenieurwesen, Antrag schreiben, Personalmanagement, Projektmanagement, ...). Hier greifen wir auf selbst entwickelte Personal-Seminarangebote oder auf externe Seminarangebote zurück. Die RWTH Aachen hat im CDS zusätzlich ein umfangreiches Seminarangebot für Promovierende entwickelt (s. o.). Im Vordergrund steht jedoch die individuelle Entwicklung von Stärken der jeweiligen Mitarbeiterin bzw. des jeweiligen Mitarbeiters.

Ein wesentliches Element der Personalentwicklung ist die Eigenverantwortung. So ist es Aufgabe der Mitarbeiterin bzw. des Mitarbeiters, die eigenen Ergebnisse der Arbeit vorzustellen, zu verteidigen und im Mittelpunkt des Projektmanagements zu stehen. Dabei macht sie bzw. er sich bereits einen eigenen Namen und ist in der Branche weit vor dem Ausscheiden bekannt. Promovieren ist auch Promotion [prə'məuʃən] in eigener Sache.

Jede Mitarbeiterin bzw. jeder Mitarbeiter hat außerdem die Möglichkeit – und ist auch dazu aufgefordert –, auf nationalen und internationalen Konferenzen die eigenen Forschungsergebnisse zu präsentieren. Auf diese Weise ergibt sich zwangsläufig die Chance, selbst in Kontakt mit der internationalen Fachwelt, aber auch mit international agierenden Industrieunternehmen zu treten. In den vergangenen Jahrzehnten wurde dies von fast jeder Doktorandin und fast jedem Doktoranden mit großem Erfolg durchgeführt, wie die zahlreichen Kontakte des ITA zu ausländischen Partnern (Universitäten,

Industrie) zeigen. Beiträge unserer Promovierenden in internationalen Fachzeitschriften (häufig peer-reviewed) sind selbstverständlich und erhöhen die internationale Sichtbarkeit noch einmal erheblich. Promovierende mit Migrationshintergrund verfügen häufig bereits über Kontakte in ihr Heimatland. Dies fördert die Internationalisierung des ITA in vielen Märkten, z. B. der Türkei.

Abschließend bleibt zu bemerken, dass kooperative Promotionen mit der Industrie bisher nur in geringem Umfang durchgeführt wurden – aber oft mit Erfolg. Die Hauptursache für die meist geringe Bereitschaft von Ingenieurinnen und Ingenieuren in der Wirtschaft, eine Teilzeit-Promotion aufzunehmen, besteht darin, dass das Promotionsthema nur in den seltensten Fällen über einen längeren Zeitraum auch für das beschäftigende Unternehmen relevant ist. Daher ergibt sich über kurz oder lang meist ein Interessenkonflikt, der nur schwer zu lösen ist.

Einfacher gestaltet sich eine Promotion mit der Industrie, wenn z. B. im Rahmen eines mehrjährigen Forschungs- und Entwicklungsauftrags die Mitarbeiterin bzw. der Mitarbeiter vom Unternehmen voll finanziert wird. Wenn dabei dann Themen bearbeitet werden, die auch über die gesamte Laufzeit einer Promotion für das Unternehmen wichtig sind und bleiben, gibt es das bereits geschilderte Problem nicht. Diese Art der Zusammenarbeit ist relativ neu, wurde aber schon mehrfach mit Erfolg durchgeführt.

WIRKSAMKEIT, ERFOLGE SOWIE NACHHALTIGKEIT

Durch die zuvor beschriebene gezielte Förderung von Frauen gelang es in den vergangenen Jahren, ihren Anteil an den Promovierenden am ITA, der vorher schon bei rund 25 Prozent lag, auf über 35 Prozent zu erhöhen. Dies ist im Bereich der Ingenieurwissenschaften der höchste Wert aller Institute und Lehrstühle der RWTH Aachen. Gleichzeitig werden seit Beginn dieser Maßnahme jährlich fünf bis acht Kinder von Promovierenden geboren (bei 70 wissenschaftlichen Mitarbeiterinnen und Mitarbeitern insgesamt). Vor Einführung dieser Maßnahmen lag die Geburtenrate der wissenschaftlichen Mitarbeiterinnen bei durchschnittlich null bis einem Kind.

Der Anteil an Migrantinnen und Migranten an allen Promovierenden des ITA liegt konstant bei ca. 10 bis 15 Prozent. Dabei ist zu beachten, dass es sich bei diesen Mitarbeiterinnen und Mitarbeitern nicht um Stipendiatinnen und Stipendiaten, sondern um voll finanziertes Personal handelt, das organisatorisch und finanziell allen anderen wissenschaftlichen Mitarbeiterinnen und Mitarbeitern gleichgestellt ist.

ÜBERTRAGBARKEIT AUF ANDERE ORGANISATIONEN BZW. EINHEITEN

Die beschriebenen Maßnahmen lassen sich problemlos auf andere universitäre Einrichtungen übertragen und dauerhaft verankern. Grundvoraussetzung ist die Bereitschaft seitens der jeweiligen Leitung, auch Nachteile in Kauf zu nehmen, die bei der Förderung von Frauen oder Menschen mit Migrationshintergrund zwangsläufig auftreten. Dazu gehören geringere Flexibilität z. B. wegen Kinderbetreuung oder Krankheit der Kinder und die zeitweise Abwesenheit vom Arbeitsplatz auf Grund von Sprach- oder Integrationskursen. Dies wird allerdings durch die hohe Motivation der Mitarbeiterinnen und der Mitarbeiter und durch neue Denkweisen, die so in den Institutsalltag einfließen, mehr als aufgewogen. Wir können unser Modell daher jedem zur Nachahmung empfehlen!

LITERATUR

Achterhold 2007

Achterhold, G.: Bergführer auf dem Karrierepfad. In: Frankfurter Allgemeine Sonntagszeitung. Nr. 51, 14.10.2007.

Beck 2007

Beck, H.: Geldanlage an der Uni. In: Frankfurter Allgemeine Zeitung. Nr. 276, 8./9.12.2007.

ITA 2010

ITA der RWTH Aachen (Hrsg.): Karriere@ITA. Aachen: Institut für Textiltechnik der RWTH Aachen 2010.

Mell, 2007

Mell, H.: Karriereberatung: Berufseinstieg; Doktor oder nicht Doktor. In: VDI Nachrichten. Nr. 35, 31.08.2007.

Scherff 2007

Scherff, D.: Sie verdienen mehr. In: Frankfurter Allgemeine Zeitung. Nr. 244, 20./21.10.2007.

ZU DEN PERSONEN

Prof. Dr.-Ing. Dipl.-Wirt. Ing. Thomas Gries hat im Institut für Textiltechnik an der Rheinisch-Westfälischen Technischen Hochschule Aachen den Lehrstuhl für Textilmaschinenbau inne.

Dr.-Ing. Dieter Veit ist akademischer Direktor des Instituts für Textiltechnik der Rheinisch-Westfälischen Technischen Hochschule Aachen.

> GRADUATE SCHOOL OF EXCELLENCE ADVANCED MANUFACTURING ENGINEERING DER UNIVERSITÄT STUTTGART

ENGELBERT WESTKÄMPER/SYLVIA ROHR

Die Graduate School of Excellence Advanced Manufacturing Engineering der Universität Stuttgart wurde in der Kategorie „Erwerb von außerfachlichen Qualifikationen/Schlüsselqualifikationen" als Best Practice zur Verbesserung der Ingenieurpromotion mit einem von der Capgemini Deutschland GmbH gespendeten Preis ausgezeichnet.

HERAUSFORDERUNGEN AN DIE INGENIEURPROMOTION

Wissenschaft und Wirtschaft sind mit einer Reihe sich dynamisch verändernder Umfeldfaktoren konfrontiert. Dazu zählen u. a. beschleunigte Globalisierung, technologischer Fortschritt, das Erfordernis permanenter Innovation, Arbeitsteilung und Vernetzung sowie der demografische Wandel. Diese Veränderungsprozesse führen zu neuen Anforderungs- und Qualifikationsprofilen von Nachwuchswissenschaftlerinnen und -wissenschaftlern sowie dem Fach- und Führungskräftenachwuchs in der Wirtschaft und beeinflussen damit die Anforderungen an die Ausgestaltung der Promotionsphase. Zudem steigt der Bedarf an hoch qualifizierten Nachwuchskräften mit forschungsorientierter Ausbildung für wissenschaftsbasierte Berufe nicht nur innerhalb des Wissenschaftssystems in engerem Sinne, sondern auch in der Wirtschaft. Für eine globalen Arbeitsmarktanforderungen entsprechende Qualifizierung des wissenschaftlichen Nachwuchses im Sinne der Selbstreproduktion des Wissenschaftssystems und der Nachwuchsentwicklung für wissenschaftsbasierte Berufe in der Wirtschaft nimmt die Gestaltung attraktiver Promotions- und Forschungsbedingungen eine Schlüsselrolle ein. Zudem wird im Rahmen von Promotionen ein hoher Anteil der gesamten Forschungsleistungen erbracht. Die Doktorandenausbildung ist daher seit Langem wiederholt Gegenstand von Situations- und Defizitanalysen sowie daraus abgeleiteter Empfehlungen und eines der wichtigsten wissenschaftspolitischen Themen.[1] Wesentliche Elemente der Debatte sind die Anerkennung der Promotion als berufliche Phase, die Vielfalt von Promotionswegen, die Dauer der Promotion, Betreuung und Qualitätssicherung und die Qualifikationsziele im Hinblick auf Anforderungen des Arbeitsmarktes. Folgende wesentliche Zielsetzungen zur Verbesserung der Promotionsphase werden allgemein angestrebt:

- kürzere Promotionszeiten,
- mehr Selbstständigkeit und Eigenverantwortung,

---

[1] Vgl. Berlin Communiqué, EUA 2004/5, London Communiqué.

- Vermittlung von Kompetenzen und Kenntnissen, die neben einer gezielten Qualifizierung für eine wissenschaftliche Karriere auch den Arbeitsmarktanforderungen außerhalb der Wissenschaft gerecht werden,
- stärkere internationale Ausrichtung
- Verbesserung der Betreuungssituation und Einführung strukturierter Ausbildungselemente.

Für die Ingenieurwissenschaften haben sich der Verband Deutscher Maschinen- und Anlagenbau (VDMA) und acatech – Deutsche Akademie der Technikwissenschaften in ihren Studien[2] mit dem Verlauf, den Rahmenbedingungen und den Ergebnissen der Promotionsphase in den Ingenieurwissenschaften auseinandergesetzt und Verbesserungspotenziale identifiziert. Die Weiterentwicklung der Ingenieurpromotion erfordert, ähnlich wie in anderen Wissensgebieten, v. a. die Erfüllung folgender Anforderungen:

- Reduzierung der Promotionsdauer,
- systematische Qualifizierung und Vermittlung zusätzlicher fächerübergreifender Schlüsselkompetenzen,
- verbesserte Betreuung und Qualitätssicherung,
- kompetitive Auswahl- und Zulassungsverfahren.

Dabei bestehen für die Promotion im Ingenieurbereich vielfältige Herausforderungen, insbesondere die praxisorientierte Kompetenz- und Persönlichkeitsentwicklung durch eigenständige Forschungsleistung, frühe Selbstständigkeit in einem attraktiven wissenschaftlichen und industriellen Forschungsumfeld und die Verbindung mit individueller fachlicher und außerfachlicher Qualifikation für ein verbessertes Systemdenken und den Umgang mit Komplexität.

LÖSUNGSANSATZ UND INNOVATIONSGEHALT

Die Graduate School of Excellence advanced Manufacturing Engineering (GSaME) hat auf dem Gebiet des advanced Manufacturing Engineering (aME) ein spezifisches, kooperatives, interdisziplinäres Promotionsprogramm implementiert: Dieses fördert und fordert in einzigartiger Weise die Entwicklung ausgeprägter Fachkompetenz, fachübergreifenden Wissens sowie die Fähigkeit zur systematischen Weiterentwicklung und praxisorientierten Anwendung der Kompetenzen von Promovierenden. Es stellt einen innovativen Lösungsansatz zur Erschließung von Verbesserungspotenzialen und zur Beseitigung struktureller Defizite der Doktorandenförderung im Erwerb von außerfachlichen und Schlüsselqualifikationen dar. Das Alleinstellungsmerkmal ist die Verbindung von anspruchsvoller, wissenschaftsorientierter und industrierelevanter Forschung und Qualifizierung mit Technologie und Management, Praxis und Theorie. Das in Deutsch-

---

2 Vgl. acatech 2008, Feller/Stahl 2005 und VDMA 2006.

land bewährte duale Ausbildungsprinzip wurde spezifisch weiterentwickelt und erfolgreich in die Promotionsphase übertragen.

Die GSaME qualifiziert Nachwuchswissenschaftlerinnen und Nachwuchswissenschaftler aus den Ingenieurwissenschaften, der Informatik und der Betriebswirtschaft auf dem Gebiet des aME interdisziplinär und international, sie orientiert sich dabei an zukünftigen Fach- und Führungsaufgaben im universitären und industriellen Kontext. In einem Selbstverständnis der Promotionsphase als erstem beruflichem Abschnitt sichert und fördert die Graduiertenschule die Einbindung in eine leistungsstarke Forschungsumgebung. Sie bietet ein an die individuellen Fähigkeiten der Promovierenden und an die Anforderungen ihres Forschungsthemas angepasstes Qualifizierungsprogramm mit fachlichen und fachübergreifenden Angeboten – in ausgewogener Balance mit einer spezifischen Betreuung. Daneben fördert sie die Selbstständigkeit, Selbsttätigkeit und Eigenverantwortung der Promovierenden und forciert die Kompetenz, sich ständig neue Inhalte zu erschließen. Zielbewusstes Handeln und der Austausch mit fachverwandten Themen und Forschungsansätzen sowie der Umgang mit Komplexität werden von den Promovierenden erwartet. Das Programm unterstützt und ermöglicht eine optimale Erreichung der Forschungs- und Ausbildungsziele innerhalb von vier Jahren. Eine berufliche Prägung erfährt die Promotionsphase in der GSaME durch das zugrundeliegende duale Ausbildungsprinzip (siehe Abbildung 1). Kooperationen mit Partnern der Wissenschaft und der Wirtschaft bilden dafür die unbedingt erforderliche Basis.

Abbildung 1: Duales Konzept der GSaME

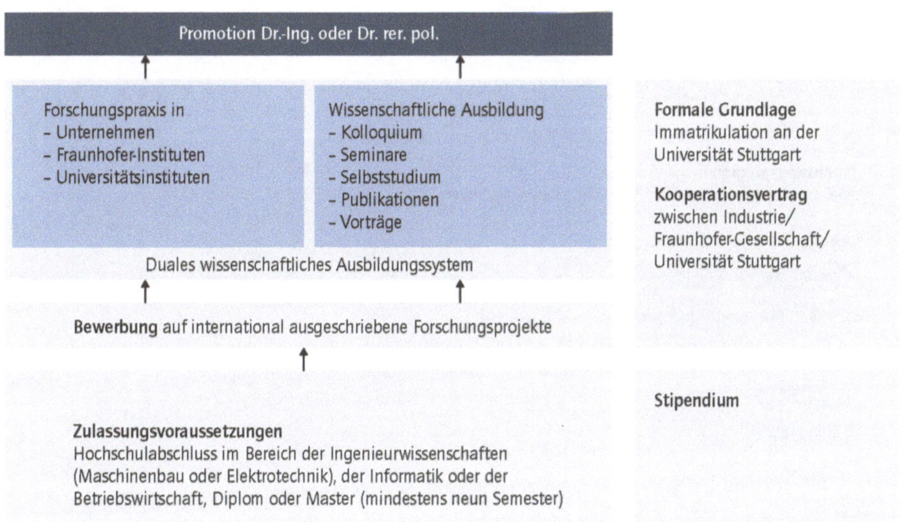

Das kooperative, interdisziplinäre Promotionsprogramm der Graduiertenschule umfasst (siehe auch Abbildung 2)

- die eigenständige Forschungsleistung in einem anspruchsvollen Forschungsumfeld in Instituten und/oder der industriellen Forschung,
- die wissenschaftliche Ausbildung und fachübergreifende Qualifizierung sowie
- die Dissertation.

Abbildung 2: Ausbildungs- und Qualifizierungsprogramm

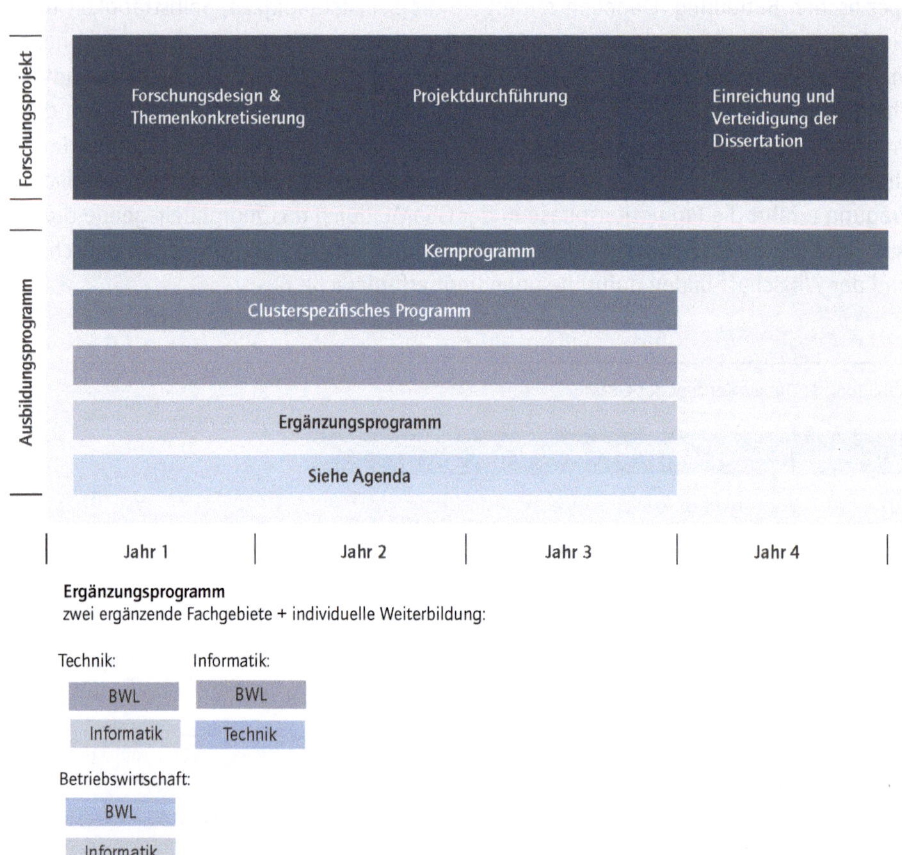

Ergänzungsprogramm
zwei ergänzende Fachgebiete + individuelle Weiterbildung:

Technik:
BWL
Informatik

Informatik:
BWL
Technik

Betriebswirtschaft:
BWL
Informatik

Die Qualifizierung der Promovierenden erfolgt über den Promotionszeitraum in einem Wechsel von Phasen theoretischer Ausbildung, entsprechend eines individuell erstellten Curriculums und praktischer Forschungstätigkeit. Dies geschieht in Kooperation mit nationalen und internationalen Partnern aus der Wissenschaft, Wirtschaft oder Fachorganisationen, wie Instituten der Fraunhofer Gesellschaft, der Hans-Böckler-Stiftung, dem VDMA und einer Reihe führender produzierender Unternehmen des Maschinen- und Anlagenbaus, der Elektrotechnik und aus dem Automotive-Bereich.

Insgesamt stehen in der Promotionsphase etwa 30 bis 50 Prozent der Kapazität für Ausbildung und Qualifizierung zur Verfügung. Die Forschungs- und Qualifizierungsstrategie besteht in folgenden Grundelementen, die konkrete Lösungsansätze zur Behebung von Defiziten in der Ingenieurpromotion darstellen:

- Forschung und Theorie zur nachhaltigen Weiterentwicklung der wissenschaftlichen Grundlagen des advanced Manufacturing Engineering, um fundierte Ansätze für Fabriken der nächsten Generation mit einem originären Stuttgarter Ansatz und hoher Interdisziplinarität zu verfolgen: adaptiv, wandlungsfähig, durch Höchstleistung und Prozessfähigkeit und (technisch) intelligente Lernfähigkeit
- Anwendungsorientierung: Die Ausrichtung des Promotionsprogramms an der industriellen Anwendbarkeit ermöglicht den Promovierenden die Aneignung anwendungsrelevanten Wissens und den Erwerb überfachlicher und industrierelevanter Kompetenzen.
- Sozialisation: Entwicklung und Festigung der Persönlichkeit durch Einordnung des eigenen Forschungsprojektes in eine wissenschaftliche und industrielle kooperative Gemeinschaft, Fähigkeit zu Kommunikation und wissenschaftlichem Austausch, Umgang mit geistigem Eigentum und Teamarbeit
- strukturierte, forschungsbegleitende und forschungsgeleitete Ausbildung und Qualifizierung zur optimalen Bearbeitung des Forschungsthemas und der Erstellung der Dissertation; orientiert am Forschungsthema, den individuellen Voraussetzungen und Erfordernissen der Promovierenden, Förderung des interdisziplinären und institutionenübergreifenden Dialogs
- überfachliche Qualifizierung: verbesserte Befähigung der Promovierenden im Umgang mit komplexen und interdisziplinären Themen durch Erlangung überfachlicher Kompetenzen in Management und Technologie sowie internationale Vernetzung

Die Promovierenden sollen damit befähigt werden, innerhalb von vier Jahren die Promotion erfolgreich abzuschließen, über die notwendige fachliche Spezialisierung, forschungsmethodisches Know-how und über eine soziale, personale und Managementkompetenz zu verfügen. Sie erhalten im Rahmen der Kooperationsprojekte die

Möglichkeit, sich in betriebliche Prozesse einzuarbeiten und Schlüsselqualifikationen praktisch anzuwenden. Damit erhöhen sie ihre Attraktivität für Führungsaufgaben und verbessern ihre Karrieremöglichkeiten.

Die Forschung an der GSaME hat den Anspruch, wissenschaftlich fundierte Erkenntnisse darüber zu generieren, wie Fabriken der nächsten Generation gestaltet werden müssen, um in der Lage zu sein, anpassungs- und wandlungsfähig sowie intelligent mit hoher Leistungsfähigkeit auf ein sich dynamisch änderndes, komplexes und globales Umfeld zu reagieren. Alle Fachdisziplinen und Kompetenzen, die für die Gestaltung von Fabriken der Zukunft erforderlich sind, wurden in die GSaME integriert: Produktionstechnik, Werkstofftechnik, Informationstechnik, Elektrotechnik, Betriebswirtschaft. Mehr als 30 Professorinnen und Professoren der Universität Stuttgart aus fünf Fakultäten tragen die GSaME. Die Forschungsschwerpunkte sind in acht interdisziplinären Clustern strukturiert. Die GSaME ist darüber hinaus in ein nahezu einzigartiges, außeruniversitäres und industrielles Forschungsumfeld eingebettet und kann mit den abgeschlossenen Kooperationsbeziehungen eine starke Zusammenarbeit zwischen Grundlagenforschung, angewandter Forschung und industrieller Forschung dokumentieren. Dadurch werden wichtige Beiträge zur Fortentwicklung des Manufacturing Engineering und zur Stärkung der Industrie geleistet.

Den Promovierenden wird die verlässliche Integration in ein interdisziplinäres Forschungsumfeld in den Instituten und bei den Kooperationspartnern durch Forschung „vor Ort" ermöglicht. Ein gemeinsames Zielverständnis der Forschungsarbeit, die Übernahme von Betreuungsfunktionen durch externe Partner mit klaren Ansprechpartnerinnen und Ansprechpartnern werden in allen Forschungsprojekten mit Kooperationspartnern realisiert und sichern nicht nur Qualität und Relevanz der Themenbearbeitung, sondern v. a. auch die Akzeptanz des Programms in der Industrie als wesentliche Voraussetzung für eine nachhaltige Etablierung der GSaME.

Das Betreuungskonzept der GSaME ist darauf ausgerichtet, die erkannten Reserven der Ingenieurpromotion bei der Betreuung Promovierender zu erschließen und einen geregelten, transparenten und zügigen Promotionsprozess mit einer verbindlichen, individuellen Betreuung bei gleichzeitigem Erhalt der Eigenständigkeit und Förderung der Eigenverantwortung Promovierender zu etablieren. Im Zentrum des Konzeptes stehen interdisziplinäre Thesis Committees, bestehend aus i. d. R. zwei forschungsstarken Professorinnen bzw. Professoren unterschiedlicher Fakultäten und einer Betreuerin bzw. einem Betreuer eines außeruniversitären oder industriellen Partners im Falle von Kooperationsprojekten. Wesentlichstes Instrument der Fortschritts- und Qualitätskontrolle sind die individuellen Curricula als „Qualifizierungs- und Betreuungsvereinbarung":

- individuelle Ausbildungspläne (wissenschaftliches Ausbildungsprogramm)
- individuelle Zielvereinbarungen für das gesamte Forschungsprojekt

- regelmäßige Durchführung von Gesprächen der Promovierenden mit den Thesis Committees
- Durchführung von jährlichen Assessments.

Ergänzt wird die Betreuung durch sogenannte Tandems der Promovierenden, um die Integration in die heterogene Community zu unterstützen und Teamfähigkeit und Übernahme von Verantwortung zu fördern.

Das wissenschaftliche Ausbildungsprogramm ist originell und innovativ und dient der Erweiterung und Vertiefung der Fach- und Methodenkompetenz der Promovierenden. Es soll diese in die Lage versetzen, das Forschungsprojekt optimal zu bearbeiten, wissenschaftliche Selbstständigkeit zu entwickeln und das Qualifikationsprofil für einen globalen Arbeitsmarkt zu komplettieren. Die individuellen Promotionsvorhaben werden in den größeren Zusammenhang des aME gestellt und unterstützen die Aneignung von Fähigkeiten zu interdisziplinärem Denken. Mit einem Handbuch zur Ausbildung und einem „Weg zur Promotion" wurden die Grundlagen der GSaME für „Ausbildung und Wissenschaftliche Arbeit" geregelt. Sie lassen den Betreuerinnen und Betreuern den Spielraum zur Forderung und Förderung individueller Talente. In das Programm eingebunden sind Professorinnen und Professoren der Universität Stuttgart, internationale Gastwissenschaftlerinnen und -wissenschaftler sowie Top-Referentinnen und -Referenten aus der Wirtschaft. Das Ausbildungsprogramm ist gegliedert in die drei Komponenten Kernprogramm, clusterspezifisches Programm sowie Ergänzungsprogramm (siehe auch Abbildung 2). Ziel des Kernprogramms ist die Sicherstellung eines einheitlichen Wissensstandes in Bezug auf aME für alle Promovierenden. Es beinhaltet weiterhin die Vermittlung von Methoden- und Instrumentenkenntnis auf dem Gebiet wissenschaftlichen Arbeitens und Forschungsmanagements wie auch praktisches Training in der Lernfabrik. Das clusterspezifische Programm dient der Ausbildung in den Forschungsgebieten des jeweiligen Clusters und vertieft wesentliche Aspekte des advanced Manufacturing Engineering. Es qualifiziert die Promovierenden für die Bearbeitung ihres individuellen Forschungsthemas. Das Ergänzungsprogramm ermöglicht es den Promovierenden mit hohem Anteil an Selbststudium, komplementäre Kenntnisse und Fähigkeiten zu ihrer bisherigen Ausbildung zu erwerben sowie sich im Hinblick auf ihr Forschungsprojekt weiterzuqualifizieren. Die Promovierenden erwerben komplementäres Wissen aus jenen Themengebieten (Technik, Betriebswirtschaft, Informatik), die nicht Gegenstand ihres Diploms/Masterprogramms waren. So ergänzen Ingenieurinnen und Ingenieure ihre individuelle Wissensbasis auf den Gebieten Betriebswirtschaft und Informatik, die Betriebswirtinnen und Betriebswirte in den Bereichen Technik und Informatik und die Informatikerinnen und Informatiker hinsichtlich Technik und Betriebswirtschaft.

Die außerfachliche Qualifizierung fokussiert sich auf die Gebiete Führung und Management sowie Gender- und Globalkompetenz. Den Doktorandinnen und Doktoranden steht dazu ein breites Angebot an Workshops, Seminaren, Kolloquien und Unternehmensveranstaltungen, u. a. unter Einbeziehung von Kooperationspartnern zur Verfügung. Rhetorik- und Moderationsschulungen, Sprachkurse, Veranstaltungen zum Selbst- und Konfliktmanagement, zu geistigem Eigentum, Team und Führung werden u. a. spezifisch durch die Graduiertenschule konzipiert und angeboten. Die Promovierenden erhalten die Möglichkeit, an Trainee-Programmen der Partnereinrichtungen teilzunehmen und sind in Mentoring-Programme eingebunden. Genderkompetenz wird speziell durch eigene Fachtagungen und Seminare der GSaME gefördert. Besonders unterstützt wird die Entwicklung internationaler Erfahrungen und die Einbindung in internationale Netzwerke durch internationale Teams Promovierender, den Besuch internationaler Konferenzen, einen verbindlich festgelegten Auslandsaufenthalt im dritten Jahr, internationale Referentinnen und Referenten sowie Gastwissenschaftlerinnen und -wissenschaftler, den Austausch mit internationalen Studierenden und deren Betreuung sowie die Forschungstätigkeit in global agierenden Unternehmen. Die Doktorandinnen und Doktoranden werden praktisch verantwortlich in die Gestaltung und Entwicklung der Graduiertenschule eingebunden: die Vertretung in Gremien, regelmäßiger Austausch, inhaltliche Projekte und den Alumni-Verein FRaME e.V.

WIRKSAMKEIT, ERFOLGE, INSTITUTIONELLE VERANKERUNG UND NACHHALTIGKEIT

Die GSaME ist eine zentrale Einrichtung der Universität Stuttgart mit dem Status einer Fakultät und dem Recht zur Promotion zum Dr.-Ing. oder Dr. rer. pol. Die Fakultäten Konstruktions-, Produktions- und Fahrzeugtechnik, Wirtschafts- und Sozialwissenschaften, Informatik, Elektrotechnik und Informationstechnik, Luft- und Raumfahrttechnik sowie Geodäsie, Energie-, Verfahrens- und Biotechnik sind an ihr beteiligt. In konsequenter Umsetzung des dualen Modells hat die GSaME spezifische und an die Unternehmensorganisation angelehnte Strukturen, Gremien und Prozesse etabliert. Sie verfügt über eine eigene Zulassungs-, Studien- und Prüfungsordnung. Die Promovierenden haben Stipendiatenstatus. Für die Kooperation mit der Wirtschaft in dem dualen Modell wurde eine tragfähige Geschäftsgrundlage entwickelt, in der Fragen der Themen-Definition, Betreuung, Finanzierung und Rechte an den Ergebnissen geregelt sind. Gemeinsam mit namhaften Wirtschaftsunternehmen konnten spezifische vertragliche Regelungen entwickelt werden, welche den juristischen Ansprüchen einer Dreiecksbeziehung aus Universität, Industrieunternehmen und Promovierenden genügen. Das bisher beispiellose Modell hat seine Wirksamkeit durch die Gewinnung von 65 Promovierenden – davon 25 mit Industrie- und FhG-Kooperationen, zunehmende Resonanz und Akzeptanz in der Wirtschaft, hohe Bewerberzahl, einen großen Anteil internationaler und nicht direkt aus Stuttgart stammender Promovierender, den Aufbau von Organisation und Administration, die Sichtbarkeit von Ergebnissen auf nationalen und internationalen Fachkongressen, erste Preise und eine abgeschlossene Promotion nachgewiesen. Diese

Ergebnisse und die Potenziale aus dem dualen Modell sowie das Selbstverständnis als lernende, wandlungsfähige Organisation bieten hervorragende Voraussetzungen einer nachhaltigen Etablierung der Graduiertenschule im Kontext der Strategie der Universität Stuttgart zur Nachwuchsförderung.

ÜBERTRAGUNG AUF ANDERE ORGANISATIONSEINHEITEN BZW. EINRICHTUNGEN

Das Modell wird als auf andere Bereiche übertragbar eingeschätzt, die sich durch eine starke Zusammenarbeit zwischen Grundlagenforschung, angewandter Forschung und industrieller Forschung, Anwendungsrelevanz der Forschungsthemen und ein starkes, forschungsintensives industrielles Umfeld in Verbindung mit einer innovativen wissenschaftlichen Umgebung auszeichnen. Das Modell muss von einer genügend großen Anzahl von Professorinnen und Professoren getragen werden können und erfordert veränderungsbereite Akteurinnen und Akteure. Weitere Voraussetzungen sind die personelle Verankerung auf höchster Leitungsebene, formale Verantwortlichkeit, Ausstattung mit den erforderlichen rechtlichen und organisatorischen Instrumenten und ein qualifiziertes Management-Team mit entsprechender Kapazität und Kompetenz. Das Programm zum Erwerb von Schlüsselqualifikationen ist spezifisch in der Kombination von Theorie und Praxis und erfordert für eine Übertragung eine entsprechende Anpassung.

LITERATUR

acatech 2008

acatech – Deutsche Akademie der Technikwissenschaften: Empfehlungen zur Zukunft der Ingenieurpromotion – Wege zur weiteren Verbesserung und Stärkung der Promotion in den Ingenieurwissenschaften an Universitäten in Deutschland. Stuttgart 2008.

Berlin Communiqué 2003

Berlin Communiqué: Den Europäischen Hochschulraum verwirklichen. Kommuniqué der Konferenz der europäischen Hochschulministerinnen und -minister am 19. September 2003 in Berlin.

EUA 2004/05

European University Association (EUA): Doctoral programmes for the European knowledge society. Report on the EUA Doctoral Programmes Project. Brüssel 2004/05.

Feller/Stahl 2005

Feller, C./Stahl, B.: Qualitative Anforderungen an die Ingenieurausbildung und die künftigen Bachelor- und Masterstudiengänge. Frankfurt am Main 2005.

London Communiqué 2007

London Communiqué: Towards the European Higher Education Area: responding to challenges in a globalised world. Kommuniqué der Konferenz der europäischen Hochschulministerinnen und -minister am 18. Mai 2007 in London.

VDMA 2006

Verband Deutscher Maschinen- und Anlagenbau e.V. (VDMA): Wir kümmern uns um die Elite – VDMA Positionen zur Promotion. Frankfurt am Main 2006.

ZU DEN PERSONEN

Prof. Dr.-Ing. Prof. E.h. Dr.-Ing. E.h. Dr. h.c. mult. Engelbert Westkämper ist Inhaber des Lehrstuhls und Direktor des Instituts für Industrielle Fertigung und Fabrikbetrieb an der Universität Stuttgart sowie Leiter des Fraunhofer-Instituts für Produktionstechnik und Automatisierung in Stuttgart.

Prof. Dr.-Ing. Sylvia Rohr ist Geschäftsführerin der Graduate School of Excellence advanced Manufacturing Engineering der Universität Stuttgart.

> PROMOVIEREN IM FORSCHUNGSVERBUND LOGDYNAMICS: INTERNATIONAL + INTERDISZIPLINÄR = VERNETZT

BERND SCHOLZ-REITER/INGRID RÜGGE

Der Forschungsverbund Log*Dynamics* der Universität Bremen wurde in der Kategorie „Internationalisierung der Ingenieurpromotion" als Best Practice zur Verbesserung der Ingenieurpromotion mit einem von der Siemens AG gespendeten Preis ausgezeichnet.

Ingenieurwissenschaftliche Forschungsfragen können heute vielfach nur von hervorragenden Wissenschaftlerinnen und Wissenschaftlern mit fachlicher Tiefe im Verbund, also im interdisziplinären Kontext und in internationaler Zusammenarbeit, bearbeitet werden. Dies gilt in besonderem Maße für die Logistik, da die fortschreitende Globalisierung in diesem Forschungsfeld eine treibende Kraft ist. Die Logistikforschung hat aus diesem Grund eine Vorreiterrolle in Bezug auf interdisziplinäre Zusammenarbeit und v. a. hinsichtlich der Internationalisierung der Qualifikation auf höchstem Niveau. Der innovative Weg, den das Bremen Research Cluster for Dynamics in Logistics (Log*Dynamics*) hier seit 2005 beschreitet, wird im Folgenden dargestellt.

HERAUSFORDERUNGEN AN DIE INGENIEURPROMOTION

Forschung an Universitäten wird zu einem großen Teil von Promovierenden ausgeführt, die mit ihrer Arbeit neben dem Forschungsziel v. a. das Ziel ihrer eigenen Weiterqualifikation verfolgen. Die Promotionsphase ist damit gleichzeitig Qualifikations- und Berufsphase, die in den Ingenieurwissenschaften in unterschiedliche Richtungen führt: in die industrielle Praxis oder in die Wissenschaft. Für beide sind unterschiedliche überfachliche Qualifikationen erforderlich. Promotionen in den Ingenieurwissenschaften werden entweder als sogenannte „Assistenzpromotion" – durch Grundausstattungsmittel der Universitäten bzw. über Drittmittelprojekte finanziert – oder in „strukturierten Promotionsprogrammen" – mit und ohne Stipendien – ermöglicht. Beide Formen haben ihre Berechtigung und können parallel angeboten werden. Sie erfordern aber unterschiedliche Unterstützungsmaßnahmen, auch wenn in beiden Fällen die selbstständige wissenschaftliche Forschung in der Promotion jeweils im Vordergrund steht.

Internationalisierung bedeutet an dieser Stelle für Log*Dynamics*, dass hochqualifizierte Absolventinnen und Absolventen aus aller Welt als Doktorandinnen und Doktoranden nach Bremen geholt werden, dass den deutschen Wissenschaftlerinnen und Wissenschaftlern internationale Erfahrungen ermöglicht werden, und dass beide Gruppen vor Ort mit neuen Maßnahmen zu einer innovativen, interdisziplinären, internationalen Forschungsgemeinschaft integriert werden, die aus der gegebenen Diversität synergetisch zukunftsweisende Fragestellungen und Problemlösungen generiert.

LÖSUNGSANSATZ UND INNOVATIONSGEHALT

Logistische Problemstellungen können selten aus einer einzelnen Disziplin heraus befriedigend gelöst werden. Diesem Umstand trägt Log*Dynamics* durch die Kombination von produktionstechnischen, informationstechnischen, elektrotechnischen und betriebswirtschaftlichen Forschungsansätzen Rechnung. Dazu initiiert und forciert der Forschungsverbund die Zusammenarbeit in der Universität Bremen und zwischen den Bremer Universitäten sowie mit außeruniversitären Forschungsinstituten, Unternehmen und ausländischen Forschungseinrichtungen. So werden bei der Bearbeitung von Forschungsfragen für die Logistik Synergieeffekte genutzt, die durch die Koordinierung der spezifischen Problemlösungskompetenzen der beteiligten internationalen Partner entstehen. Eine solche interdisziplinäre, internationale Erforschung vormals partiell und oftmals asynchron bearbeiteter Themen ist ein Garant für eine bessere Beantwortung global zu stellender, relevanter Fragestellungen aus der Logistik.

Log*Dynamics* zielt bei der Förderung des wissenschaftlichen Nachwuchses auf strukturelle Verbesserungen ab und hat dafür zwei Maßnahmenpakete etabliert:

- Ein „Integriertes Graduiertenkolleg" im Rahmen des DFG-Sonderforschungsbereichs (SFB) 637: „Selbststeuerung logistischer Prozesse – Ein Paradigmenwechsel und seine Grenzen", das an Promovierende adressiert ist, die als wissenschaftliche Mitarbeiterinnen und Mitarbeiter in einem stark interdisziplinären Sonderforschungsbereich eine Assistenzpromotion anstreben.
- Eine auf Stipendien basierende International Graduate School for Dynamics in Logistics (IGS), die auf internationale Doktorandinnen und Doktoranden abzielt, die in kurzer Zeit an einem führenden, deutschen Logistikstandort in einem interdisziplinären Forschungsumfeld promovieren wollen.

Beiden Angeboten ist gemeinsam, dass sie eine Matrix der Betreuung generieren: Die Doktorandinnen und Doktoranden sind fachlich in einer Disziplin verortet, werden in dieser betreut und promovieren auch nach deren Regeln. Darüber hinaus werden sie im SFB 637 und in der IGS zusätzlich interdisziplinär und strukturell begleitet. Außerdem erhalten sie speziell für dieses Forschungsfeld entwickelte bzw. angepasste Soft-Skill-Schulungen zum Erwerb der immer mehr erforderlichen überfachlichen Qualifikationen in einem Rahmen, der die einzelnen durchgeführten Maßnahmen in den forschenden Arbeitsalltag der Promovierenden integriert und keine signifikante zusätzliche Belastung darstellt.

Abbildung 1: Einige Doktorandinnen und Doktoranden sowie Betreuerinnen und Betreuer der IGS

Die institutionalisierte Kombination von Möglichkeiten und Verpflichtungen zum internationalen Austausch sowie zum begleiteten Selbstmanagement generiert ein System von aufeinander abgestimmten Einzelmaßnahmen, die eine gezielte und leistungsfähige Personalentwicklung für die Promovierenden darstellen. Hierin besteht der Innovationsgehalt hinsichtlich der Förderung der Ingenieurpromotion von Log*Dynamics*.

Programmatisches Ziel der IGS ist Internationalisierung. Sie bietet dazu Wissenschaftlerinnen und Wissenschaftlern **aus aller Welt** die Möglichkeit einer zügigen, strukturierten Promotionsausbildung an einem traditionsreichen und führenden Logistikstandort. Im Fokus steht neben der interdisziplinären Fragestellung die Strukturierung der internationalen wissenschaftlichen Weiterbildung auf höchstem Niveau. Finanziert werden die Promovierenden mittels Stipendien. Die Absolventinnen und Absolventen der IGS werden als Botschafterinnen und Botschafter Deutschlands und Bremens und der Promotion an der Universität Bremen betrachtet.

Das Programm der IGS ist auf ein dreijähriges Vollzeitstudium ausgelegt, dessen Kern das individuelle Promotionsprojekt darstellt. Das Curriculum umfasst darüber hinaus thematische Einführungen, fachspezifische Veranstaltungen, interdisziplinäre Kolloquien sowie eine kontinuierliche strukturelle Betreuung und ein annähernd individuell angepasstes Maßnahmenpaket zur überfachlichen Qualifikation. Die gemeinsame Sprache ist Englisch. Die ausländischen Doktorandinnen und Doktoranden müssen jedoch in der Lage sein, Alltagssituationen in Deutsch zu meistern, was eine Voraussetzung für die Aufnahme in die IGS darstellt.

Im Forschungsverbund Log*Dynnamics* wird die Verbesserung der Ingenieurpromotion durch verzahnte **Betreuungs- und Qualifizierungsmaßnahmen** realisiert. Das innovative Betreuungskonzept hat drei Dimensionen: fachlich, strukturell und auf überfachliche Qualifikationen bezogen. Diese drei Ausprägungen sind eng miteinander verzahnt, werden aber von unterschiedlichen Personen realisiert:

- Die *fachliche* Betreuung erfolgt klassisch, d. h. durch einen Supervisor (Doktormutter bzw. Doktorvater, d. h. Professorinnen bzw. Professoren und Lehrstuhlinhaberinnen bzw. Lehrstuhlinhaber) und durch die Integration in deren jeweilige Arbeitsgruppe.

- Die *strukturelle* Betreuung erfolgt durch Mentorinnen und Mentoren. Das sind im SFB 637 z. B. die Teilprojektleiterinnen und -leiter (ebenfalls mit Professur) oder promovierte Mitarbeiterinnen und Mitarbeiter. In der IGS erfolgt diese Betreuung zusätzlich durch die promovierte Geschäftsführerin der IGS. Alle Professorinnen und Professoren von LogDynamics sowie die promovierten Mitarbeiterinnen und Mitarbeiter und internationale Gastwissenschaftlerinnen und -wissenschaftler stehen hier ebenfalls zur Verfügung.
- *Überfachliche* Angebote werden von entsprechend spezialisierten externen Dozentinnen und Dozenten umgesetzt.

Die strukturelle Betreuung in der IGS wird z. B. im wöchentlich stattfindenden „Interdisciplinary Research Colloquium" sowie in Einzelberatungen realisiert. Allgemeine Qualifikationen, z. B. Deutschunterricht, werden aus dem Lehrangebot der Universität Bremen abgedeckt. Die überfachlichen Qualifikationen werden durch spezielle integrierte Maßnahmen vermittelt, die auf die Besonderheit der Internationalität der IGS zugeschnitten sind, aber allen Promovierenden von LogDynamics offenstehen.

Ein konkretes Beispiel: Veranstaltungen zu Teamarbeit oder Konfliktmanagement bedürfen bei einem internationalen Teilnehmerkreis der Berücksichtigung unterschiedlicher kultureller Hintergründe, da sich z. B. Körpersprache u. a. Verhaltensmuster sehr unterscheiden und Reibungsverluste vorprogrammiert sind, wenn die Wirkung dieser Faktoren außer Acht gelassen wird. Die Verwendung von Farben bei der Präsentation von Forschungsergebnissen ist ebenfalls stark kulturell beeinflusst und es ist bekannt, dass Präsentationstechniken bereits in den verschiedenen Disziplinen sehr unterschiedlich gehandhabt werden. Dieser Diversität wird in LogDynamics Rechnung getragen.

Innovative Qualifizierungsmaßnahmen, die Internationalität und Interdisziplinarität explizit als Themen beinhalten und dabei gleichzeitig das Anwendungsgebiet Logistik weiter im Blick behalten, wurden auf Basis der Vorgaben von LogDynamics zusammen mit externen Anbietern entwickelt, getestet, evaluiert und optimiert. Dabei floss das Wissen über die jeweiligen wissenschaftlichen sowie kulturellen und sozialen Hintergründe der Teilnehmerinnen und Teilnehmer in die Konzeption mit ein, um Angebote zu ermöglichen, die den spezifischen Bedarfen der internationalen Doktorandinnen und Doktoranden gerecht werden. Außerdem spielen wiederholte praktische Erfahrungen beim Erwerb von Schlüsselqualifikationen eine herausragende Rolle – deshalb werden diese in LogDynamics durch die Kontinuität einzelner Maßnahmen gewährleistet.

Für die Herausbildung interkultureller Kompetenzen bei den deutschen Promovierenden bietet die internationale Zusammensetzung der IGS einen hervorragenden Ausgangspunkt, von dem alle anderen Promovierenden ebenfalls profitieren, da insbesondere in den überfachlichen Qualifizierungsangeboten von LogDynamics eine Interaktion über alle Disziplinen und Projekte hinweg stattfindet und so der Grundstein für eine nachhaltige internationale Vernetzung gelegt wird.

Diese **überfachlichen Qualifikationsmaßnahmen** werden **bedarfsgerecht** gestaltet, denn den Soft-Skill-Schulungen wird in Log*Dynamics* eine besondere Rolle bei der expliziten Förderung der Ingenieurpromotion zugeschrieben. Hier werden Fähigkeiten wie Projektmanagement, Teamfähigkeit, interkulturelle Kompetenz, Präsentationstechniken und wissenschaftliches Schreiben in Deutsch und Englisch vermittelt. Diese Angebote werden mit den Forschungsfragen in den Projekten und Promotionsvorhaben sowie untereinander und mit der fachlichen und strukturellen Betreuung so eng verzahnt, dass Synergieeffekte über mehrere Dimensionen generiert werden. Es handelt sich bei diesen spezifischen Angeboten um Inhouse-Schulungen interner und externer Anbieter, die gänzlich auf die Bedarfe der Promovierenden in einem interdisziplinären und internationalen Forschungsprogramm abgestimmt sind.

Angeboten werden z. B. Blockveranstaltungen wie „Dissertation as a Project", um Projektmanagement ganz konkret an der Planung und Durchführung der eigenen Dissertation einzuüben. Einige Kurse sind eine Mischung aus Trainings in großen Gruppen und anschließenden Coachings in Kleingruppen. So wird beispielsweise das Seminar „Selbstpräsentation" an zwei ganzen Tagen angeboten. Ergänzend dazu wird „Cross-cultural Coaching in English" alle zwei Wochen für international gemischte Kleingruppen angeboten. In der ersten gemeinsamen Veranstaltung werden das Grundlagenwissen vermittelt und die individuellen Stärken und Schwächen ermittelt. Im anschließenden kontinuierlichen Kurs wird in kleinen selbstorganisierten Gruppen das Präsentieren der eigenen Forschungsfrage und der -ergebnisse mit einer Moderation eingeübt, die auch das Augenmerk auf die kulturellen Unterschiede richtet, welche durch die internationale Zusammensetzung entsteht. Ähnliche Verknüpfungen wurden auch für andere Maßnahmen realisiert. In dieser Art angeboten wurden bisher Veranstaltungen zu Projektmanagement, Zeit- und Konfliktmanagement, Präsentation und Selbstpräsentation, Teambuilding und Führung sowie zu Academic Writing (in Deutsch und Englisch).

Aus der Vernetzung von struktureller Betreuung und Soft-Skill-Schulungen resultiert, dass diese Angebote von den Promovierenden nicht als zusätzlicher Aufwand wahrgenommen werden, sondern als zielführende Integration der Interessen und als eine willkommene Unterstützung in der eigenen Projektarbeit, in der persönlichen Entwicklung und für die eigene Promotion. Durch die Öffnung der verschiedenen Angebote für alle Doktorandinnen und Doktoranden von Log*Dynamics* gibt es mittlerweile einen regen, interdisziplinären und interkulturellen Austausch in diesen Maßnahmen und über sie hinaus.

Das Besondere der Maßnahmen ist, dass sie immer gleichzeitig mehrere Dimensionen der Promotionsförderung bedienen: Wenn überfachliche Qualifikationen vermittelt bzw. eingeübt werden, erfolgt das immer anhand des Forschungsgegenstands und ist auf den interdisziplinären Charakter des Forschungsfelds bezogen. Die jeweils angebotenen Maßnahmen orientieren sich immer an den individuellen Bedarfen und am internationalen Umfeld – sei es durch die Inhalte, durch die Teilnehmenden oder durch die Sprache.

Neben dieser Vermittlung von generellen Kompetenzen werden in Log*Dynamics* auch **Maßnahmen zur Steigerung der Mobilität** angeboten, die neben der Internationalisierung der Herausbildung von interkultureller Kompetenz dienen. Eine Förderung der Teilnahme an *internationalen Konferenzen* und Tagungen sowie der Vorbereitung auf die internationale *Veröffentlichungspraxis* durch Gewährung von finanzieller Unterstützung und durch das Angebot von entsprechenden Soft-Skill-Schulungen ist eine Qualifizierungsmaßnahme, die kontinuierlich angeboten und bedarfsabhängig genutzt wird. Die Konferenzreihe „International Conference on Dynamics in Logistics (LDIC)", die seit 2007 in Bremen stattfindet, ist ein weiteres Angebot, sich aktiv in die internationale Forschungsgemeinschaft zu integrieren. Diese themenspezifische Konferenz resultiert aus der kontinuierlichen interdisziplinären Zusammenarbeit mit wissenschaftlichen Einrichtungen weltweit. Die Doktorandinnen und Doktoranden in Log*Dynamics* wurden von Anfang an aktiv in die Vorbereitung und Durchführung integriert und erwerben so internationale Erfahrungen und organisatorische Kompetenzen durch „Learning by Doing".

Der SFB 637 ist an der Universität Bremen angesiedelt, hat darüber hinaus aber die US-amerikanischen Hochschulen University of Wisconsin-Madison und George Mason University, Fairfax, als Partner integriert. Um den wissenschaftlichen Mitarbeiterinnen und Mitarbeitern internationale Erfahrungen zu ermöglichen, sind dreimonatige Forschungsaufenthalte als zentrale Qualifizierungsmaßnahme in das Angebot des Integrierten Graduiertenkollegs aufgenommen worden, die sie bei den Partnern von Log*Dynamics*, aber auch in anderen renommierten Forschungseinrichtungen durchführen können. Die Arbeit an einer ausländischen wissenschaftlichen Einrichtung bietet u. a. die Möglichkeit des Aufbaus und der Intensivierung von Kooperationen mit internationalen Forscherinnen und Forschern und praktischer Erfahrungen im Ausland. Den deutschen Doktorandinnen und Doktoranden der IGS wird ebenfalls – wie den wissenschaftlichen Mitarbeiterinnen und Mitarbeitern des SFB 637 – die Möglichkeit eines Forschungsaufenthalts im Ausland gewährt. Die frühe Selbstständigkeit aller Promovierenden wird dadurch gefördert.

INSTITUTIONELLE VERANKERUNG UND DAUERHAFTE IMPLEMENTIERUNG

Der Bremer Forschungsverbund Log*Dynamics* umfasst 16 Lehrstühle aus vier Fachbereichen der Universität Bremen. Neben Arbeitsgruppen aus Physik/Elektrotechnik, Mathematik/Informatik, Produktionstechnik und Wirtschaftswissenschaften sind die An-Institute Bremer Institut für Produktion und Logistik GmbH (BIBA) und das Institut für Seeverkehrswirtschaft und Logistik (ISL) sowie zwei Arbeitsgruppen aus der privaten Jacobs University im Log*Dynamics* zusammengeschlossen (siehe Abbildung 2).

Abbildung 2: Struktur des Forschungsverbunds Log*Dynamics*

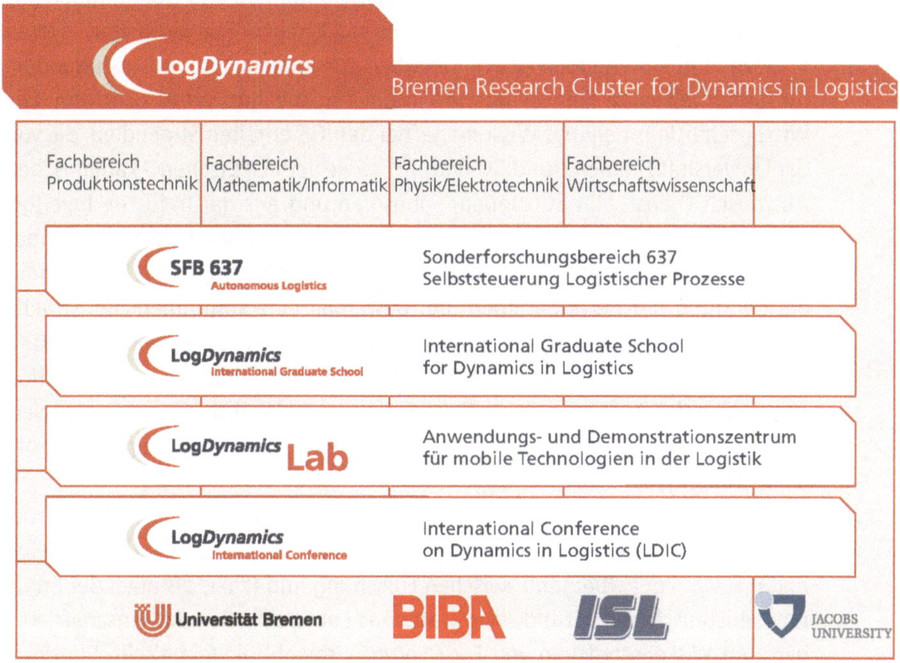

Die drei zentralen Aufgabenbereiche von Log*Dynamics* liegen in der Grundlagenforschung, im Transfer der gewonnenen Erkenntnisse und in der Ausbildung des wissenschaftlichen Nachwuchses. Die Aufgaben werden durchgeführt und stützen sich im Wesentlichen auf vier interdisziplinären Ebenen, die aufeinander abgestimmt sind und sich ergänzen:

1) Der **Sonderforschungsbereich 637** „Selbststeuerung logistischer Prozesse – Ein Paradigmenwechsel und seine Grenzen" wird von der Deutschen Forschungsgemeinschaft (DFG) seit 2004 gefördert. Zielsetzung ist die systematische Erforschung und Nutzbarmachung der Selbststeuerung als ein neues Paradigma für logistische Prozesse. Forschungsgegenstand sind der selbststeuernde physische Fluss von Waren und Gütern, deren informationstechnische Realisierung sowie das Management selbststeuernder logistischer Prozesse. Zur Förderung der Ingenieurpromotion beinhaltet der SFB 637 ein Integriertes Graduiertenkolleg, das viele der bereits beschriebenen Maßnahmen zur Internationalisierung anbietet.

2) In der **International Graduate School for Dynamics in Logistics (IGS)** forschen überdurchschnittlich qualifizierte Doktorandinnen und Doktoranden aus aller Welt mit dem Ziel, die Dynamik in logistischen Prozessen und Netzen in disziplinübergreifender Zusammenarbeit zu untersuchen und insbesondere für global relevante Fragestellungen in der Logistik Antworten zu liefern. Die Wissenschaftlerinnen und Wissenschaftler der IGS erhalten Stipendien, die von der Universität Bremen (rund 50 Prozent) sowie vom Deutschen Akademischen Austausch Dienst, von Stiftungen, Sponsoren und aus der Industrie bereitgestellt werden. Die Infrastruktur der IGS wird aus Sondermitteln des Landes Bremen finanziert. Darin enthalten sind die Koordinierung des Programms, die Beratung der Bewerberinnen und Bewerber, eine kontinuierliche, strukturelle Betreuung der Doktorandinnen und Doktoranden sowie, wie im SFB 637, Maßnahmen und Ressourcen zur Förderung der Teilnahme und Organisation internationaler Konferenzen, zur Durchführung von Workshops mit Gastwissenschaftlerinnen und -wissenschaftlern und ein integriertes Programm von Soft-Skill-Schulungen.

3) Das **Log*Dynamics* Lab** dient dem Verbund als Anwendungs- und Demonstrationszentrum für neue, insbesondere mobile Technologien in der Logistik. Hier findet sowohl der Übergang zwischen Forschung und Praxis als auch der Erfahrungsaustausch mit der Industrie statt. Das Lab steht allen Wissenschaftlerinnen und Wissenschaftlern von Log*Dynamics* sowohl als technische Plattform als auch als internationale Kooperationsbörse zur Verfügung.

4) Die **International Conference on Dynamics in Logistics (LDIC)** ist eine thematisch fokussierte Konferenzreihe, die seit 2007 in Bremen stattfindet. Namhafte Wissenschaftlerinnen und Wissenschaftler aus aller Welt nutzen sie als Austauschforum, den Promovierenden von Log*Dynamics* dient sie insbesondere als Plattform für die internationale Vernetzung.

WIRKSAMKEIT, ERFOLGE SOWIE NACHHALTIGKEIT

Die von Log*Dynamics* konzipierten innovativen Kurse, Trainings und Coachings auf Ebene der überfachlichen Qualifikationsmaßnahmen werden regelmäßig evaluiert. Neue Bedarfe werden kontinuierlich erfragt und die jeweiligen Angebote werden entsprechend den Rückmeldungen angepasst bzw. neu geschaffen.

Logistik ist ein Forschungsschwerpunkt der Universität Bremen mit großer Drittmittelaktivität. Durch fünfjährige Kontrakte wird die Fortsetzung der finanziellen Unterstützung von Log*Dynamics* sichergestellt.

Im SFB 637 haben bis 2010 30 Promovierende die Möglichkeit des längerfristigen Forschungsaufenthalts im Ausland genutzt. Die Anzahl der internationalen Gastwissenschaftlerinnen und Gastwissenschaftler, die in dieser Zeit nach Bremen kamen, belief sich auf 87. Renommierte internationale Gastwissenschaftlerinnen und Gastwissenschaftler werden möglichst in die wissenschaftliche Betreuung der Doktorandinnen und Doktoranden integriert. Die Vorbereitung und Organisation dieser Gastaufenthalte obliegt maßgeblich den Promovierenden, sodass sie hier zusätzliche Kompetenzen im Sinne von überfachlichen Qualifikationen erwerben können.

Seit 2005 haben insgesamt 31 Doktorandinnen und Doktoranden an der IGS ihre Promotion aufgenommen. Sie kommen aus 16 Nationen. Der Ausländeranteil liegt bei rund 80 Prozent. Die erste internationale Absolventin konnte im April 2008 verabschiedet werden. Die IGS hat einen für die Ingenieurwissenschaften überdurchschnittlich hohen Frauenanteil (bis zu 40 Prozent).

2010 erhielt ein Doktorand, der nach seiner Promotion in der IGS innerhalb von drei Jahren noch ein Jahr als Postdoc im Forschungsverbund Log*Dynamics* tätig war, den Ruf als Professor an die Federal University of Santa Catarina in Brasilien. Aus dieser Verbindung resultiert ein reger internationaler gegenseitiger Austausch von Wissenschaftlerinnen und Wissenschaftlern zwischen Log*Dynamics* und drei brasilianischen Universitäten.

Abbildung 3: Ein internationales Team von Doktorandinnen und Doktoranden sowie Gastwissenschaftlerinnen und Gastwissenschaftlern in den Veranstaltungen von Log*Dynamics*.

ÜBERTRAGBARKEIT AUF ANDERE ORGANISATIONSEINHEITEN BZW. EINRICHTUNGEN

Die hier vorgestellten Maßnahmen der Promotionsförderung können auf andere Organisationseinheiten bzw. Einrichtungen mit interdisziplinären Aufgabenstellungen und einer internationalen Ausrichtung übertragen werden, indem der Kanon aufeinander abgestimmter Maßnahmen an die spezifischen Gegebenheiten der jeweiligen Einrichtung und ihrer wissenschaftlichen Ausrichtung angepasst wird. Sind beispielsweise bereits in der Mehrheit internationale Doktorandinnen und Doktoranden vor Ort, kann auf der vorhandenen internationalen Vielfalt aufbauend die Wahrnehmung der differenzierenden Feinheiten geschult und diese v. a. durch die kulturübergreifende Kooperation in den bedarfsgerecht angebotenen Weiterbildungsmaßnahmen erlebbar gemacht werden. Allerdings ist dabei zu beachten, dass Interdisziplinarität sowie auch Internationalität bereits integrale Bestandteile von Log*Dynamics* sind und dass die Wissenschaftlerinnen und Wissenschaftler, die sich für die IGS oder für den SFB 637 bewerben und hier promovieren wollen, per se daran interessiert sind, entsprechend ausgerichtete, fachliche und außerfachliche, international verwertbare Qualifikationen zu erwerben. Diese prinzipielle Offenheit ist Voraussetzung, wenn das beschriebene Qualifizierungs- und Betreuungskonzept erfolgreich übertragen werden soll.

ZU DEN PERSONEN

Prof. Dr.-Ing. Bernd Scholz-Reiter hat den Lehrstuhl für Planung und Steuerung produktionstechnischer Systeme am Fachbereich Produktionstechnik der Universität Bremen inne, ist außerdem Direktor des Bremer Instituts für Produktion und Logistik GmbH sowie Sprecher der International Graduate School of Dynamics in Logistics und des Sonderforschungsbereichs 637.

Dr.-Ing. Ingrid Rügge ist Geschäftsführerin der International Graduate School of Dynamics in Logistics im Bremen Research Cluster for Dynamics in Logistics an der Universität Bremen.

> KOOPERATIVE PROMOTIONEN MIT FACHHOCH-
SCHULEN IN ZUSAMMENARBEIT MIT DER
TECHNISCHEN FAKULTÄT DER UNIVERSITÄT
ERLANGEN-NÜRNBERG

PETER WELLMANN

Die Kooperative Promotion an der Technischen Fakultät der Universität Erlangen-Nürnberg wurde in der Kategorie „Neue Modelle der Promotionsförderung" als Best Practice zur Verbesserung der Ingenieurpromotion mit einem von der Volkswagen AG gespendeten Preis ausgezeichnet.

HERAUSFORDERUNGEN AN DIE INGENIEURPROMOTION

Die deutsche Forschungslandschaft wird zunehmend von großen Verbundprojekten geprägt, die gleichermaßen Universitäten, universitätsnahe Forschungsinstitute, Industrielaboratorien und mehr und mehr auch Fachhochschulen einbinden. Gleichzeitig gibt es eine Reihe begabter Fachhochschulabsolventinnen und -absolventen, denen im Rahmen einer Promotion eine Weiterqualifikationsmöglichkeit eröffnet werden sollte. Fehlende Grundlagenfachkenntnisse, die nicht im Curriculum des Fachhochschulstudiums abgedeckt werden, könnten im Rahmen eines strukturierten, die Promotion begleitenden Lernprogramms vermittelt werden.

Promotionsprogramme, die Fachhochschulabsolventinnen und -absolventen einschließen, sind an einigen Universitäten bereits seit Jahren etabliert. An der Technischen Fakultät der Universität Erlangen-Nürnberg werden besonders begabte Fachhochschul-Diplomabsolventinnen und -Diplomabsolventen mit einer Abschlussnote von mindestens 2,0 nach erfolgreichem Bestehen einer Promotionseignungsprüfung zur Promotion zugelassen. Die allein in den letzten drei Jahren in Erlangen weit über 30 erfolgreich abgeschlossenen Promotionen belegen den Erfolg des gewählten Weges. Im Rahmen der Bachelor-/Master-Reform haben viele Bundesländer das Hochschulrahmengesetz dahingehend umgesetzt, dass Masterabschlüsse von Fachhochschulen wie Masterabschlüsse von Universitäten behandelt werden und eine grundsätzliche Zulassung zur Promotion ausgesprochen wird.

Im Rahmen der Forschungsverbünde kommt ein ganz neuer Wunsch hinzu: dass Promotionsarbeiten an Fachhochschulen unter federführender Betreuung einer Fachhochschulprofessorin oder eines Fachhochschulprofessors durchgeführt werden können. Die Kooperativen Promotionen sollen hier eine Brücke zwischen Universität, welcher das Promotionsrecht obliegt, und Fachhochschule schlagen. Zur Sicherstellung der wissenschaftlichen Qualität dient an der Technischen Fakultät der Universität Erlangen-

Nürnberg ein im Juli 2010 vom Fakultätsrat veröffentlichter Leitfaden für kooperative Promotionen.

LÖSUNGSANSATZ UND INNOVATIONSGEHALT

Wie bereits im letzten Abschnitt beschrieben wurde, können Fachhochschul-Diplomabsolventinnen und -Diplomabsolventen im Rahmen der Promotionsordnung der Technischen Fakultät bereits seit vielen Jahren zur Promotion zugelassen werden, wenn die mündliche Promotionseignungsprüfung erfolgreich absolviert wird. Unabhängig von dem Diplomabschluss der Promovierenden (Universität oder Fachhochschule) wurden bereits in der Vergangenheit vereinzelt Promotionsgutachten von Fachhochschulprofessorinnen und -professoren in die Bewertung von Promotionsleistungen aufgenommen. Generell fordert die Promotionsordnung der Technischen Fakultät der Universität Erlangen-Nürnberg zwei positive Gutachten von universitären Hochschullehrerinnen bzw. -lehrern an, von welchen mindestens eine bzw. einer hauptberuflich an der Technischen Fakultät tätig sein muss. Ein zusätzliches und damit drittes Gutachten einer Fachhochschulprofessorin oder eines Fachhochschulprofessors wurde auf Antrag des Erstberichterstatters in den Bewertungsprozess eingebunden. Normalerweise ging dem Antrag eine fachliche Kooperation der Universitäts- und Fachhochschulprofessorin bzw. des -professors voraus. Die Technische Fakultät hat zur Sicherstellung der wissenschaftlichen Qualität stets Wert auf zwei Gutachten von universitären, also „habilitierten" Hochschullehrenden gelegt.

In der Summe kann also festgehalten werden, dass die Kooperative Promotion zum Teil schon über längere Zeit an einzelnen Stellen an der Technischen Fakultät gelebt wurde. Initiator war stets die bzw. der universitäre Hochschullehrende der Technischen Fakultät, die oder der in einer Zusammenarbeit mit der Kollegin oder dem Kollegen der Fachhochschule einen wissenschaftlichen Gewinn sah.

Das Wesen der aktuell diskutierten Kooperativen Promotion geht einen Schritt weiter und sieht die Fachhochschule als Arbeitsort für die wissenschaftliche Arbeit im Rahmen der Promotion vor. Um auch in diesem neuen Umfeld eine wissenschaftliche Qualitätssicherung zu gewährleisten, wurde von der Technischen Fakultät ein Leitfaden angefertigt.

Im Folgenden sollen die Überlegungen, die zum Erstellen des Leitfadens für Kooperative Promotionen geführt haben, detailliert erläutert werden. Es werden dabei vier Aspekte genauer beleuchtet:

- Promotionsverfahren bzw. Begutachtungsprozess (rechtliche Aspekte),
- fachliche Kooperation,
- Arbeitsumfeld der Promovierenden,
- Einbindung der Promovenden in die Graduiertenschule der Technischen Fakultät.

Die Kooperative Promotion wurde so angelegt, dass in jeder Hinsicht die Promotions-ordnung der Technischen Fakultät, sowie die Gepflogenheiten, wie sie in der Graduier-tenschule der Technischen Fakultät (GSE, Graduate School of Engineering) beschrieben sind, gelten.

Die Doktorandinnen und Doktoranden werden Mitglieder der Graduiertenschule der Technischen Fakultät und sind damit auch offiziell als Promovierende der Universität Erlangen-Nürnberg erfasst. Im Rahmen der Graduiertenschule können alle Fortbildungs-angebote für Doktorandinnen und Doktoranden wahrgenommen werden.

Erstgutachterin bzw. Erstgutachter und Betreuerin bzw. Betreuer im Sinne der Pro-motionsordnung ist eine universitäre Hochschullehrerin bzw. ein universitärer Hoch-schullehrer der Technischen Fakultät. Die Professorin bzw. der Professor von der Fach-hochschule wird als Zweitgutachterin bzw. -gutachter in den Begutachtungsprozess der Dissertation eingebunden. Eine weitere Professorin bzw. ein Professor einer Universität oder eine Privatdozentin bzw. ein Privatdozent, die bzw. der nicht an der Technischen Fakultät tätig sein muss, wird über das dritte Gutachten eingebunden. Damit wird die wissenschaftliche Qualität der Begutachtung auch formal sichergestellt.

Wichtiger als die Erfüllung formaler Aspekte ist aber, dass es sich bei der Koopera-tiven Promotion um eine „lebendige" Zusammenarbeit zwischen Fachhochschule und Universität handelt. In den folgenden Abschnitten werden für sinnvoll erachtete Rand-bedingungen für das Gelingen der Kooperation dargelegt.

Eines der zentralen Anliegen der Kooperativen Promotion ist, dass es sich hierbei nicht einfach nur um eine Abnahme einer Promotionsleistung im Anschluss an eine mehrjährige Forschertätigkeit an einer Fachhochschule handelt. Vielmehr soll der Begriff „kooperativ" eine gemeinsame Forschungsaktivität umfassen, welche gerne federfüh-rend von der Fachhochschule ausgehen darf. Die Projektverantwortung bzw. das Projekt-management kann hierbei auf Fachhochschulseite liegen; in wissenschaftlicher Hinsicht soll es sich aber um eine in der Praxis „gelebte" Kooperation handeln.

Die „gelebte" Kooperation soll sich in regelmäßig abgehaltenen, gemeinsamen fachlichen Treffen widerspiegeln, welche beispielsweise einmal im Quartal stattfinden könnten. Im Rahmen dieser Zusammenkünfte soll die betreuende universitäre Hoch-schullehrerin bzw. der betreuende universitäre Hochschullehrer Einfluss auf die wissen-schaftlichen Inhalte der Promotionsarbeit nehmen können.

Obige Überlegung impliziert, dass die Arbeitsgebiete der Professorinnen bzw. der Professoren an Fachhochschule und Universität thematisch nahe, wenn auch nicht not-wendigerweise identisch sein müssen. Für die Begleitung der Arbeit wird eine räumliche Nähe als förderlich angesehen. Die Hochschullehrenden der Technischen Fakultät der Universität Erlangen-Nürnberg werden daher insbesondere zur Kooperativen Promotio-nen mit der Georg-Simon-Ohm-Fachhochschule in Nürnberg ermutigt.

Weiterhin muss auf dem Arbeitsumfeld der Promovierenden an der Fachhochschule ein wichtiges Augenmerk liegen. Das Arbeitsumfeld an der Fachhochschule muss so gestaltet sein, dass ein wissenschaftliches Arbeiten möglich ist. Der Charakter der Dissertation kann sich – je nach Ausstattung – thematisch stärker im experimentellen oder theoretischen Umfeld bewegen. Die Randbedingungen für die Promovierenden müssen aber so sein, dass exzellente Forschung möglich ist. Es gelten die gleichen Anforderungen an die Ausstattung des Arbeitsumfeldes, wie sie bereits bei „externen" Promotionen an außeruniversitären Forschungszentren (z. B. dem Fraunhofer Institut für Integrierte Schaltkreise, dem Max-Planck-Institut für die Physik des Lichts oder an industriellen Forschungszentren) üblich sind. Das bedeutet, der Schwerpunkt der Forschertätigkeit soll räumlich an der Fachhochschule liegen können.

Wünschenswert sind zumindest punktuelle Arbeiten an der Universität, damit der Kooperationscharakter stärker in den Vordergrund gerückt wird. Fallen dafür Kosten an, müssen Vereinbarungen über die Finanzierung getroffen werden. Den Promovierenden muss weiterhin arbeitsvertragsrechtlich die Möglichkeit gegeben werden, an universitären Fortbildungsangeboten, wie sie die GSE und die übergeordnete Graduiertenschule der Universität Erlangen-Nürnberg anbieten, teilnehmen zu können (s. u.).

Die GSE stellt ein Umfeld dar, in dem Promovierenden Zusatzqualifikationen erwerben können, die nach erfolgreich abgeschlossener Promotion im Rahmen eines Zusatzzertifikates bestätigt werden. Es kann sich dabei sowohl um eine fachliche Vertiefung in das Arbeitsgebiet der Dissertation als auch um Zusatzqualifikationen, wie sie heute unter dem Begriff „Soft Skills" zusammengefasst werden, handeln.

Die Einbindung der Promovierenden in die Graduiertenschule der Technischen Fakultät der Universität Erlangen-Nürnberg erfolgt durch die Anmeldung eines Betreuungsverhältnisses, bei dem die universitäre Hochschullehrerin oder der universitäre Hochschullehrer die Betreuung der Forschungsarbeit bestätigt. Dabei ist festzuhalten, dass sich aus dem Betreuungsverhältnis kein Recht zur Promotion ableitet. Erst aufgrund einer hervorragenden, eigenständigen wissenschaftlichen Leistung der Promovierenden kann das Promotionsverfahren eröffnet werden, dass nach der positiven Begutachtung der Arbeit den Abschluss in der mündlichen Prüfung findet.

Im Rahmen der Graduiertenschule der Technischen Fakultät wird von der universitären Hochschullehrerin bzw. vom universitären Hochschullehrer in enger Abstimmung mit der Fachhochschulseite ein verpflichtendes Fortbildungsprogramm (Vorlesungen, Seminare, Lehrgänge, etc.) zusammengestellt, wie es in strukturierten Doktorandenprogrammen üblich ist. Damit soll sichergestellt werden, dass Fachhochschul-Promovierende den gleichen Wissensstand wie die universitären Promovierenden erreichen. Das erfolgreiche Absolvieren wird durch ein Zusatzzertifikat von Universitäts- und Fachhochschulseite und dem Direktorium der GSE bestätigt.

Im Falle größerer Verbünde, wie sie beispielsweise im Rahmen von regional angelegten Großprojekten entstehen können, wird im Rahmen der GSE die Einrichtung eines eigenen Programms (offizielle Bezeichnung in der Satzung der GSE: „Klasse") angeregt.

Die bereits dargelegten Überlegungen wurden eins zu eins in den Leitfaden für Kooperative Promotionen an der Technischen Fakultät der Universität Erlangen-Nürnberg aufgenommen (siehe Abbildung 1).

WIRKSAMKEIT, ERFOLGE SOWIE NACHHALTIGKEIT

An der Technischen Fakultät der Universität Erlangen-Nürnberg laufen derzeit zwei Kooperative Promotionen, bei denen hauptberufliche Professorinnen und Professoren der Universität Doktorarbeiten an Fachhochschulen betreuen. Der Leitfaden zur Kooperativen Promotion sowie der offizielle Bezug darauf in der neuesten Promotionsordnung verleihen den Vorhaben Handlungssicherheit.

In Nürnberg steht der sogenannte Energie-Campus Nürnberg (EnCN) kurz vor der offiziellen Genehmigung durch die Bayerische Landesregierung. Im Energie-Campus Nürnberg sollen die Universität Erlangen-Nürnberg, die Simon-Ohm-Fachhochschule in Nürnberg, das Fraunhofer Institut sowie das Zentrum für Angewandte Energieforschung Bayern mit 50 Millionen Euro im Bereich Energietechnik gefördert werden. Durch das Verbundprojekt rücken die Universität und die Fachhochschule erstmalig in einem gemeinsamen Großvorhaben näher zusammen. Der Leitfaden für Kooperative Promotionen gibt von Anfang an einen hilfreichen Rahmen für gemeinsame Forschungsaktivitäten und hieraus resultierende Promotionen.

Für die kommenden fünf Jahre wird der Abschluss von etwa zehn Kooperativen Promotionen erwartet. In diesem Zeithorizont kann auch mit einer aussagekräftigen Evaluation der in den Leitlinien vorgeschlagenen Vorgehensweise gerechnet werden.

INSTITUTIONELLE VERANKERUNG UND DAUERHAFTE IMPLEMENTIERUNG

Bei der Kooperativen Promotion handelt es sich um eine logische Weiterentwicklung der bereits seit vielen Jahren „gelebten" Einbindung von Fachhochschul-Diplomabsolventinnen und -Diplomabsolventen in das Doktorandenprogramm der Technischen Fakultät der Universität Erlangen-Nürnberg. Die Einbeziehung von Professorenkolleginnen und -kollegen der Fachhochschulen in die Promotion kann als sinnvolle Ergänzung angesehen werden, um den enormen Bedarf an hoch qualifizierten Jungingenieurinnen und -ingenieuren in Zukunft zu decken.

Der in Abbildung 1 vorgestellte Leitfaden für Kooperative Promotionen ist seit Juli 2010 fest in der Technischen Fakultät verankert. Der Bezug auf den Leitfaden in der Promotionsordnung wurde im November 2010 durch den Fakultätsrat genehmigt (siehe Abbildung 2). Damit ist eine rechtliche Grundlage geschaffen, Fachhochschulen in Doktorandenprogramme aufzunehmen. Für das Sommersemester 2011 ist eine offizielle

Aufnahme der Kooperativen Promotion in die Ordnung der Graduiertenschule der Technischen Fakultät vorgesehen.

Der Leitfaden der Kooperativen Promotion sowie der Bezug darauf in der aktuellen Fassung der Promotionsordnung der Technischen Fakultät werden von der Universitätsleitung nicht nur begrüßt, sondern voll und ganz unterstützt.

ÜBERTRAGBARKEIT AUF ANDERE ORGANISATIONSEINHEITEN BZW. EINRICHTUNGEN

Eine Übertragbarkeit des Leitfadens für Kooperative Promotionen ist mit marginalen Änderungen auf Promotionsverfahren an anderen Universitäten möglich. Die Umsetzung wird vor Ort erleichtert, wenn auf die Strukturen einer funktionierenden Graduiertenschule zurückgegriffen werden kann, welche den Erwerb von Zusatzqualifikationen im Rahmen der Promotion regeln.

Die Richtlinien im Leitfaden Kooperative Promotionen geben zudem wertvolle Hinweise, wie für Doktorarbeiten in einem industriellen Forschungsumfeld geeignete Rahmenbedingungen für eine hervorragende wissenschaftliche Arbeit geschaffen werden können.

Abbildung 1: Leitfaden für Kooperative Promotionen der Technischen Fakultät der Friedrich-Alexander-Universität Erlangen-Nürnberg mit Fachhochschulen

LEITLINIEN FÜR KOOPERATIVE PROMOTIONEN MIT FACHHOCHSCHULEN

(herausgegeben vom Fakultätsrat der Technischen Fakultät der Friedrich-Alexander-Universität Erlangen-Nürnberg, letzte Änderung: 28.07.2010)

Präambel

Im Rahmen der Promotionsordnung der Technischen Fakultät sind Kooperative Promotionen mit Fachhochschulen möglich. Mit den vorliegenden Leitlinien benennt der Fakultätsrat der Technischen Fakultät eine Reihe von Aspekten, wie eine Kooperative Promotion in der Praxis ausgestaltet werden kann.

Die im Folgenden gewählte Bezeichnung „universitärer Hochschullehrer" schließt alle Professoren, apl. Professoren und Privatdozenten der Technischen Fakultät ein, die hauptberuflich an der Universität Erlangen-Nürnberg beschäftigt sind.

1. Promotionsverfahren/Begutachtungsprozess (Rechtliche Aspekte)

- Es gilt in jeder Hinsicht die Promotionsordnung der Technischen Fakultät, sowie die Gepflogenheiten, wie sie in der GSE (Graduate School of Engineering) beschrieben sind (Fortbildung der Promovenden, etc.).
- Die Promovenden werden Mitglieder der GSE.
- Erstgutachter (und Betreuer im Sinne der GSE) ist ein universitärer Hochschullehrer der Technischen Fakultät.
- Der Fachhochschulprofessor ist Zweitgutachter.
- Ein dritter universitärer Professor oder Privatdozent, der nicht an der Technischen Fakultät tätig sein muss, wird als Gutachter eingebunden.

2. Fachliche Kooperation

Bei der Kooperativen Promotion muss es sich um eine gemeinsame Forschungsaktivität handeln, bei der
- regelmäßige, gemeinsame fachliche Treffen stattfinden (beispielsweise einmal im Quartal)
- und der betreuende universitäre Hochschullehrer Einfluss auf die wissenschaftlichen Inhalte der Promotionsarbeit nehmen kann.

Daraus leitet sich ab, dass
- thematisch nahe (nicht notwendigerweise identische) Arbeitsgebiete des Fachhochschulprofessors und universitären Hochschullehrers vorliegen sollten.
- eine Begleitung der Arbeit durch räumliche Nähe als förderlich angesehen wird, weshalb die Technische Fakultät ihre Hochschullehrer insbesondere zu Kooperativen Promotionen mit der Georg-Simon-Ohm Fachhochschule in Nürnberg ermutigt.

Die Projektverantwortung/das Projektmanagement kann komplett auf Fachhochschulseite liegen.

3. Arbeitsumfeld der Promovenden

- Es muss ein Arbeitsumfeld an der Fachhochschule vorliegen, bei dem ein wissenschaftliches Arbeiten möglich ist. Der Charakter der Dissertation kann sich thematisch stärker im experimentellen oder theoretischen Umfeld bewegen.
- Es gelten die gleichen Anforderungen an die Ausstattung des Arbeitsumfeldes, wie sie bereits bei „externen" Promotionen an außeruniversitären Forschungszentren (z. B. Fraunhofer-, Max-Planck-Instituten, industriellen Forschungszentren) üblich sind.
- Wünschenswert sind zumindest punktuelle Arbeiten an der Universität, damit der Kooperationscharakter stärker in den Vordergrund gerückt wird. Fallen dafür Kosten an, müssen Vereinbarungen über die Finanzierung getroffen werden.
- Den Promovenden muss die Möglichkeit gegeben werden, an universitären Fortbildungsangeboten, wie sie GSE und FAU-GS anbieten, voll teilzunehmen (siehe Punkt 4).

4. Einbindung der Promovenden in die GSE

- Die Einbindung der Promovenden in die Graduate School of Engineering der Universität Erlangen-Nürnberg erfolgt durch die Anmeldung eines Betreuungsverhältnisses, bei dem der universitäre Hochschullehrer die Betreuung der Forschungsarbeit bestätigt.
- Aus dem Betreuungsverhältnis leitet sich kein Recht zur Promotion ab.
- Im Rahmen der GSE wird vom universitären Hochschullehrer in enger Abstimmung mit dem Fachhochschulprofessor ein verpflichtendes Fortbildungsprogramm (Vorlesungen, Seminare, Lehrgänge etc.) zusammengestellt, wie es in strukturierten Doktorandenprogrammen üblich ist. Das erfolgreiche Absolvieren wird durch ein Zusatzzertifikat vom universitären Hochschullehrer, dem Fachhochschulprofessor und dem Direktorium der GSE bestätigt.
- Im Falle größerer Verbünde, wie sie beispielsweise im Rahmen des Energiecampus Nürnberg entstehen könnten, wird im Rahmen der GSE die Einrichtung eines eigenen Programms (offizielle Bezeichnung in der Satzung der GSE: „Klasse") angeregt.

Abbildung 2: Auszug aus der Promotionsordnung der Technischen Fakultät der Friedrich-Alexander-Universität Erlangen-Nürnberg

PROMOTIONSORDNUNG FÜR DIE TECHNISCHE FAKULTÄT DER FRIEDRICH-ALEXANDER-UNIVERSITÄT ERLANGEN-NÜRNBERG

(einschließlich der Änderungen des Fakultätsrats vom 10.11.2010;
die Änderungen werden den Hochschulsenat voraussichtlich am 22.12.2010 passieren)
– AUSZUG –

§ 3

(1) Die erforderliche Vorbildung (für eine Zulassung zur Promotion) besitzt, wer

a) ein Studium in einem wissenschaftlichen Studiengang einer Hochschule in einem ingenieurwissenschaftlichen, naturwissenschaftlichen oder mathematischen Fach durch das Bestehen der Diplomhauptprüfung oder der Masterprüfung (M. Sc.) abgeschlossen hat oder

b) ein Studium in einem Fachhochschulstudiengang in einem in Buchstabe a genannten Fach durch das Bestehen der Masterprüfung abgeschlossen hat. In der Regel müssen im Bachelor- und Masterstudiengang zusammen mindestens 300 ECTS-Punkte erworben und eine Masterarbeit geschrieben worden sein [...]

§ 4

...

(2) Die Dissertation soll unter der Betreuung eines fachlich zuständigen Hochschullehrers entstanden sein, der Mitglied der Technischen Fakultät ist oder während der Anfertigung der Arbeit war. Im Rahmen von **kooperativen Promotionen** können auch Fachhochschulprofessoren als Betreuer bestellt werden; näheres regeln die vom Fakultätsrat erlassenen **Leitlinien**. Das Betreuungsverhältnis kommt dadurch zustande, dass der Betreuer sich dem Bewerber gegenüber zur Betreuung der Dissertation bereit erklärt. Auf Antrag externer Bewerber bemüht sich der Dekan um das Zustandekommen eines Betreuungsverhältnisses; ein Anspruch auf Begründung eines Betreuungsverhältnisses besteht nicht. Das Thema der Dissertation wird vom Betreuer in Absprache mit dem Bewerber festgelegt.

...

§ 7

...

(4) Die Berichterstatter und Prüfer müssen Hochschullehrer sein oder nach der Hochschulprüferverordnung zur Abnahme von Promotionen befugt sein. Professoren an Fachhochschulen können ebenfalls als Berichterstatter und Prüfer bestellt werden; § 4 Abs. 2 Satz 3, 2. Halbsatz gilt entsprechend.

ZUR PERSON

Prof. Dr.-Ing. Peter Wellmann ist in der Technischen Fakultät der Friedrich-Alexander-Universität Erlangen-Nürnberg am Lehrstuhl Werkstoffe der Elektronik und Energietechnik beschäftigt.

> TUM GRADUATE SCHOOL

ERNST RANK/MICHAEL KLIMKE/TILL VON FEILITZSCH/JO-ANNA KÜSTER

Die TUM Graduate School der TU München wurde als Best Practice zur Verbesserung der Ingenieurpromotion mit einem von der Deutschen Bahn AG gespendeten Sonderpreis ausgezeichnet.

HERAUSFORDERUNGEN AN DIE INGENIEURPROMOTION

Eine wesentliche Grundlage für das exzellente wissenschaftliche Niveau der Technischen Universität München sind engagierte und sehr gut ausgebildete Doktorandinnen und Doktoranden, die während ihrer Promotion auf höchstem internationalem Niveau forschen und dabei an ihrer Universität die besten Rahmenbedingungen vorfinden. Unbestritten ist die eigenständige, von der Doktorandin bzw. vom Doktoranden erbrachte wissenschaftliche Leistung der Kern einer jeden Promotion. Wissenschaftsrat, Deutsche Forschungsgemeinschaft und nicht zuletzt acatech – Deutsche Akademie der Technikwissenschaften haben aber aufgezeigt, dass einzelne Aspekte der Promotionsphase nachjustiert und neben der wissenschaftlichen Qualifizierung auch weitere Kompetenzen vermittelt werden sollten.[1] Aus Verantwortung gegenüber ihren Doktorandinnen und Doktoranden, aber auch, um ihre Attraktivität in dem in der Zukunft schärfer werdenden internationalen Wettbewerb um die „Besten Köpfe" zu stärken, hat die Technische Universität München im Frühjahr 2009 die TUM Graduate School gegründet. Ziel der Einrichtung ist es, die Doktorandenausbildung zu stärken und dafür hochschulweit verbindliche Qualitätskriterien einzuführen, die sich an den besten internationalen Standards orientieren. Folgende Handlungsfelder wurden identifiziert:

- Stärkung der wissenschaftlichen Netzwerke von Doktorandinnen und Doktoranden über fachliche und räumliche Grenzen hinweg,
- Erweiterung interdisziplinärer Kompetenzen,
- Verstärkung der internationalen Orientierung,
- Förderung überfachlicher Trainingsmaßnahmen („enabling skills") speziell für Doktorandinnen und Doktoranden,
- Verbesserung der Planbarkeit einer Promotion und Verkürzung überlanger Promotionsdauer,
- Stärkung der Identität der Gruppe von Doktorandinnen und Doktoranden an der Universität.

---

[1] Vgl. acatech 2008, DFG 2004 und Wissenschaftsrat 2002.

Mit der 2009 gegründeten TUM Graduate School greift die TUM die Empfehlungen von acatech, anderen Wissenschaftseinrichtungen und des Salzburger Programms der European University Association (EUA) auf.[2] Sie hat für ihre Doktorandinnen und Doktoranden ein promotionsbegleitendes Programm geschaffen, das die hohen wissenschaftlichen Standards weiter anhebt und durch Schlüsselqualifikationen für eine erfolgreiche Karriere in Wissenschaft und Industrie komplementiert.

LÖSUNGSANSATZ UND INNOVATIONSGEHALT

Die TUM Graduate School[3] wurde als zentrale Einrichtung an der TU München konzipiert und durch die Universitätsleitung im Mai 2009 offiziell implementiert. Das Konzept vereint drei wesentliche Aspekte:

- Ein Qualifizierungsprogramm bietet ein breites Angebot zur interdisziplinären und internationalen Vernetzung („cross borders!"), definiert Standards für die Publikationstätigkeit und andere Leistungen von Doktorandinnen und Doktoranden. So soll – auf der eigenständigen wissenschaftlichen Arbeit aufbauend – die Qualität des Promotionsablaufes deutlich gesteigert werden.
- Eine innovative Organisationsform öffnet den Rahmen für bestehende und zukünftige Doktorandenprogramme in sogenannten „Graduiertenzentren". Damit gelingt es, einerseits zentrale Dienste anzubieten, hochschulweit einheitliche Qualitätskriterien zu setzen und die Möglichkeiten zur Promotion an der TU München nach außen optimal darzustellen, andererseits aber auch flexibel auf fachspezifische Besonderheiten einzugehen.
- Eine neu geschaffene Vertretungsstruktur der Doktorandinnen und Doktoranden und die Etablierung eines „Graduate Dean" als Direktor der TUM Graduate School mit Sitz und Stimme im Erweiterten Hochschulpräsidium geben den Interessen der Promovierenden das längst überfällig gewordene hochschulpolitische Gewicht.

Alle diese tief greifenden Neuerungen konnten ohne Änderung der Promotionsordnung der TU München umgesetzt werden. Eine Mitgliedschaft in der TUM Graduate School ist freiwillig. Für die TUM Graduate School ist klar, dass eine sinnvolle Zusatzausbildung während der Promotionsphase und das individuelle Promotionsvorhaben passgenau ineinandergreifen müssen. Aus diesem Grund können die sechs für ein Zertifikat der TUM Graduate School notwendigen Qualifizierungsmodule von den Doktorandinnen und Doktoranden flexibel an ihre Promotionsarbeit angepasst werden. Gleichzeitig setzt die TUM Graduate School Rahmenbedingungen, die Promovierenden und Professorinnen und Professoren eine bessere Strukturierung des Promotionsvorhabens ermöglichen.

---

[2] Vgl. ebenda sowie EUA 2005.
[3] Vgl. URL: www.gs.tum.de [Stand: 2011].

- *Modul 1: Vernetzung – Übernahme von Verantwortung*
  Die TUM Graduate School fördert die Vernetzung ihrer Doktorandinnen und Doktoranden auf universitärer und internationaler Ebene. Über das Programm werden vielfältige Möglichkeiten geschaffen und Doktorandinnen und Doktoranden angeleitet, miteinander auf den verschiedensten Ebenen in Austausch zu treten. Eine wesentliche Rolle spielen dabei die Auftakt- und Abschlussseminare. Mit dem viertägigen Auftaktseminar beispielsweise, das die Doktorandinnen und Doktoranden innerhalb des ersten halben Jahres ihrer Mitgliedschaft besuchen, wird dazu der erste Anstoß gegeben: Jeweils ca. 100 Doktorandinnen und Doktoranden aus allen Fakultäten der TU München treffen sich dann – meist auch mit einigen Promovierenden internationaler Partneruniversitäten – zu Vorträgen hochrangiger Gäste aus Wissenschaft und Gesellschaft sowie zu Workshops mit Themen rund um die Promotion. Dies soll den Blick über die eigene Fach- und Wissenschaftskultur hinaus öffnen und die Bindung an die TU München verstärken. Als weitere Pluspunkte bietet die TUM Graduate School ihren Mitgliedern fachliche und überfachliche Trainings und Kurse, „social events" und – für informelle Begegnungen – eine Lounge im eigenen Gebäude auf dem TU München-Campus in Garching.
- *Modul 2: Fachliche Qualifizierung – Vertiefung des Forschungsfeldes*
  Die Lehrstühle der TU München sowie die thematischen und Fakultätsgraduiertenzentren bieten vielfältige Möglichkeiten, ihr Forschungsfeld in Ergänzung zur eigenen wissenschaftlichen Arbeit weiter zu vertiefen. Dies können sowohl Sommer- oder Winterschulen und Doktorandenkolloquien als auch andere, vom jeweiligen Lehrstuhl bzw. Graduiertenzentrum empfohlene, Veranstaltungen sein. Erwartet wird der Besuch von fachlichen Qualifizierungsveranstaltungen im Umfang von mindestens sechs Semesterwochenstunden, die auf die gesamte Promotionszeit verteilt werden können.
- *Modul 3: Wissenschaftliches Arbeiten – Veröffentlichungen*
  Erfolg von wissenschaftlichem Arbeiten wird auch in Publikationstätigkeit gemessen. Von den Doktorandinnen und Doktoranden in der TUM Graduate School wird deshalb erwartet, dass sie während ihrer Promotionszeit Teile ihrer Forschungsergebnisse in einer begutachteten Fachzeitschrift oder den Proceedings einer internationalen Tagung, die einem anerkannten Fachgutachterverfahren unterliegen, veröffentlichen. Bis zu zwei Publikationen als Hauptautor in einer internationalen Top-Zeitschrift werden mit einer Geldprämie von je 200 Euro honoriert.
- *Modul 4: Strukturierende Elemente – Leitlinien und Leitbilder*
  Spätestens sechs Monate nach Beginn der Promotionszeit schließen die Promotionskandidatin bzw. der Promotionskandidat, die Doktormutter bzw. der Doktorvater und eine Mentorin bzw. ein Mentor eine schriftliche Betreuungsvereinbarung

ab. Die Mentorin bzw. der Mentor kann, muss aber nicht, für die Zweitbegutachtung der Dissertation vorgesehen sein. Es können z. B. auch promovierte Mentorinnen und Mentoren aus der Industrie gewonnen werden, die die Promovierenden mit persönlichem und professionellem Rat begleiten.

Die Betreuungsvereinbarung enthält einen jederzeit fortschreibbaren Arbeitsplan, der das Promotionsprojekt zeitlich besser planbar macht. Sie lässt Raum für weitere Festlegungen, z. B. hinsichtlich des avisierten Auslandsaufenthalts oder der Vereinbarkeit von Familie und Beruf. Nach spätestens zwei Jahren erfolgt eine Zwischenevaluation, die sich aus einem hochschulöffentlichen Vortrag zur Dissertation und einer gemeinschaftlich mit Doktormutter bzw. -vater und Mentorin bzw. Mentor verfassten Zusammenfassung der bisherigen Ergebnisse zusammensetzt.

– *Modul 5: Internationale Forschungsphase*

Durch die Förderung des Austausches mit internationalen Kooperationspartnern unterstützt die TU München wissenschaftliche und persönliche Netzwerke ihrer Doktorandinnen und Doktoranden. Die TUM Graduate School unterstützt diese internationale Forschungsphase mit 1.600 Euro pro Doktorandin bzw. Doktorand. Je nach den individuellen Bedürfnissen und Möglichkeiten bestehen drei Optionen:

- ein sechswöchiger Forschungsaufenthalt an einem wissenschaftlichen Institut oder bei einem forschenden Industrieunternehmen im Ausland (Empfehlung) oder
- die Präsentation der eigenen wissenschaftlichen Ergebnisse auf mehreren internationalen Konferenzen und damit eine kumulative Erbringung der internationalen Forschungsphase oder
- eine Einladung und gemeinsame Forschungsarbeit mit internationalen Gastwissenschaftlerinnen und Gastwissenschaftlern an der TU München. Hierfür kann eine Gruppe von Promovierenden gemeinsam die finanzielle Unterstützung durch die TUM Graduate School nutzen.

– *Modul 6: Überfachliche Qualifizierung*

Die TU München legt seit langem großen Wert auf die persönlichkeits- und berufsqualifizierende Weiterbildung ihrer Mitarbeiterinnen und Mitarbeiter. Im Rahmen der TUM Graduate School wurden diese Angebote massiv ausgebaut und in Teilen spezifisch auf die Anforderungen der Promovierenden ausgerichtet. Derzeit können die Doktorandinnen und Doktoranden aus einem Angebot von über 200 Seminaren wählen, das die hausinternen Bildungsträger WIMES, Carl von Linde-Akademie und Genderzentrum sowie die UnternehmerTUM GmbH organisieren. Die TUM Graduate School erwartet von ihren Mitgliedern die Teilnahme an mindestens drei überfachlichen Fortbildungsangeboten im Umfang von je ein bis zwei Tagen.

Nach Ende der Promotion – und sofern die in den genannten Modulen formulierten Erwartungen erfüllt sind – stellt die TUM Graduate School ein Zertifikat und ein „Transcript of Records" über die erbrachten Leistungen aus.

Die TUM Graduate School sieht sich als Dienstleister für ihre Doktorandinnen und Doktoranden und bündelt das Angebot anderer Service-Stellen der TU München. So wird beispielsweise mit dem Career Service im Rahmen der TUM Career Week ein eigener „Tag der Promotion" organisiert, der interessierten Kandidatinnen und Kandidaten Wege in die Promotion aufzeigt, aber auch Services wie CV-Check und Beratungsgespräche anbietet. Gemeinsam mit dem Munich Dual Career Office und dem Genderzentrum werden Informationsveranstaltungen unterschiedlichster Formate sowie individuelle Unterstützung rund um die Vereinbarkeit von Familie und Promotion angeboten.

Das Welcome & Service Center der TUM Graduate School hilft Bewerberinnen und Bewerbern aus aller Welt – aber auch bereits an der TU München arbeitenden Promovierenden – im Einzelfall und berät zu Themen wie dem allgemeinen Ablauf einer Promotion, Finanzierung, Krankenversicherung oder Visa-Angelegenheiten. Mit der Organisation von kulturellen Veranstaltungen und Ausflügen wird insbesondere internationalen Doktorandinnen und Doktoranden geholfen, ein persönliches Netzwerk zu entwickeln und ihr Gastland Bayern näher kennenzulernen.

Die TUM Graduate School stärkt die Gender- und Diversity-Sensibilisierung durch Maßnahmen auf individueller und struktureller Ebene und bietet Doktorandinnen und Doktoranden praktische Unterstützung, z. B. durch adäquate Kinderbetreuung während der Auftaktseminare oder beim Zusammenschreiben der Dissertation. Darüber hinaus organisiert die TUM Graduate School Workshops („Karriereentwicklung für Nachwuchswissenschaftlerinnen" oder „Als Frau führen") und bietet individuelle Beratungsgespräche an – etwa zum Thema „Schwangerschaft in der Promotion".

Es war das Ziel der TU München, mit der TUM Graduate School ein Programm zu schaffen, das allen Doktorandinnen und Doktoranden ihrer 13 Fakultäten mit unterschiedlichen Promotionskulturen offen steht und allen Doktorandenprogrammen (Graduiertenschulen aus der Exzellenzinitiative, DFG-Graduiertenkollegs, European Training Networks etc.) einen qualitätssteigernden Rahmen bietet. Man entschied sich daher für eine Struktur, die der inhaltlichen Ausrichtung der Promotionen an der TU München folgt und auf zwei verschiedenen Typen von „Graduiertenzentren" fußt (siehe Abbildung 1):

- Thematische Graduiertenzentren sind überfachliche, i. d. R. überfakultäre Promotionsprogramme an der TU München, meist mit eigener, externer Finanzierung und Begrenzung der maximalen Mitgliederzahl. Sie setzen fachübergreifende Schwerpunkte und können über das grundlegende Qualifizierungsprogramm hinausgehende Angebote für ihre Doktorandinnen und Doktoranden machen.

– Fakultätsgraduiertenzentren sind den Fakultäten der TU München zugeordnete Promotionsprogramme, die sich insbesondere an Doktorandinnen und Doktoranden richten, die nach dem klassischen Modell einer Assistenzpromotion promovieren. Jede Fakultät der TU München bildet ein Fakultätsgraduiertenzentrum, das seine Doktorandinnen und Doktoranden entsprechend der jeweiligen Fachkultur fördert und den internationalen Austausch koordiniert.

Abbildung 1: Struktur der TUM Graduate School

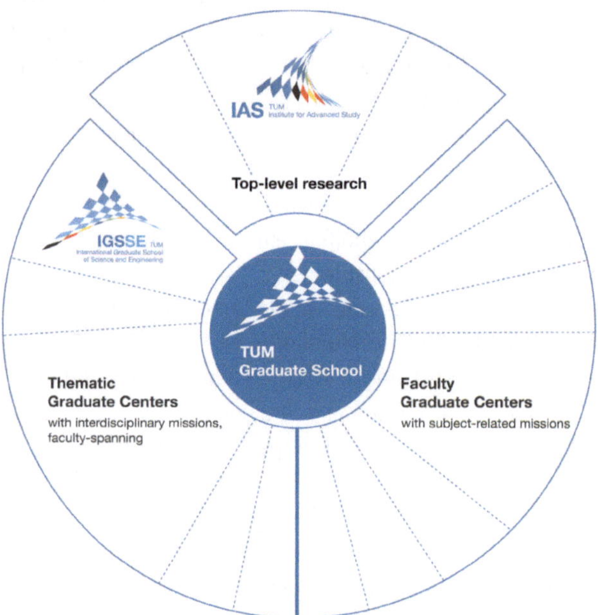

Die Doktorandinnen und Doktoranden der TU München können entscheiden, ob sie ihrem jeweiligen Fakultätsgraduiertenzentrum oder aber – bei entsprechender Aufgabenstellung und Finanzierung ihres Promotionsvorhabens – einem passenden Thematischen Graduiertenzentrum beitreten. Mit der Aufnahme in das jeweilige Graduiertenzentrum ist automatisch die Mitgliedschaft in der TUM Graduate School verbunden.

– Die TUM Graduate School wird vom TUM Graduate Dean geleitet, der ihre Belange innerhalb der TU München und nach außen gegenüber (internationalen) Kooperationspartnern, der Wirtschaft und der Politik vertritt. Er ist gegenüber dem Hochschulpräsidium berichtspflichtig. Der Graduate Dean, vier der Sprecherinnen und Sprecher der Graduiertenzentren sowie die Doktorandenvertretung und ihre Stellvertretung bilden den Vorstand der TUM Graduate School (siehe Abbildung 2). Der Vorstand entscheidet über die strategische Ausrichtung der TUM Graduate School, überprüft die satzungsgemäße Umsetzung der Ziele und gibt Impulse zur Weiterentwicklung des Promotionswesens an der TU München. Ein Wissenschaftlicher Beirat stellt die Einbindung ausgewiesener externer Persönlichkeiten in die strategische Planung der TUM Graduate School sicher.

- Der Graduate Dean wird durch den Geschäftsführer sowie eine Geschäftsstelle mit mehreren Mitarbeiterinnen und Mitarbeitern unterstützt. Deren Aufgaben liegen in der Gestaltung und Durchführung aller administrativen Abläufe und an der Schnittstelle zur Zentralen Verwaltung der TU München, insbesondere im Hinblick auf Mitgliederverwaltung, Koordination der Arbeit in den Graduiertenzentren, Finanzen, Marketing und Qualitätssicherung. Inhaltliche Schwerpunkte liegen in der Beratung von Bewerberinnen und Bewerbern sowie in der Implementierung und Weiterentwicklung des überfachlichen Trainingsprogramms. Die Graduiertenzentren tragen in Zusammenarbeit mit den Lehrstühlen Sorge für das fachspezifische Qualifizierungsprogramm. Die Fakultätsgraduiertenzentren werden (soweit keine externe Förderung zur Verfügung steht) von der TU München mit 1.700 Euro pro Mitglied finanziert. Diese Organisationsform ist neu an der TU München und gewährleistet einen intensiven Dialog zwischen der Geschäftsstelle, den Graduiertenzentren und den jeweiligen Fakultäten und Einrichtungen.

Abbildung 2: Organigramm der TUM Graduate School

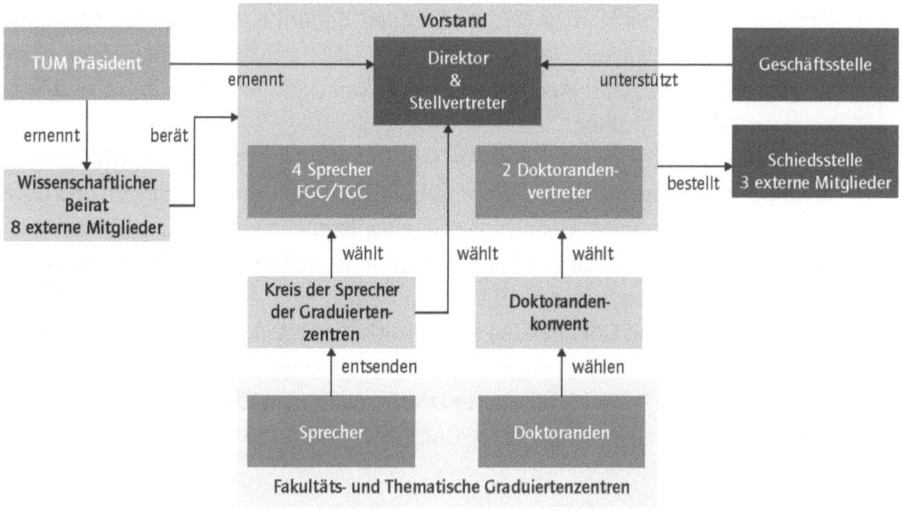

Der Graduate Council (Doktorandenkonvent) setzt sich aus je zwei Vertreterinnen bzw. Vertretern der jeweiligen Graduiertenzentren zusammen und wählt aus seiner Mitte eine Sprecherin bzw. einen Sprecher mit Sitz im Akademischen Senat. Innerhalb der Hochschule wird dadurch die Formulierung der Belange der Promovierenden wesentlich erleichtert und die innen- wie außenwirksame Anerkennung des Forschungsbeitrages der Promovierenden deutlich gestärkt. Darüber hinaus organisiert der Graduate Council eine Vielzahl von sozialen und forschungsnahen Veranstaltungen für die Doktorandinnen und Doktoranden.

WIRKSAMKEIT, ERFOLGE SOWIE NACHHALTIGKEIT

Das Statut der TUM Graduate School wurde am 13. Mai 2009 von der Hochschulleitung beschlossen; die Geschäftsstelle hat im Sommer 2009 ihren Betrieb aufgenommen. Als wesentliche Erfolge lassen sich bereits jetzt feststellen:

- *Mitgliederentwicklung*: Deutlich sind die Attraktivität und der Erfolg der TUM Graduate School am rasanten Mitgliederzuwachs abzulesen. Am 1. Dezember 2010 waren 921 Doktorandinnen und Doktoranden Mitglieder der TUM Graduate School (siehe Abbildung 3). Bei ca. 3.500 Doktorandinnen und Doktoranden der TU München sind dies 26 Prozent, die innerhalb des ersten Jahres beigetreten sind. Größtes Thematisches Graduiertenzentrum ist die International Graduate School of Science and Engineering (IGSSE) mit 194 Mitgliedern, das größte Fakultätsgraduiertenzentrum ist das FGZ Maschinenwesen mit 160 Mitgliedern. Bis Ende 2011 rechnen wir mit 1.600 Mitgliedern hochschulweit. Bis Ende 2012 soll die Zielgröße von 70 Prozent (2.500 Doktorandinnen und Doktoranden) erreicht sein.
- *Programmentwicklung und -teilnahme*: Ein wesentliches Ziel der Einrichtung der TUM Graduate School war, die Teilnahmemöglichkeit an Fortbildungskursen deutlich zu erhöhen und an die spezifischen Bedürfnisse von Doktorandinnen und Doktoranden anzupassen. So konnte die TUM Graduate School im Jahr 2010 zusätzlich 37 Kurse anbieten, die von insgesamt 388 Teilnehmerinnen und Teilnehmern besucht wurden.
- *Feedback der Doktorandinnen und Doktoranden*: Nach gut einem Jahr TUM Graduate School ist ein fast durchgängig positives Feedback der Doktorandinnen und Doktoranden zu verzeichnen. Dem Qualifizierungsprogramm wird ein hohes fachliches und intellektuelles Niveau beschieden. Beratungs-, kulturelle und Freizeitangebote werden gerne angenommen. Sind vor dem Besuch eines Auftaktseminars manche Doktorandinnen und Doktoranden noch unsicher angesichts der viertägigen Dauer und der heterogenen Gruppenzusammensetzung, so weicht diese Skepsis bis zum Ende des Seminars: Die Mehrzahl der Doktorandinnen und Doktoranden wünscht sich dann, dass die neu entstandene Gruppe weiterhin in Kontakt bleibt.

- Aufgrund ihres umfassenden Ansatzes und ihrer besonderen Schwerpunkte hat die TUM Graduate School international bereits *enorme Sichtbarkeit* entwickelt. Renommierte internationale Universitäten (z. B. GeorgiaTech, Johns Hopkins, NTU Singapur, KAUST, ParisTech) haben Austauschabkommen, joint-doctorate-Programme oder die Einrichtung eines gemeinsamen Graduate Centers mit der TUM Graduate School vereinbart bzw. bereiten diese vor. Die TUM Graduate School ist außerdem Partner des europäischen Erasmus Mundus-Konsortiums zur Doktorandenförderung (BEAM) in der Region Japan/Korea.
- *Nachhaltigkeit:* Die TUM Graduate School ist als dauerhafte Einrichtung angelegt und wird deshalb aus Haushaltsmitteln finanziert. 2010 stellte die Universität für die TUM Graduate School ca. zwei Millionen Euro zur Verfügung. Eine mit der Mitgliederzahl anwachsende Finanzierung auf bis zu vier Millionen Euro ist zugesagt.

Abbildung 3: Mitgliederentwicklung und -struktur der TUM Graduate School zum 1.12.2010

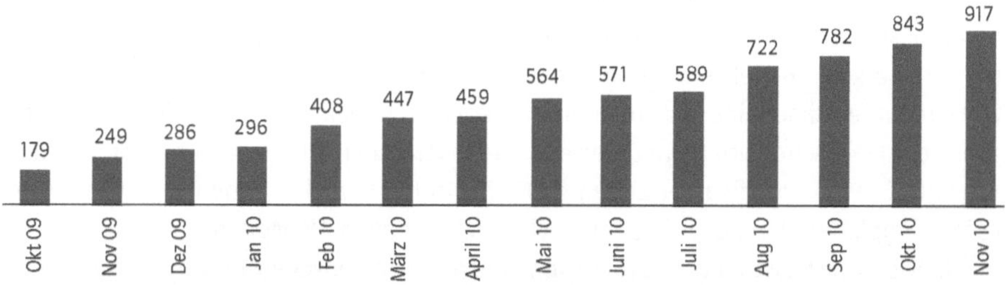

FAKULTÄTSGRADIENTENZENTREN											
MW	GZW	FGCh	CeDo-SIA	EI	BGU	TUM SOM	TUM EDU	AR	ISAM	PH	SP
156	124	69	62	25	25	19	19	14	13	11	5
TUM GRADUATE SCHOOL											
IGSSE	Top-Math	GSISH	GRK 1482	RE-CESS	SFB 768	CoTe-Sys	IRGT 1373	HELE-NA	N.N.	N.N.	N.N.
194	40	39	18	10	10	4	1	43			
THEMATISCHE GRADUIERTENZENTREN											

INSTITUTIONELLE VERANKERUNG UND DAUERHAFTE IMPLEMENTIERUNG

Ausgangspunkt für die Gründung der TUM Graduate School war für die TU München, ihr Konzept der „Unternehmerischen Universität" auch in die Ausbildung ihrer Promovierenden einfließen zu lassen. Über die umfangreiche und nachhaltige Finanzierung hinaus wurde eine dauerhafte personelle (Graduate Dean, Doktorandenvertretung), örtliche (das „Exzellenzzentrum" als eigenes Gebäude auf dem Garchinger Campus) und inhaltliche (Qualifizierungsprogramm) Infrastruktur geschaffen. Die TUM Graduate School ist damit fester Bestandteil des universitären Lebens und wird künftig eine zentrale Rolle in der Förderung von Nachwuchswissenschaftlerinnen und -wissenschaftlern, internationalen Forschungsverbünden und kooperativen Industrieprojekten spielen.

ÜBERTRAGBARKEIT AUF ANDERE ORGANISATIONSEINHEITEN BZW. EINRICHTUNGEN

Mit der über die Exzellenzinitiative 2006 geförderten IGSSE konnte die TU München bereits mit einer „mittelgroßen" Einrichtung über einige Jahre hinweg Erfahrungen mit einem Ingenieurinnen und Ingenieure sowie Naturwissenschaftlerinnen und Naturwissenschaftlern einbeziehenden Promotionsprogramm sammeln und diese dann unmittelbar in Strukturen und Programm der TUM Graduate School einfließen lassen. Um alle Promotionskulturen und Doktorandenprogramme an der TU München in ein hochschulweit verbindliches Regelwerk einbinden zu können, erfolgte die Implementierung der TUM Graduate School einerseits über die strategische Weitsicht und Durchsetzungskraft seitens der Hochschulleitung, andererseits aber auch durch Dialog- und Kompromissbereitschaft, um die Spezifika der einzelnen Fachkulturen berücksichtigen zu können. Der gesamte Implementierungsprozess erstreckte sich auf etwa 18 Monate.

Über das bewusst eingesetzte Zusammenspiel von zentralen und dezentralen Akteuren ihrer Organisationsstruktur hat die TUM Graduate School die sehr heterogene Ausgangslage an der TU München integrieren und gleichzeitig gesetzte Ziele konsequent verfolgen können. Die Bereitstellung signifikanter finanzieller Ressourcen sowie die Schaffung von universitären Mitsprachemöglichkeiten und identitätsstifenden Strukturen sind ebenfalls wichtige Erfolgsfaktoren, da diese das Programm für Doktorandinnen und Doktoranden besonders attraktiv machen. Nicht zuletzt war die Erfahrung der TU München mit ihren ausgezeichneten und seit Jahren erfolgreichen hochschulinternen Fortbildungsprogrammen besonders hilfreich. Sie konnten durch die finanzielle Ausstattung der TUM Graduate School erweitert und in ihrer Ausrichtung spezifisch auf die Bedürfnisse der Promovierenden hin angepasst werden.

Dass das Modell der TUM Graduate School und der Prozess ihrer Implementierung auch für andere Hochschulen und Forschungseinrichtungen interessant und reproduzierbar ist, zeigt die Tatsache, dass die Nanyang Technological University in Singapur ihre eigene Graduate School nach dem Vorbild der TUM Graduate School und der IGSSE gestaltet und im November 2010 eröffnet hat.

LITERATUR

acatech 2008
acatech – Deutsche Akademie der Technikwissenschaften: Empfehlungen zur Zukunft der Ingenieurpromotion – Wege zur weiteren Verbesserung und Stärkung der Promotion in den Ingenieurwissenschaften an Universitäten in Deutschland. Stuttgart 2008.

DFG 2004
Deutsche Forschungsgemeinschaft (DFG): Thesen und Empfehlungen zur universitären Ingenieurausbildung. Bonn 2004.

EUA 2005
European University Association (EUA): Doctoral Programmes for the European Knowledge Society: report on the EUA doctoral programmes project. Brüssel 2005.

Wissenschaftsrat 2002
Wissenschaftsrat: Empfehlungen zur Doktorandenausbildung. Saarbrücken 2002.

ZU DEN PERSONEN

Prof. Dr. rer. nat Ernst Rank ist Graduate Dean/Direktor der TUM Graduate School, hat den Lehrstuhl für Computation in Engineering an der Fakultät für Bauingenieur- und Vermessungswesen der TU München inne und ist darüber hinaus Gründungsdirektor der International Graduate School of Science and Engineering (IGSSE) der TU München.

Dr. Michael Klimke ist Geschäftsführer der TUM Graduate School und der IGSSE der TU München.

Dr. Till von Feilitzsch ist wissenschaftlicher Referent des Dekans und Geschäftsführer des Fakultäts-Graduiertenzentrums Maschinenwesen an der Fakultät für Maschinenwesen der TU München.

Jo-Anna Küster M.A. ist Beauftragte für Dokumentation an der TUM Graduate School und der IGSSE der TU München.

WEITERE GELUNGENE BEISPIELE ZUR VERBESSERUNG DER INGENIEURPROMOTION

> PROMOVIEREN IM INSTITUTSVERBAND IMA/ZLW & IFU DER RWTH AACHEN

SABINA JESCHKE/KLAUS HENNING/ALICIA DRÖGE

HERAUSFORDERUNGEN AN DIE INGENIEURPROMOTION

Innovationen werden nicht mehr von einzelnen hochspezialisierten Fachkräften entwickelt, sondern erfordern interdisziplinäre Teams. Interdisziplinäres Arbeiten ist damit für eine exzellente Ingenieurausbildung unabdingbar. Nach wie vor ist die Ingenieurausbildung jedoch stark disziplinlastig, neue Konzepte sowohl für die akademische Ausbildung als auch für interdisziplinäre Promotionen sind notwendig.

Grundlage des im Folgenden vorzustellenden Promotionskonzepts ist das Dissertationsprogramm des seit über 25 Jahren interdisziplinär arbeitenden Institutsverbundes Lehrstuhl für Informationsmanagement im Maschinenbau (IMA), Zentrum für Lern- und Wissensmanagement (ZLW) & An-Institut für Unternehmenskybernetik e. V. (IfU) der Rheinisch-Westfälischen Technischen Hochschule (RWTH) Aachen, das seit 1985 von Prof. Dr.-Ing. Klaus Henning entwickelt und eingeführt und ab 2009 von seiner Nachfolgerin Prof. Dr. rer. nat. Sabina Jeschke weiterentwickelt wurde. Im Institutsverbund arbeiten heute rund 50 wissenschaftliche Angestellte in Vollzeitarbeitsverhältnissen in interdisziplinären Teams – in zwei ingenieurwissenschaftlichen, zwei geisteswissenschaftlichen Bereichen und einem wirtschaftswissenschaftlichen Bereich. Der Anteil der ingenieur- und naturwissenschaftlichen Promotionen beträgt etwa 70 Prozent, 30 Prozent verteilen sich auf geistes-, sozial- und wirtschaftswissenschaftliche Promotionen. Ein disziplinübergreifendes Konzept für die Betreuung von Dissertationen ist daher absolut erforderlich.

Heute liegt ein in über 100 Promotionen bewährtes, auf der „klassischen Assistenzpromotion" basierendes Konzept vor. Das Charakteristikum der Assistenzpromotion, die Einstellung der Promovierenden als wissenschaftliche Mitarbeiterin bzw. Mitarbeiter i. d. R. in Vollzeit – als erste Phase der beruflichen Tätigkeit – beinhaltet umfangreiche Pflichten und Verantwortlichkeiten für den Lehrstuhl bzw. das Institut. Am IMA/ZLW & IfU ist die Assistenzpromotion Basis für die Promotion aller vertretenen Fachrichtungen, um alle wissenschaftlichen Mitarbeiterinnen und Mitarbeiter auf eine Stufe zu stellen.

LÖSUNGSANSATZ UND INNOVATIONSGEHALT

Eine interdisziplinäre Promotion ist adressiert an interdisziplinäre Forschungsgegenstände, und diese wiederum können nur durch interdisziplinäre Teams gelöst werden. Im Folgenden werden der Auswahlprozess geeigneter Kandidatinnen und Kandidaten und die Richtlinien für die Zusammensetzung interdisziplinärer und diversity-konformer Teams dargestellt.

Interdisziplinäre Arbeitsweise und Wissenschaftsmethodik müssen so früh wie möglich in die Promovierendenausbildung verankert werden. Voraussetzung für eine funktionierende interdisziplinäre Forschung sind Wertschätzung und Respekt für die gegenseitigen Kompetenzen. Dies und die Erkenntnis, dass Kolleginnen und Kollegen einer anderen Fachkultur über ein gleichwertiges Fachwissen verfügen und wichtig für den Erfolg eines Projektes sind, setzt eine Grundkompetenz in den jeweils anderen Fachrichtungen voraus. Angehende Doktorandinnen und Doktoranden müssen daher von vornherein für Aufgeschlossenheit gegenüber anderen Disziplinen sensibilisiert werden.

Für die Auswahl neuer Kandidatinnen und Kandidaten müssen verschiedene Kriterien beachtet werden, um ein möglichst interdisziplinäres Team zusammenzustellen. Die dazu notwendigen Richtlinien bzw. Prozesse werden im untenstehenden Diagramm grafisch zusammengefasst.

Abbildung 1: Auswahlprozess zur Einstellung wissenschaftlicher Mitarbeiterinnen und Mitarbeiter

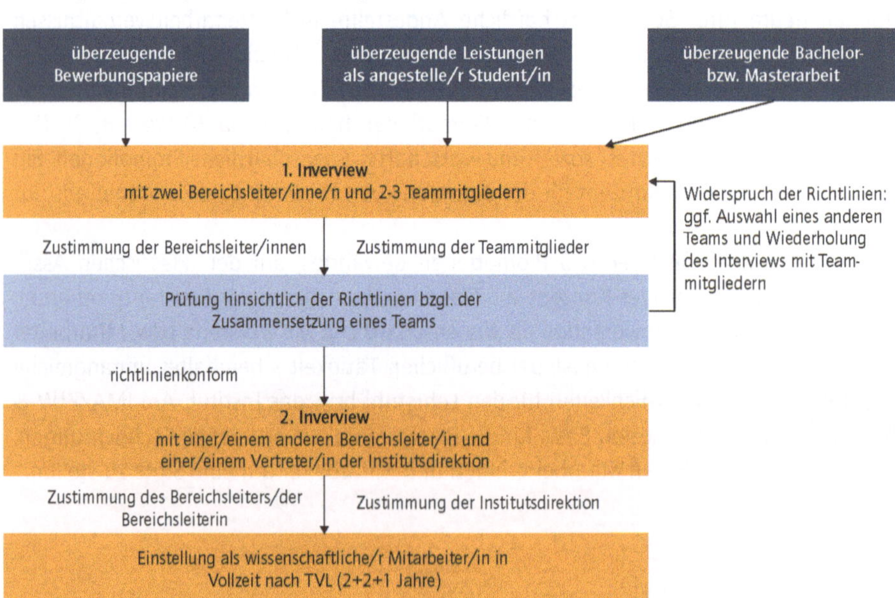

Um sicherzustellen, dass interne wie externe Bewerberinnen und Bewerber in die Institutskultur und in die entsprechenden Teams passen, werden die Kandidatinnen und Kandidaten bei einer Bewerbung auf eine Promotionsstelle mehrmals, d. h., mindestens an zwei unterschiedlichen Terminen, von verschiedenen Mitgliedern des Leitungsteams des Institutsclusters interviewt. Beim ersten Interviewtermin sind mindestens zwei Bereichsleiterinnen bzw. -leiter zugegen, beim zweiten Termin eine anderer Bereichsleiterin bzw. ein anderer Bereichsleiter und mindestens eine Vertretung der Institutsdirektion. Die Teammitglieder des entsprechenden Teams lernen die Bewerberin bzw. den Bewerber ebenfalls kennen und werden nach dem ersten Bewerbungsgespräch nach ihrer Meinung und ihrem Eindruck gefragt. Die Einbindung mehrerer Bereichsleiterinnen bzw. -leiter erhöht die Akzeptanz der neuen Doktorandinnen und Doktoranden innerhalb des Instituts und gewährleistet eine hohe Qualität des Auswahlverfahrens.

Zur Sicherstellung der fachlichen Interdisziplinarität bestehen Richtlinien für die Zusammensetzung eines Teams, die bei der Kandidatenauswahl berücksichtigt werden – z. B., dass mindestens immer eine fachfremde Person zum Team gehören muss. In den Bereichen besteht i. d. R. ein 80:20-Verhältnis, (z. B. 80 Prozent Ingenieurinnen und Ingenieure und 20 Prozent Geistes- und Sozialwissenschaftlerinnen bzw. -wissenschaftler). Außerdem darf ein Team nicht nur aus dem hauseigenen Nachwuchs bestehen, sondern muss unbedingt auch extern ausgebildete Wissenschaftlerinnen und Wissenschaftler involvieren. Das sichert einen frischen Blick von außen, verhindert wissenschaftliche Erstarrungen und steigert die Innovationsfähigkeit eines jeden Teams. Ideal ist aus den gleichen Gründen die Umsetzung einer geeigneten Internationalisierungsstrategie, insbesondere die Integration von Kandidatinnen und Kandidaten aus dem Ausland in die Teams (cultural diversity). Ebenso wichtig ist, dass ein Team nicht einseitig nur aus weiblichen oder männlichen Mitgliedern besteht, hier wird ein 50:50-Verhältnis angestrebt (gender diversity). Eine 50 Prozent-Frauenquote lässt sich besonders in den Ingenieurwissenschaften nicht immer realisieren, umgekehrt ist ein 50 Prozent-Anteil männlicher Wissenschaftler in den geisteswissenschaftlichen Disziplinen nur schwer erreichbar. Gerade hier wirkt ein interdisziplinärer Institutsaufbau ausgleichend. Zusammengefasst lauten die Richtlinien für eine interdisziplinäre und genderkonforme Zusammensetzung eines Bereichs aus 7–12 Doktorandinnen und Doktoranden wie folgt:

- 80:20-Verhältnis der vertretenden Fachgebiete,
- 50:50-Verhältnis Frauen/Männer,
- 30 Prozent sind instituts- bzw. universitätsfremd,
- 10 Prozent kommen idealerweise aus dem Ausland.

Verläuft das erste Interview positiv und liegt eine positive Einschätzung sowohl der Teammitglieder als auch der Bereichsleiterinnen bzw. -leiter vor, wird geprüft, ob die Teamzusammensetzung bei Einstellung den oben skizzierten Richtlinien entspricht. Widerspricht eine Einstellung den Richtlinien, wird bei vielversprechenden Bewerberinnen und Bewerbern geprüft, ob sie nicht in ein anderes Team passen. In diesem Fall wird das erste Interview mit den Teammitgliedern wiederholt.

Für einen schnellen Auswahlprozess kennen sich alle Beteiligten idealerweise schon vorher, z. B. durch eine vorherige Anstellung der Kandidatinnen und Kandidaten als studentische Hilfskraft oder durch die Betreuung einer Bachelor- oder Masterarbeit. Dies bringt gleichzeitig den Vorteil, dass sich die Einarbeitungszeit verkürzt. Die Einbindung von Studentinnen und Studenten muss daher frühzeitig geplant werden, z. B. bei der Erstellung von Drittmittelanträgen und der Aufgabeneinteilung und ist daher fest im Akquiseprozess verankert. Studentinnen und Studenten promovieren jedoch meist nicht in den Bereichen, in denen sie vorher gearbeitet haben, sondern in einem Team, in dem Promotionsstellen frei sind. Dies fördert gleichzeitig den Austausch von Informationen zwischen den einzelnen Bereichen.

Bei ausländischen Bewerberinnen und Bewerbern lässt sich das in Abbildung 1 skizzierte Auswahlverfahren aufgrund der geografischen Distanzen und der mit mehreren Bewerbungsgesprächen verbundenen Reisekosten nicht komplett umsetzen. Besonders vielversprechende Kandidatinnen und Kandidaten werden deshalb zu mindestens einem Gespräch eingeladen. Die Reisekosten werden in diesem Fall, wie auch bei der Anreise innerhalb Deutschlands, vom Institut getragen. Sämtliche Führungskräfte des Instituts verwenden insbesondere internationale Konferenzen und ähnliche Veranstaltungen als Talent-Scouting, um besonders vielversprechende Kandidatinnen und Kandidaten auf das Institutscluster aufmerksam zu machen und besser kennenzulernen. Bei internationalen Promovierenden kann die Sprachbarriere ihre Einarbeitung erschweren. Sämtliche Teammitglieder profitieren jedoch von der Auslandserfahrung, den Kontakten und der unterschiedlichen Kultur, die ausländische Teammitglieder mit sich bringen. In diesem Kontext wird am IMA/ZLW & IfU aktuell eine Internationalisierungsstrategie entwickelt, um die cultural diversity zu erhöhen.

Das Promotionsverfahren ist in drei Phasen unterteilt. In Abbildung 2 sind die Phasen und ihre zeitliche Einordnung grob skizziert, ebenso wie die unterstützenden Maßnahmen zur Verbesserung der Promotionsbetreuung, die später detaillierter erläutert werden.

- *Phase 1: Themenfindung (ein Jahr)*
  Zunächst erfolgt eine Anstellung für eine Dauer von zwei Jahren. Die Promovierenden machen sich mit der Forschung am Institut vertraut und werden direkt in die Lehre, die laufende Projektarbeit und die Beantragung von Drittmitteln

eingebunden. So bringen sie schon früh eigene Schwerpunkte – insbesondere bei der Formulierung von Drittmittelanträgen und damit von neuen Forschungsschwerpunkten – ein. Am Ende dieser Phase haben sich die Doktorandinnen und Doktoranden für ein Themenfeld entschieden und kennen den wissenschaftlichen „State of the Art" dieses Gebiets. Gleichzeitig haben die Kandidatinnen und Kandidaten durch ihre laufende Mitarbeit in wissenschaftlichen Projekten ihre wissenschaftliche Kompetenz unter Beweis gestellt. Eine endgültige Betreuungszusage ist an die Vertragsverlängerung um weitere zwei Jahre gekoppelt und erfolgt nach der ersten Dissertationsfahrt.

- *Phase 2: Wissenschaftliche Kernprozesse (zweieinhalb Jahre)*
Nach der Einarbeitung beginnt im zweiten Jahr die intensive persönliche Zusammenarbeit mit der Doktormutter bzw. dem Doktorvater. Das Forschungsthema wird eingegrenzt und die Forschungsfragen der Arbeit sowie die Struktur verbindlich festgelegt. Abweichungen hiervon bedürfen ab diesem Zeitpunkt der Zustimmung der Betreuerin bzw. des Betreuers. Damit wird eine fokussierte projektbegleitende Arbeit an der Dissertation gewährleistet. Bei Dissertationen, die aufgrund der fachlichen Herkunft der Promovierenden nicht in der eigenen Fakultät erfolgen können oder sollen, werden in dieser Phase geeignete Kolleginnen bzw. Kollegen aus den entsprechenden Fachdisziplinen hinzugezogen, um die Forschungsfragen gemeinsam festzulegen und die Frage der offiziellen Betreuungsfrage und Reihenfolge zu klären. Auf diese Weise wird auch der Interdisziplinarität im Großteil der Forschungsfragen Rechnung getragen. Im Rahmen des wissenschaftlichen Kolloquiums, an dem sämtliche wissenschaftliche Mitarbeiterinnen und Mitarbeiter des Instituts teilnehmen, stellen die Promovierenden im Rahmen einer Dissertationsvorstellung den aktuellen Stand ihrer Arbeit vor. Anschließend findet eine ausführliche Diskussion über die Arbeit statt.

- *Phase 3: Finalisierungsphase (ein halbes Jahr bis eineinhalb Jahre)*
In der dritten Phase konzentrieren sich die Promovierenden auf die Fertigstellung ihrer Dissertation. Die Verlängerung des Arbeitsverhältnisses um ein fünftes Jahr dient i. d. R. der zielgerichteten und zeitlich straff gemanagten Fertigstellung der Promotion. Die Phase endet mit der Abgabe der Dissertationsschrift und der mündlichen Prüfung. In einzelnen Fällen wird das fünfte Anstellungsjahr zum Übergang in eine Postdoc-Phase genutzt.

Abbildung 2: Promotionsphasen

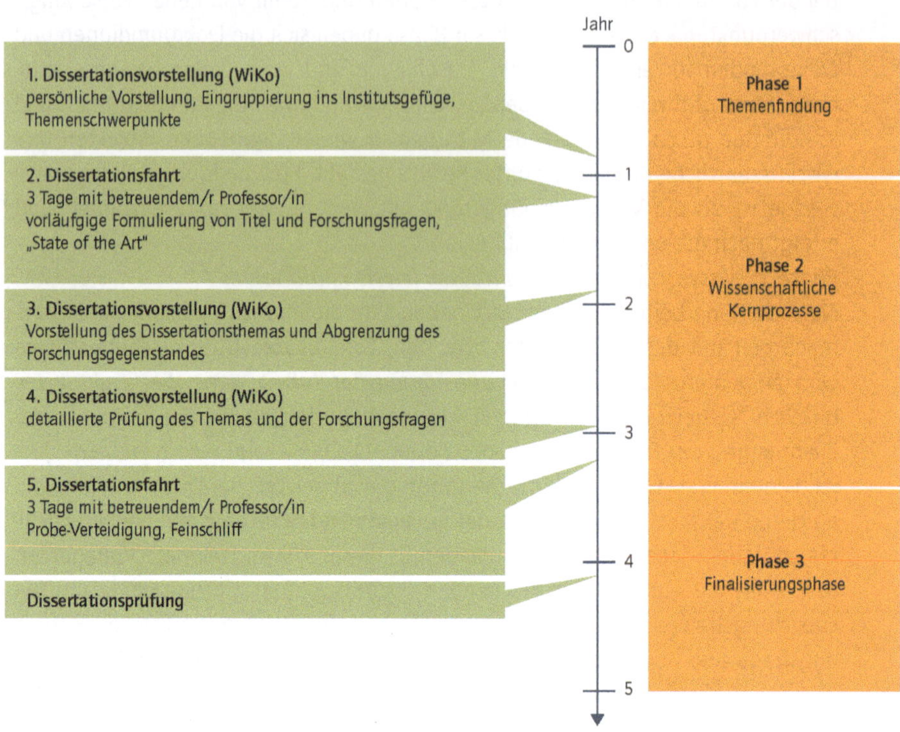

Dem Betreuungskonzept liegt eine auf die Assistenzpromotion zugeschnittene Beschäftigungsstruktur als wissenschaftliche Mitarbeiterin bzw. wissenschaftlicher Mitarbeiter im Vollzeit-Angestelltenverhältnis (Besoldung nach TVL) zugrunde, die für alle im Haus vertretenen Wissenschaftsdisziplinen Anwendung findet. Als Zeitrahmen für die Anfertigung der Dissertation inklusive Prüfung wird ein Zeitraum von vier bis fünf Jahren angesetzt, entsprechend ist die Beschäftigung i. d. R. auf fünf Jahre ausgelegt. Die promotionsunterstützenden Maßnahmen sind im Einzelnen:

- *Dissertationsbesprechungen*
  Doktormutter bzw. Doktorvater treffen sich zweimal im Jahr mit den Promovierenden zu einem zweistündigen, intensiven Einzelgespräch, um den Stand der Dinge zu besprechen und inhaltliche Fragen zu klären. Ggf. werden auch die externen Betreuerinnen und Betreuer der Dissertation hinzugezogen. In besonderen Fällen und in der Finalisierungsphase finden diese Gespräche auch häufiger, z. B. alle

zwei Monate, statt. Für diese Besprechungen werden regelmäßig ganze Tage geblockt, für die sich Doktorandinnen und Doktoranden anmelden können. Jedes Treffen wird protokolliert, um inhaltliche Beschlüsse festzuhalten und nachverfolgen zu können. Sind die Erstbetreuenden nicht am Institut ansässig, nehmen die Promovierenden zusätzlich zu den Dissertationsbesprechungen im eigenen Institut Termine mit den Erstbetreuenden außerhalb wahr.

– *Bereichsleiterin/Bereichsleiter (Teamleiterin/Teamleiter)*
Die unmittelbare tägliche und operative Betreuung des Dissertationsvorhabens wird von der Bereichsleitung übernommen. Die Bereichsleiterinnen und -leiter behalten den Überblick über alle im Team laufenden Projekte und koordinieren die Aufgabenverteilung. Sie beraten die Doktorandinnen und Doktoranden bei der Anfertigung ihrer Dissertationsschrift, bei ihren Projekten und bei Fachveröffentlichungen. Sie stehen im ständigen Kontakt zur erstbetreuenden Professorin bzw. zum erstbetreuenden Professor, sodass bei Leistungsabfall durch diese duale Betreuung schnellstmöglich gehandelt werden kann.

– *Dissertationsvorstellung*
In den ersten drei Jahren findet pro Jahr eine Dissertationsvorstellung der Doktorandin bzw. des Doktoranden vor allen wissenschaftlichen Angestellten des Instituts statt, die den aktuellen Stand der Arbeit widerspiegelt. Die Dissertationsvorstellung ist mit einem Fachvortrag vergleichbar und bietet die Möglichkeit, von der Erfahrung und dem Wissen der nicht dem eigenen Team zugehörigen Mitarbeiterinnen und Mitarbeiter zu profitieren und Präsentationstechniken zu üben. Außerdem wird ein besonders interdisziplinäres Spektrum an Feedback abgedeckt, da alle wissenschaftlichen Mitarbeiterinnen und Mitarbeiter zugegen sind. Gleichzeitig lernen die Fachfremden dazu. Dieses Prinzip des Peer2Peer-Coachings findet sich in allen Bereichen des Instituts wieder.

– *Dissertationsfahrt*
Ein zentrales Betreuungselement sind die Dissertationsfahrten im zweiten und im vierten Jahr. Die ca. fünf teilnehmenden Doktorandinnen und Doktoranden verbringen zusammen mit der betreuenden Professorin bzw. dem betreuenden Professor drei Tage in Klausur, um die Dissertationsfragen zu formulieren, zu schärfen, Forschungsmethoden festzulegen und Zwischenergebnisse zu überprüfen. Nach der ersten Dissertationsfahrt sind das vorläufige Thema, ein Abstract, die Forschungsfragen und eine erste grobe Gliederung der Doktorarbeit formuliert und werden in einem Protokoll festgehalten. Die zweite Dissertationsfahrt dient insbesondere auch der Vorbereitung auf die Verteidigung der Dissertation. Bei der Gruppenzusammensetzung wird auf hohe Interdisziplinarität geachtet, um bei den Methodendiskussionen und Diskussionen ein möglichst breites Fachspektrum abzudecken. Nach der zweiten Fahrt werden der endgültige Titel,

die Feinstruktur der Doktorarbeit und ggf. eine Überarbeitung, Anpassung oder Erweiterung der Forschungsfragen finalisiert und zusammen mit noch offenen Punkten in einem Protokoll vermerkt.

– *Fachveröffentlichungen*

Alle Promovierenden werden dazu angehalten, pro Jahr mindestens zwei Beiträge in einschlägigen, begutachteten Fachzeitschriften und Konferenzen zu veröffentlichen. Die durch die Veröffentlichung entstehenden (Reise- und andere) Kosten werden dabei vom Institut getragen. In der Einarbeitungsphase (erstes Jahr) reicht eine Co-Autorenschaft, für die folgenden Jahre müssen die Promovierenden zwei Beiträge als Hauptautorin bzw. Hauptautor verfassen. Diese Zielsetzung fördert die intensive, wissenschaftliche Auseinandersetzung der Promovierenden mit ihren Forschungsthemen und bietet gleichzeitig die Möglichkeit, durch Reviews externer Gutachterinnen und Gutachter Denkanstöße und Hinweise auf mögliche Schwächen zu erhalten. Vor der Einreichung lesen mindesten ein bis zwei Mitglieder eines Teams das Dokument, wobei mindestens eine Person fachfremd ist. Die Autorinnen bzw. Autoren lernen dadurch das Adressieren des eigenen sowie eines fachfremden Publikums in ihren wissenschaftlichen Texten. Die unterstützenden Peers erlangen ihrerseits einen Einblick in ein fachfremdes Gebiet, sie erlernen den Reviewing-Prozess – disziplinär wie interdisziplinär – und die Transparenz zwischen den wissenschaftlichen Disziplinen wird erhöht. Anschließend korrigiert die Bereichsleitung, ggf. in zwei Schleifen, danach gibt ein Mitglied der Institutsdirektion umfassende wissenschaftliche Anregungen.

– *Teamfahrt*

Neben der Institutstagung fahren die einzelnen Teams einmal pro Jahr auf eine zweitägige Teamfahrt. Die Abgeschiedenheit und Entrückung aus dem Alltagsgeschäft ermöglichen es, schwierige Fragestellungen ausführlich zu diskutieren und bremsende Denkfehler zu eliminieren.

– *Institutsklausur*

Alle – wissenschaftlichen und nichtwissenschaftlichen – Mitarbeiterinnen und Mitarbeiter des Instituts gehen einmal pro Jahr in eine dreitägige Klausur. Bei der Programmplanung steht die Interdisziplinarität des Institutsclusters im Mittelpunkt der Konzeption der Tagung, sodass sämtliche Mitarbeiterinnen und Mitarbeiter aller Fachdisziplinen sowie wissenschaftliche und nichtwissenschaftliche Mitarbeiterinnen und Mitarbeiter gleichermaßen einbezogen werden. Diese Veranstaltung bietet die Möglichkeit, die Teilnehmerinnen und Teilnehmer der Klausur für die Methoden anderer Fachdisziplinen und die Leistungen ihrer Kolleginnen und Kollegen zu sensibilisieren. Dazu werden aktuelle und neue Projekte vorgestellt und Workshops zu unterschiedlichen Themen durchgeführt. Gleichzeitig wird Zeit für private Begegnungen eingeplant, um insbesondere neuen Angestellten den Einstieg ins Institutsgefüge zu erleichtern. Diese Tagung fördert somit nicht nur den Zusammenhalt aller, sondern erhöht auch die Transparenz und gegenseitige Wertschätzung im Institut.

Alle angehenden Doktorandinnen und Doktoranden werden in einem Vollzeit-Angestelltenverhältnis (Besoldung nach TVL) zunächst für zwei Jahre beschäftigt. Durch die bereits beschriebenen Kontrollelemente und Maßnahmen werden die inhaltliche Qualität (duale Betreuung) sowie die Einhaltung des vorgeschriebenen Zeitrahmens gesichert. Im zweiten Promotionsjahr erfolgt die Zusage für zwei weitere Jahre. Die Erweiterung um ein weiteres, fünftes, Jahr ist vorgesehen. Dieses letzte Jahr kann zur Finalisierung der These oder auch also Post-Doc Phase genutzt werden.

Jeder bzw. jedem Promovierenden stehen die bereits erläuterten Maßnahmen zu, durch die gleichzeitig auch sichergestellt wird, dass eine inhaltlich anspruchsvolle Dissertation eingereicht wird. Die Doktorandinnen und Doktoranden werden mit einem eigenen Büroarbeitsplatz sowie Laptop und bei Bedarf auch Mobiltelefon (Ressourcen) ausgestattet. Außerdem werden Verbrauchsgüter und alltägliche Gebrauchsgegenstände zur Verfügung gestellt. Die Anschaffung von Fachbüchern wird grundsätzlich finanziert. Zudem werden Reisen für wissenschaftliche Zwecke, z. B. zu Fachkonferenzen, vollständig finanziert. Ebenso werden Kosten für Personalentwicklungsmaßnahmen mit Schwerpunkt Management und Führungskompetenz vom Institutscluster übernommen.

WIRKSAMKEIT, ERFOLGE SOWIE NACHHALTIGKEIT

Das beschriebene Best-Practice-Beispiel für eine interdisziplinäre Promotion wird in seinen Grundzügen schon seit 25 Jahren im IMA/ZLW & IfU praktiziert und ist kontinuierlich weiterentwickelt worden. Die Dissertationsquote liegt bei über 95 Prozent (durchschnittliche Dauer: 4,7 Jahre, Standardabweichung: ca. 0,4 Jahre), was besonders bei interdisziplinären Promotionen eine ungewöhnlich hohe Quote ist. Ermöglicht wird dies durch die duale, intensive Betreuung und die beschriebenen Betreuungsmaßnahmen.

Dieses Konzept hat zu einer nachhaltigen Qualitätssicherung der wissenschaftlichen Prozesse im Institutsverbund geführt, was insbesondere der Institutsleitung eine strategische Steuerung der Inhalte der Dissertationen und das Erarbeiten komplexer Forschungslinien ermöglicht. Gleichzeitig zeigt das Konzept, dass eine intensive Betreuung gerade an großen Instituten auf diese Weise eine hohe (disziplinäre wie interdisziplinäre) wissenschaftliche Qualität ermöglicht.

INSTITUTIONELLE VERANKERUNG UND DAUERHAFTE IMPLEMENTIERUNG

Der Institutscluster IMA/ZLW & IfU der RWTH Aachen bietet seinen ca. 200 Mitarbeiterinnen und Mitarbeitern (inklusive studentischer Hilfskräfte) ein umfangreiches Personalentwicklungsprogramm, das beginnend bei den studentischen Hilfskräften alle Zielgruppen der wissenschaftlichen Laufbahn (Promovierende, Postdocs, wissenschaftliche Führungskräfte) sowie die nichtwissenschaftlichen Mitarbeiterinnen und Mitarbeiter des Institutsverbunds umfasst. Hierbei werden sowohl die (Weiter-)Entwicklung der disziplinären Fachkompetenzen als auch überfachliche Entwicklungsziele zur interdisziplinären Zusammenarbeit sowie zum (Wissenschafts-)Management als gleichwertige Bestandteile einer ganzheitlichen Personalentwicklung in den Fokus genommen. Dabei wird das Personalentwicklungskonzept stetig an sich verändernde wissenschaftliche und wirtschaftliche Marktanforderungen angepasst, um die Wettbewerbsfähigkeit der Wissenschaftlerinnen bzw. Wissenschaftler und zukünftigen Führungskräfte zu fördern. Hierbei wird das vielfältige Standard-Personalentwicklungsangebot durch individuell zu vereinbarende Maßnahmen, die die persönlichen Entwicklungsziele der Mitarbeiterinnen und Mitarbeiter berücksichtigen, ergänzt. Die Unterstützung des Promotionsvorhabens erfolgt wie beschrieben im Prozess der Arbeit. Bei Beendigung des Arbeitsverhältnisses im Institutsverbund wird jeder Mitarbeiterin und jedem Mitarbeiter ergänzend zum Arbeitszeugnis ein Personalentwicklungszertifikat ausgestellt, in dem alle wahrgenommen Personalentwicklungsmaßnahmen aufgeführt werden.

Neben dem eigenen Personalentwicklungskonzept steht den Promovierenden das Angebot des von der RWTH Aachen University eingerichteten Center for Doctoral Studies (CDS) zur Verfügung. Das CDS adressiert die Vermittlung außer- und überfachlicher Qualifikationen:

- Das CDS koordiniert die Vermittlung von Schlüsselkompetenzen für die Doktorandinnen und Doktoranden und bietet ihnen ein umfangreiches und breit gefächertes Fortbildungsprogramm im Bereich sozialer, kommunikativer, personeller und methodischer Kompetenzen.
- Das CDS organisiert für die Promovierenden derzeit weit über 100 Seminare, Workshops und Kurse mit mehr als 1800 Teilnehmerplätzen pro Jahr.
- Das CDS erstellt einen Nachweis, das sogenannte Promotionssupplement, das den Doktorandinnen und Doktoranden zusätzlich zu ihrer Promotionsurkunde ausgehändigt wird und das die erworbenen Qualifikationen dokumentiert.

Alle dem Institut angehörigen Doktorandinnen und Doktoranden werden bei der Aufnahme in das CDS unterstützt, die benötigten Freiräume zur Teilnahme an den Fortbildungsmaßnahmen werden bei der operativen Planung des Clusters berücksichtigt.

ÜBERTRAGBARKEIT AUF ANDERE ORGANISATIONSEINHEITEN BZW. EINRICHTUNGEN

Das Konzept ist für ingenieur- und naturwissenschaftliche Bereiche geeignet und durchaus auf sozial-, wirtschafts- und geisteswissenschaftliche Disziplinen übertragbar. Dies gilt insbesondere dann, wenn die Dissertation projektorientiert angelegt ist und damit zeitliche Strukturen und inhaltliche Fortschritte miteinander verknüpft sind. Insbesondere in Einrichtungen, die in (interdisziplinären) Teams arbeiten, lässt sich der intensive wechselseitige Lernprozess zwischen den Promovierenden verwirklichen. Grundsätzlich sehr gut übertragbar sind der mehrschleifige Auswahlprozess, das duale Betreuungsverfahren und das iterative Vorgehen mit Fortschrittspräsentationen, Klausurtagen und Korrekturschleifen zwischen und innerhalb der Phasen eines Dissertationsprozesses.

ZU DEN PERSONEN

Prof. Dr. rer. nat. Sabina Jeschke ist Direktorin des Institutsclusters IMA/ZLW & IfU der RWTH Aachen University (Lehrstuhl für Informationsmanagement im Maschinenwesen IMA, Zentrum für Lern- und Wissensmanagement ZLW, Institut für Unternehmenskybernetik e.V. IfU).

Prof. Dr.-Ing. em. Klaus Henning ist Emeritus und Mitglied des Board of Managements des Institutsclusters IMA/ZLW & IfU der RWTH Aachen University.

Dr. Alicia Dröge ist persönliche Referentin von Prof. Sabina Jeschke am Institutscluster IMA/ZLW & IfU der RWTH Aachen University.

> DAS KARLSRUHER PROJEKTHAUS E-DRIVE ALS GEMEINSAMER ANSATZ DES KIT UND DER DAIMLER AG

THOMAS MEYER

Die flächendeckende Einführung der Elektromobilität gehört zu den großen Herausforderungen der kommenden Jahre. Auf verschiedenen Feldern müssen technische Fragestellungen gelöst werden, die bislang einer erfolgreichen Konkurrenz zu konventionellen Antrieben entgegenstehen. Dies betrifft v. a. die Reichweite der Fahrzeuge bzw. die Energiedichte der Batterien, eine deutliche Senkung der Fertigungskosten und Verringerung der Abhängigkeit von seltenen, teuren Rohstoffen oder auch Fragen der Infrastruktur, leistungsfähiger Abrechnungssysteme. Am Karlsruher Institut für Technologie (KIT) nimmt die Beschäftigung mit künftigen Mobilitätssystemen ein breiten Raum ein, weshalb es wichtig ist, die über verschiedene Fakultäten und Institute verteilten Kompetenzen im Bereich „elektrische Antriebe und Fahrzeugkonzepte" zu bündeln und in einem selbstständigen Ansatz weiterzuentwickeln.

HERAUSFORDERUNGEN AN DIE INGENIEURPROMOTION

Zur Lösung der zuvor genannten Aufgaben benötigen Forschungseinrichtungen und Industrie hoch qualifizierten, leistungsfähigen Ingenieursnachwuchs, der in der Lage sein muss, die komplexen, durch verschiedene Wechselwirkungen technisch verschränkten Problemfelder zu überblicken. Anzustreben ist hier ein tiefgreifendes Systemverständnis, das über die engeren Disziplingrenzen hinweg ein zielorientiertes, vernetztes Arbeiten erlaubt. Dies setzt gewisse Kenntnisse anderer technischer Gebiete ebenso voraus wie die Einsicht in die Notwendigkeit von deren kontinuierlicher Einbindung in den gesamten Innovationsprozess. Die Ingenieurin bzw. der Ingenieur sollte daher in der Lage sein, Potenzial, Möglichkeiten und Beschränkungen beteiligter Disziplinen einzuschätzen und dieses Wissen in gegenseitigem Austausch in den Problemlösungsprozess zu integrieren.

Dieser Anspruch ist mit den bestehenden Rahmenbedingungen von Ingenieurpromotionen nicht ohne Weiteres zu erfüllen. So ist die mehrjährige Arbeit an einem eng gefassten Thema die Regel, dessen Systemgrenzen auch während der Dauer der Promotion kaum Veränderungen unterworfen sind, sodass eine vertiefte Kenntnis auf einem vergleichsweise kleinen technischen Gebiet häufig der Ertrag einer Promotion ist. Bezüglich der bestehenden und künftigen Problemlagen im Bereich der Automobilindustrie – gemeint sind hier nicht allein die Fahrzeughersteller, sondern alle beteiligten Akteure innerhalb der Wertschöpfungskette – sollten Absolventinnen und Absolventen dagegen zu einem Blick über die Grenzen der eigenen Disziplin hinaus in der Lage sein – v. a., wenn es sich um die Führungskräfte von morgen handelt. Dazu gehört auch, dass die während der Ausbildung gewachsene „Hochschulsicht" der Ingenieurinnen und Ingenieure bereits während der Promotion um Einblicke in die spezifischen Erfordernisse der Industrie erweitert wird. Hinzu kommen die gewachsenen Ansprüche an die sozialen und organisatorischen Kompetenzen der Absolventinnen und Absolventen, die in ihren i. d. R. technischen Berufen politische, soziologische, ökologische und volkswirtschaftliche Tendenzen und Rahmenbedingungen erfassen und berücksichtigen sollten.

Abbildung 1: Vernetzung der Elektromobilität

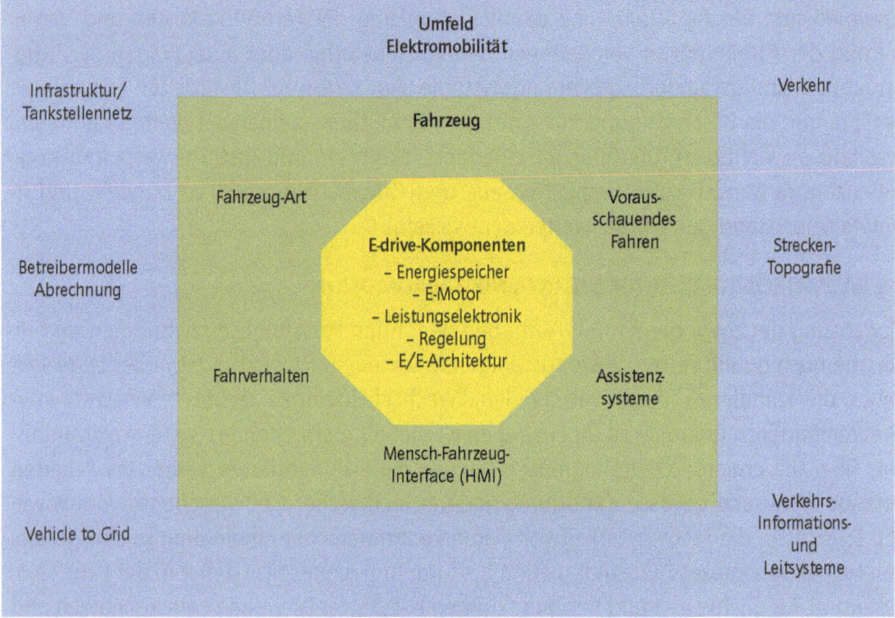

Diese Problemlagen sind mit der Struktur des bestehenden Promotionsprozesses nur bedingt aufzulösen. Hieran können auch die Praktika während des Studiums wenig ändern, da hier zumeist in nicht verantwortlicher Position auf einem thematisch eng begrenzten Gebiet gearbeitet werden muss. Selbst die in den Ingenieurwissenschaften häufig praktizierte externe Promotion bei einem Industriepartner des jeweiligen Instituts erlaubt es der Doktorandin bzw. dem Doktoranden kaum, über die Grenzen der eigenen Fragestellung hinaus auf systematische Weise in Berührung mit anderen Disziplinen zu kommen. Hier ist das eigene Engagement erfahrungsgemäß schon durch die zeitlichen Vorgaben in erster Linie auf die unmittelbare Aufgabenstellung gerichtet, was den Ertrag dieser Arbeiten zwar nicht schmälert, dem Anspruch an eine systemische Denk- und Arbeitsweise jedoch nicht gerecht wird.

LÖSUNGSANSATZ UND INNOVATIONSGEHALT

Um diese weitgehend strukturbedingten Limitierungen für die spezifischen Erfordernisse der Automobilindustrie überwinden zu können, wurde am KIT das Modell eines Projekthauses entwickelt, dessen Zielsetzung es ist, der Doktorandin bzw. dem Doktoranden in seiner Arbeit zwischen der Hochschule und dem Industrieunternehmen gleichsam „das Beste beider Welten" zugänglich zu machen. Kennzeichnend für das Modell ist das institutionelle Zusammenrücken dieser beiden Pole, sodass auch räumlich eine optimale Forschungs- und Arbeitsumgebung für eine bestimmte Anzahl von Doktorandinnen und Doktoranden geschaffen wird.

Zu diesem Zweck wurde im November 2008 zwischen dem KIT und der Daimler AG eine neuartige Form der Kooperation ins Leben gerufen, um gemeinsam auf dem Gebiet der Elektroantriebe dauerhaft ein innovatives Ausbildungskonzept für Ingenieurinnen und Ingenieure zu etablieren.

Abbildung 2: Vertragsunterzeichnung am KIT mit H. Hippler, E. Umbach, Präsidenten des KIT, T. Weber, Vorstandsmitglied der Daimler AG, Konzernforschung & Mercedes-Benz Cars, G. Öttinger, Ministerpräsident BW a.D. (Quelle: KIT)

Globale Ziele dieses Kompetenzbündnisses sind

- eine gemeinsame, langfristige Agenda bei Grundlagenforschung und angewandter Forschung,
- die Erarbeitung zukünftiger Technologien in der Elektromobilität, um die Markt-reife von Elektro- und Hybridfahrzeugen deutlich zu beschleunigen und auf diese Weise dazu beizutragen, die einzigartige Position Baden-Württembergs als Automobilland Nr. 1 dauerhaft zu sichern,
- die Vernetzung von Wirtschaft und Wissenschaft durch eine langfristige, systemorientierte Zusammenarbeit zwischen Hochschule und Industriepartner,
- eine interdisziplinäre und institutsübergreifende Zusammenarbeit am KIT,
- deutlich erweiterte Angebote für die Aus- und Weiterbildung der Doktorandinnen und Doktoranden durch Beiträge des Industriepartners und der Universität auf Fach-, Management- und Soft-Skill-Ebene sowie Angebote durch zusätzliche Weiterbildungsvorträge durch Partner aus Wissenschaft und Industrie sowie
- die Schaffung eines qualifizierten Personalpools für den Fach- und Führungskräftebedarf des Industriepartners.

In Anerkennung der Projekthaus-Konzeption fördert das baden-württembergische Ministerium für Wissenschaft, Forschung und Kunst die Grundlagenforschung innerhalb dieser Kooperation mit einer zusätzlichen halben Million Euro pro Jahr.

Kernpunkt der Vereinbarung ist eine zielgerichtete Zusammenarbeit zwischen dem KIT und Daimler, mit der die häufig beklagte Lücke zwischen Wissenschaft und Wirtschaft überbrückt wird: Während das KIT als Forschungseinrichtung Räumlichkeiten, Laborausstattung und wissenschaftliche Mitarbeiterinnen und Mitarbeiter einbringt, sorgt Daimler über regelmäßige Forschungsaufträge für eine langfristige Auslastung des Projekthauses, in welchem ca. 20 Doktorandinnen und Doktoranden zusammenarbeiten sollen.

Indem Wissenschaftlerinnen und Wissenschaftler verschiedener Disziplinen und Institute gemeinsam das Gesamtsystem Elektromobilität erarbeiten, sich gegenseitig über die Schnittstellen der Systemkomponenten abstimmen und schließlich deren jeweilige Komponenten erforschen, entwickeln und in das Gesamtsystem integrieren, entsteht ein stimmiges Gesamtkonzept eines elektrischen Antriebs. Dabei wirken die Doktorandinnen und Doktoranden der beteiligten KIT-Institute gleichermaßen wie die des Industriepartners Daimler mit, die zusätzlich ihre Erfahrungen aus der Arbeit im Hause Daimler einbringen können.

Die dabei auf Systemebene und in der praktischen Umsetzung gesammelten Erkenntnisse und Erfahrungen stellen einen bedeutsamen Beitrag für die interdisziplinäre und berufsorientierte Weiterbildung der Promovierenden dar. Im Rahmen eines „Leitprojekts" E-Fahrzeug arbeiten die Mitarbeiterinnen und Mitarbeiter der verschiedenen Institute auch räumlich eng zusammen und es entsteht hier institutsübergreifend ein innovationsfreundliches Klima, das sowohl den beteiligten Doktorandinnen und Doktoranden als auch dem beauftragenden Unternehmen zugutekommt und sich nicht zuletzt auch in der Qualität der Ergebnisse niederschlägt.

Diese enge Zusammenarbeit wird u. a. dadurch erreicht, dass das Projekthaus e-drive thematisch mit einem exakt definierten Auftrag ausgestattet ist: Es wurde eine gemeinsame Plattform im Themenfeld „Elektromobilität" für Doktorandinnen und Doktoranden des KIT und von Daimler geschaffen, die im Rahmen eines ganzheitlichen Ansatzes eine Reihe von Zielen verfolgt. Durch eine interdisziplinäre, institutsübergreifende Zusammenarbeit am KIT sollen künftige Technologien der Elektromobilität erarbeitet werden. Die so forcierte Vernetzung von Wissenschaft und Wirtschaft findet ihren Ausdruck in einer langfristigen, systemorientierten Zusammenarbeit zwischen Hochschule und Industriepartner, dem auf diese Weise zugleich ein hoch qualifizierter Personalpool für den künftigen Fach- und Führungskräftebedarf zur Verfügung steht. Den Doktorandinnen und Doktoranden eröffnen sich dabei deutlich erweiterte Angebote im Bereich der Aus- und Weiterbildung durch die Beiträge des Industriepartners.

Die Forschung an Leistungselektronik, Steuerungs- und Regelungstechnik sowie elektrische Energiespeicher und Elektromaschinen wird hier auf dem Hintergrund des Gesamtfahrzeugs systemorientiert unter einem Dach vorangetrieben, so dass über die Beteiligten nicht nur eine in dieser Form einzigartige Bündelung von Kompetenz erzielt wird, sondern auch die angestrebte inhaltliche Vernetzung über die Instituts- und Fachgrenzen hinaus.

Zur Vertiefung der Zusammenarbeit werden den Beteiligten im Projekthaus begleitende Veranstaltungen angeboten. Im monatlichen Turnus berichten erfahrene Mitarbeiterinnen und Mitarbeiter aus dem Hause Daimler, dem KIT oder anderen Firmen über spezifische Fachthemen, die sowohl die definierten Kernfelder als auch Umfeldfragestellungen betreffen, über strukturelle und organisatorische Fragen – z. B. über Patentwesen im Umfeld der Elektromobilität, Entwicklungsprozesse in Großunternehmen usw. Auch diese Veranstaltungen folgen dem Anspruch, das Themenfeld der Elektromobilität in seiner gesamten inhaltlichen Breite abzudecken, um den Beteiligten eine ganzheitliche Sicht über die fachlichen Grenzen des eigenen Promotionsthemas hinaus zu ermöglichen. Darüber hinaus erhalten neue Doktorandinnen und Doktoranden ein Coaching zur Einarbeitung in ihr jeweiliges Themenfeld und zur methodischen Forschungsarbeit.

Den KIT- Doktorandinnen und Doktoranden werden Hospitanzen im Hause Daimler in verschiedenen Fachbereichen angeboten. Umgekehrt sind die beteiligten Doktorandinnen und Doktoranden bei Daimler phasenweise in die Mitarbeit in den KIT-Projekten sowie bei allen Veranstaltungen im Rahmen des Projekthaus e-drive eingebunden.

Ergänzt wird das Forschungsfeld durch die neu eingerichtete Stiftungsprofessur Hybrid Electric Vehicle (HEV), die in diesem Jahr mit Prof. Martin Doppelbauer besetzt wurde und mit der auf diesem Gebiet ein international wettbewerbsfähiges Forschungsprogramm etabliert werden wird.

WIRKSAMKEIT, ERFOLGE SOWIE NACHHALTIGKEIT

In den rund zwei Jahren seines Bestehens konnte das Projekthauses e-drive die Qualität seines Ansatzes bereits erfolgreich unter Beweis stellen. So laufen zurzeit neun durch Daimler finanzierte Projekte am KIT sowie drei weitere, die bei Daimler vor Ort bearbeitet werden. Hinzu kommen sechs weitere Projekte, die aus Landesmitteln finanziert werden. Entsprechend sind explizit neun Doktorandinnen und Doktoranden am KIT beschäftigt, drei weitere arbeiten bei Daimler. Darüber hinaus sind weitere Mitarbeiterinnen und Mitarbeiter des KIT phasenweise in die Projekte eingebunden.

Integraler Bestandteil des Konzepts des Projekthauses e-drive ist es, dass einerseits die am KIT arbeitenden Doktorandinnen und Doktoranden regelmäßige Anwesenheitsphasen bei Daimler absolvieren und umgekehrt die dort angesiedelten Doktorandinnen und Doktoranden in das Projekthaus e-drive eingebunden werden. In diesen Phasen sind die Mitarbeiterinnen und Mitarbeiter in Projekten des Partners eingebunden und beteiligen sich ebenso an Vorträgen oder an der Mitarbeiterweiterbildung. Die gemeinsame Arbeit mit Kolleginnen und Kollegen aus unterschiedlichen Disziplinen im Projekthaus ermöglicht den Doktorandinnen und Doktoranden, die eigenen Fähigkeiten auf den Gebieten Problemlösungskompetenz, Kommunikation, Projektmanagement u. v. m. auszubauen und sich damit auf die Anforderungen in künftigen Führungspositionen vorzubereiten.

Die angestoßenen und laufenden Forschungsaktivitäten im Projekthaus e-drive mit dem gemeinsamen Leitprojekt Elektrofahrzeug, der Einrichtung der Stiftungsprofessur Hybrid Electric Vehicle (HEV) und der Verankerung im Rahmen des Schwerpunkts Mobilitätssysteme sind inzwischen fest am KIT etablierte Einrichtungen. Mit den Plänen für die Unterbringung des Projekthauses auf dem neuen Campus des KIT-Schwerpunkts Mobilitätssysteme und der weiteren Ausgestaltung vernetzter Aktivitäten im Rahmen der baden-württembergischen Landesinitiative e-mobil BW wird das Projekthaus e-drive zum Kern vielfältiger Tätigkeiten im Themenfeld Elektromobilität.

INSTITUTIONELLE VERANKERUNG UND DAUERHAFTE IMPLEMENTIERUNG

Das Projekthaus e-drive ist als ein langfristiger Kooperationsansatz zwischen Daimler und dem KIT aufgesetzt und zunächst auf fünf Jahre angelegt. Es wurde räumlich am KIT im Umfeld des Instituts für Fahrzeugsystemtechnik angesiedelt und ist zurzeit Teil des KIT-Schwerpunkts Mobilitätssysteme. Mit ihrer hohen Qualifikation sind die im Projekthaus e-drive arbeitenden Doktorandinnen und Doktoranden insbesondere für Daimler erstrangige Mitarbeiterkandidatinnen und -kandidaten für einen neuen Schwerpunkt der Automobilindustrie. Mit dem Ausbau der Räumlichkeiten auf dem Karlsruher Campus des KIT-Schwerpunkts Mobilitätssysteme stehen ab 2011 räumlich eng konzentriert sowohl Büroräume als auch Fahrzeug- und Komponentenprüfstände inklusive Fahrzeugwerkstatt zur Verfügung.

Abbildung 3: Neues Zentrum für Mobilität und Innovation am KIT: KIT Campus Ost

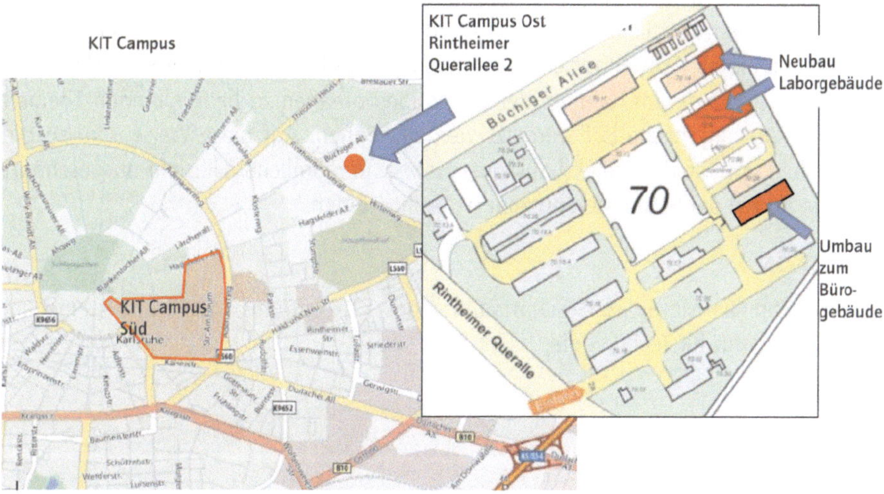

Entsprechend bietet das Projekthaus e-drive auch auf der konzeptionellen Ebene Erweiterungsmöglichkeiten, die sich an den Bedürfnissen und Interessenlagen der Beteiligten zu orientieren haben. Auf der fachlichen Ebene ist eine Verbreiterung über die bestehenden Kernkomponenten Energiespeicher, Elektromotor, Leistungselektronik Regelung sowie Elektrik/Elektronik Hochvolt-Architektur hinaus in Richtung Fahrzeugkonzepte (E-Fahrzeugkonzepte, Leichtbau u. Ä.) und Umfeld (Energieversorgung, Ladeinfrastruktur) denkbar und sinnvoll. Darüber hinaus soll das Projekthaus e-drive mittelfristig zu einer dauerhaften Institution mit Offenheit für weitere Industrie- und Forschungspartner am KIT werden. Bereits jetzt wurden, aufbauend auf den vertraglich vereinbarten Projekten und den guten Erfahren mit dem Projekthaus, eine größere Anzahl weiterer Projekte mit bis dahin nicht beteiligten Daimler-Abteilungen aufgelegt. Im Umfeld des Projekthauses laufen überdies verschiedene weitere Planungen mit anderen Firmen: zusätzliche Förderprojekte werden – nicht zuletzt durch die Vorbildwirkung des Projekthaus-Ansatzes – derzeit angebahnt. Außerdem verfolgt das Projekthaus e-drive Kooperationsansätze mit externen Forschungspartnern wie der Universität München, dem Zentrum für Solar- und Wasserstoffforschung (ZSW) in Ulm oder anderen Batterieherstellern im Umfeld von Daimler.

ÜBERTRAGBARKEIT AUF ANDERE ORGANISATIONSEINHEITEN BZW. EINRICHTUNGEN

Das Modell eines Projekthauses ist grundsätzlich übertragbar und kann im Umfeld von Forschungseinrichtungen umgesetzt werden, die bestimmte wissenschaftliche Themen zusammen mit Industriepartnern verfolgen und im Rahmen gemeinsamer Projekte bearbeiten. Zu berücksichtigen ist hier v. a., dass über eine langfristig gesicherte Zusammenarbeit auch die finanziellen Voraussetzungen geschaffen werden, die für die erfolgreiche Durchführung mehrerer (auch zu unterschiedlicher Zeit startender) Promotionsvorhaben und deren wissenschaftliche Betreuung erforderlich sind. Folglich ist es notwendig, dass sich die beteiligten Partner auf eine langfristige, inhaltlich-strategische Perspektive verständigen und so die im Rahmen der Promotionsvorhaben zu bearbeitenden Themen inhaltlich und organisatorisch vernetzt werden können. Auf diese Weise können die spezifischen Vorteile des Projekthauskonzepts v. a. in räumlicher Hinsicht ausgeschöpft und zum Vorteil der Beteiligten nutzbar gemacht werden.

ZUR PERSON

Dr. phil. Thomas Meyer ist Geschäftsführer des KIT-Zentrums Mobilitätssysteme am Karlsruhe Institut für Technologie.

> YOUR INNOVATION – DAS THYSSENKRUPP-DOKTORANDENPROGRAMM

KATHRIN GIMPEL/SENTA RECKTENWALD/BIRGIT SZCZYRBA/EIKE HEBECKER

HERAUSFORDERUNGEN AN DIE INGENIEURPROMOTION

Als globaler Technologiekonzern ist die Sicherung und Stärkung unserer Innovationskraft oberste Maxime. Rund 3.500 Wissenschaftlerinnen und Wissenschaftler, Ingenieurinnen und Ingenieure und sonstige Spezialistinnen und Spezialisten arbeiten an unseren Forschungs- und Entwicklungsprojekten – mit dem Ziel, unsere Kernkompetenzen bei Produkten und Verfahren zu stärken.

Die Gewinnung und die Weiterqualifizierung dieser Spezialistinnen und Spezialisten sowie die Notwendigkeit der Investition in eine fundierte Ausbildung bildeten, vor dem Hintergrund des demografischen Wandels und des zunehmenden Fachkräftemangels, den Ausgangspunkt für die Entwicklung unseres konzernweiten Doktorandenprogramms.

Im ThyssenKrupp-Konzern war die Nachwuchssicherung und -entwicklung bis vor einiger Zeit weitgehend Aufgabe der verschiedenen Tochtergesellschaften. Aufgrund der dezentralen Strukturen gab es daher bis vor drei Jahren keine konzernweiten Nachwuchsprogramme. Mit steigendem Talentbedarf und enger werdendem Angebot entschloss sich der Konzern im Jahr 2007 zu einem gemeinsamen Handeln. In einem umfassenden Change-Prozess wurden mit der konzernweiten „Initiative Recruiting" zahlreiche zusammenhängende Personalmarketing- und Recruitinginstrumente ins Leben gerufen, so auch das ThyssenKrupp-Doktorandenprogramm YOUR INNOVATION. Der innovative Ausbau der Personalentwicklung durch das konzernweite Doktorandenprogramm erfolgte durch verschiedene Gremien, wie einer konzernweiten Arbeitsgruppe, einem Kernteam mit Funktion der Entscheidungsfindung und einem Sounding Board zur Qualitätssicherung. In die Entwicklung des Doktorandenprogramms flossen somit verschiedene Perspektiven ein: Erfahrungen von Promovierten, Benchmarkergebnisse mit anderen Unternehmen, Bedarfe bei den eigenen F&E-Bereichen und umfassende Erfahrungen von Personalentwicklern. Die Entwicklung des Projektes im Rahmen der konzernweiten Arbeitsgruppe dauerte aufgrund der Komplexität über ein Jahr und wurde Ende 2008 erfolgreich im Konzern eingeführt.

LÖSUNGSANSATZ UND INNOVATIONSGEHALT

Durch diese verschiedenen Perspektiven im Entwicklungsprozess wurde mit YOUR INNOVATION ein innovatives und ganzheitliches Programm entwickelt, dass v. a. den individuellen Prozess der Promotion und die Schnittstellenarbeit Wissenschaft – Praxis begleitet. Ziel ist folglich nicht eine reine Wissensvermittlung, sondern vielmehr die phasenbezogene Verknüpfung einzelner Bausteine, sodass YOUR INNOVATION den Promotionsprozess jeder einzelnen Teilnehmerin und jedes einzelnen Teilnehmers aktiv mitgestaltet. Die Teilnehmenden sollen durch das Programm im Gesamtarbeitsbogen der Promotion systematisch mit Wissen, Können, Nutzung der Kenntnisse und Fähigkeiten im eigenen Promotionsprozess und der Reflexion und Auswertung der Anwendung befasst sein. Mit den verschiedenen Bausteinen, die

- sowohl fachlich als auch überfachlich sind,
- den starken Wissenschafts- und Praxisbezug ermöglichen,
- den Integrationsgedanken hervorheben,
- die interdisziplinäre Zusammenarbeit fördern,
- an den Promotionsprozess angepasst sind und
- zukunftsorientiert über den Promotionsabschluss hinausdenken,

möchten wir zum einen den Bedürfnissen von jungen Doktorandinnen und Doktoranden und zum anderen einer nachhaltigen Personalentwicklung gerecht werden (siehe auch Abbildung 1).

Abbildung 1: YOUR INNOVATION als ganzheitliches Doktorandenprogramm

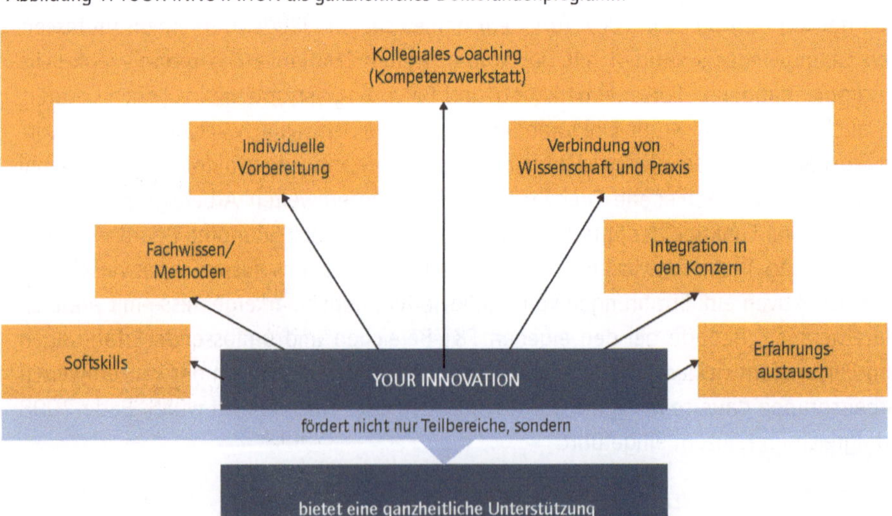

Denn durch das Zusammenspiel dieser Bausteine sehen wir die Möglichkeit, den Doktorandinnen und Doktoranden eine optimale Förderung und Kompetenzentwicklung zu bieten,

- um einen möglichst schnellen und guten Promotionsabschluss zu unterstützen,
- einen ersten Schritt in Richtung Nachwuchssicherung zu gehen, indem wir eine enge Bindung – sowohl auf fachlicher als auch persönlicher Ebene – zwischen Doktorandin bzw. Doktorand und Konzern aufbauen können und
- um einen guten Berufseinstieg vorzubereiten.

Unsere Doktorandinnen und Doktoranden (bevorzugt Ingenieur- und Wirtschaftswissenschaftlerinnen und -wissenschaftler) erhalten entweder bei unserem Konzern eine Anstellung im Doktorandenverhältnis (i. d. R. 50 Prozent) oder arbeiten als wissenschaftliche Mitarbeiterinnen bzw. Mitarbeiter an einem Lehrstuhl und kooperieren mit unserem Konzern im Rahmen eines Praxisprojektes. Die Möglichkeit, dass eine Doktorandin bzw. ein Doktorand zu 50 Prozent an seinem Lehrstuhl und zu 50 Prozent bei einem Konzernunternehmen von uns angestellt ist, besteht ebenso. Folgende Themenbereiche sind derzeit in unserem Doktorandenprogramm vertreten:

- Metallurgie- und Werkstofftechnik
- Innovationsmanagement
- Strategisches Management/Bankenmanagement
- Markenmanagement, Personal
- Elektrotechnik
- Maschinenbau
- Prozess- und Anlagentechnik/Chemische Technik
- Physik
- Controlling

Wir haben unsere Wissenschaftskooperation bewusst nicht nur auf eine Universität oder ein Fachgebiet beschränkt, sondern möchten Raum für vielfältige Innovationen bieten und können auf diese Weise effektiver dem Bedarf unserer unterschiedlichen Konzernunternehmen gerecht werden. Dieser Ansatz bildet somit die Vielfalt von ThyssenKrupp als Werkstoff- und Technologiekonzern sehr gut ab.

Der **Kompetenzentwicklung** kommt – wie bereits erwähnt – im Rahmen des Programms eine besondere Bedeutung zu. Sie erstreckt sich auf drei Ebenen:

- die Entwicklung fachlicher und überfachlicher Kompetenzen,
- die Gewinnung von Handlungskompetenz im Promotionsprozess selbst und
- die Praxisorientierung im Hinblick auf eine strategische Karriereplanung.

Die drei Ebenen werden durch ein Kompetenzschema erschlossen, das zwischen Fach-, Methoden-, Selbst- und Sozialkompetenzen differenziert. Anhand des Schemas kann individuell und auf einen konkreten Handlungsanlass bezogen analysiert werden, welche Kompetenzen zur Problemlösung bzw. Leistungsoptimierung erforderlich sind. Diese gilt es dann kurzfristig zu mobilisieren, mittelfristig auszubauen oder langfristig und strategisch zu entwickeln. Dabei kann die Perspektive sowohl darauf ausgerichtet sein, Defizite auszugleichen als auch darauf, Stärken auszubauen.

Abbildung 2: Angewandtes Kompetenzschema[1]

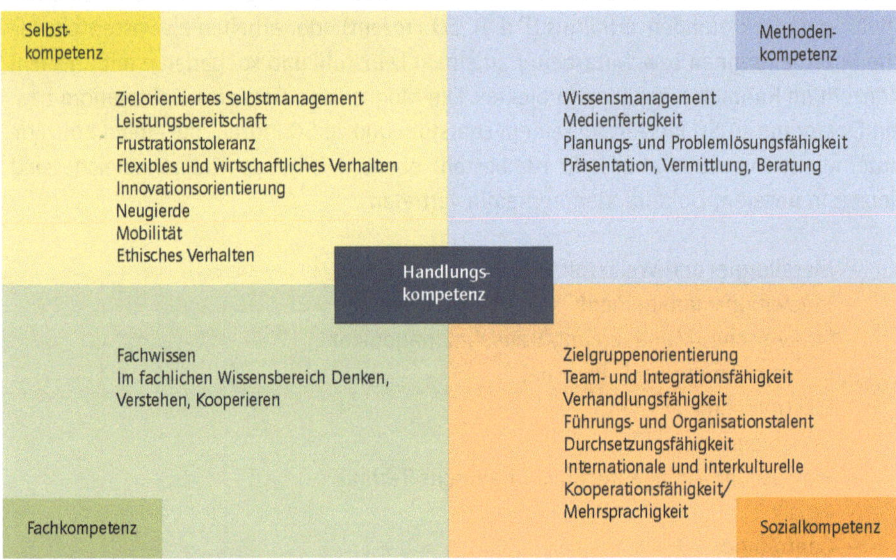

Mit der Methode der Kompetenzanalyse und -entwicklung können wir unserem Anspruch Rechnung tragen, die Individualität unserer Teilnehmerinnen und Teilnehmer sowohl zu nutzen als auch mit unserem Programm zu fördern. Sie hilft uns u. a., die angebotenen Trainings und Maßnahmen am aktuellen Bedarf der Teilnehmerinnen und Teilnehmer zu orientieren. So erfolgt im Verlauf des Programms durch das Zusammenspiel der einzelnen Bausteine immer wieder ein Wechsel zwischen der Einschätzung der individuellen Entwicklungsfelder bzw. Stärken (im Rahmen der Kompetenzwerkstatt) und individuellen Maßnahmen als Antwort darauf.

---

[1] Szczyrba 2010, im Kontext von Professuren

Weiterhin dient die Methode aber auch der Erstellung individueller Kompetenzprofile, die mit der sogenannten „Methode des Kompetenzportfolios" dokumentiert und im Hinblick auf Leistungserbringung und Karriereplanung weiterentwickelt werden. Damit kann v. a. dem Umstand Rechnung getragen werden, dass eine Promotion immer auch ein Prozess der kontinuierlichen Leistungserbringung und Leistungsdarstellung ist, die sich eben nicht nur auf die Dissertation als fernes Endprodukt beziehen.

Das Kompetenzportfolio besteht aus den reflektierten und dokumentierten Leistungen und deren Rahmenbedingungen, die während der Promotion Schritt für Schritt erbracht werden. Das Portfolio gliedert sich inhaltlich in die Beantwortung folgender Fragen:

- Worüber konkret promoviere ich (Thema, Forschungsgegenstand, Forschungsfragen)?
- Mit welchen Absichten und Zielen, mit welcher Motivation promoviere ich (Karriere, Expertisebildung)?
- Wie mache ich meine Leistungen sichtbar? Wer soll meine Leistungen sehen, wer will sie sehen?
- Welche Rückmeldungen erhalte ich zu meinen Leistungen? Von wem?
- Welche Entwicklungsschritte will ich angehen? Welche Kompetenzen will ich entwickeln?

Die hier beschriebene Methode der Kompetenzanalyse und -entwicklung ist eingebettet in unseren Baustein „Kollegiales Coaching" und kann dort im Rahmen der operativen Problemlösung trainiert und angewendet werden.

Das **kollegiale Coaching** bildet den zentralen Rahmen des Programms, mit welchem der Promotionsprozess zwischen Hochschule (Lehrstuhl/Fakultät) und Konzern (Arbeitsplatz/Projekt) strukturiert, koordiniert und durch Beratung unterstützt wird. Als personenbezogenes Beratungsformat stellt das kollegiale Coaching die individuellen Anliegen und Herausforderungen der Promovierenden in den Mittelpunkt und ist darauf ausgerichtet, Ressourcen für ein selbst gesteuertes, zielgerichtetes und erfolgreiches Handeln zu mobilisieren.

Um unserem Anspruch eines aktiven Mitgestaltens des Promotionsprozesses gerecht zu werden, spielt das kollegiale Coaching die entscheidende Rolle. Die Promotion kann als Forschungs- und Lernprozess in institutionellen Kontexten (Gesellschaft, Hochschule, Fachdisziplin, Konzern) und personalen Beziehungsnetzen (Betreuerin bzw. Betreuer, Arbeitgeber, Kolleginnen bzw. Kollegen, Peers) reflektiert werden. Damit können einerseits Hindernisse identifiziert, Herausforderungen analysiert und individuelle Lösungsstrategien entwickelt werden. Anderseits wird die Handlungskompetenz der Doktorandinnen und Doktoranden dahingehend gestärkt, dass sie ihren eigenen Promotionsprozess vorausschauend planen, steuern und erfolgreich abschließen können. Im Verlauf des ersten Jahres werden im Rahmen des Programms drei zweitägige Coaching-Workshops durchgeführt, bei denen das Verfahren und die Methoden vermittelt und im Coaching angewendet werden. Unter professioneller Anleitung der Coaches Dr. Birgit Szczyrba und Dr. Eike Hebecker können die Doktorandinnen und Doktoranden somit konkrete Anliegen aus ihrem Promotionsprozess einbringen und bearbeiten.

Am Beispiel des Entwicklungsfahrplans unserer im November 2010 gestarteten zweiten Gruppe – mit Hauptaugenmerk auf dem kollegialen Coaching im ersten Jahr – zeigen sich einige der festen und optimalen Bausteine von YOUR INNOVATION (siehe Abbildung 3).

Abbildung 3: Entwicklungsfahrplan Gruppe 2

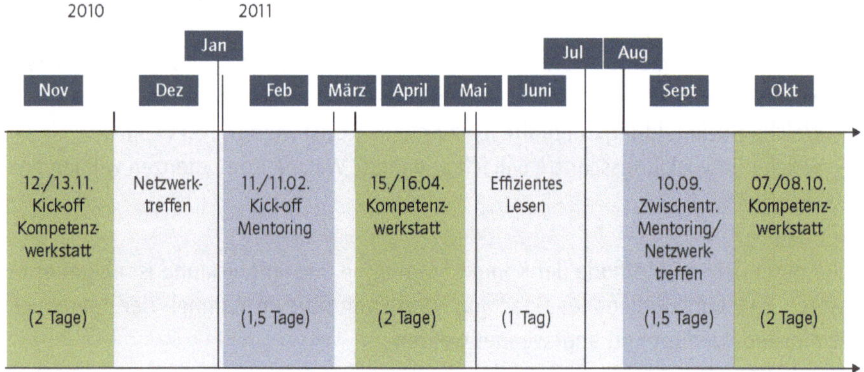

Das **Mentoring** ist eine weitere tragende Säule des Programms. Es ist ein klassisches Instrument zur Nachwuchsförderung und Personalentwicklung, das v. a. in Einstiegs- und Übergangsszenarien die Intensität und Qualität der Betreuung steigert und um zusätzliche Perspektiven und Ressourcen erweitert. Den Mentoring-Prozess mit den Phasen Initiierung, Matching, Schulung, Kontrakt & Prozessplanung, Arbeitsphase & Zwischenevaluation und Abschluss haben wir vor einigen Monaten für alle Doktorandinnen und Doktoranden gestartet.

Mentorin bzw. Mentor und Mentee bilden im Mentoring-Prozess eine Art Tandem, das eine persönliche und vertrauliche Kommunikationsebene und eine kooperative Handlungsebene aufbaut. Bedingung hierfür ist, dass die Mentorinnen und Mentoren selbst promoviert haben, um sich in die Situation der Doktorandinnen und Doktoranden und die einzelnen Promotionsphasen hineinversetzen zu können. Außerdem sollen die ausgewählten Personen Führungskräfte im Konzern sein, die bereits seit einigen Jahren mit dem Konzern vertraut sind und sich bereits ein gutes Netzwerk aufgebaut haben, das über den eigenen Fach- und Funktionsbereich hinausreicht. Damit rücken automatisch Fragestellungen der Berufsorientierung und strategischen Karriereplanung in den Fokus der Betrachtung. Aber auch fachliche oder persönliche Themen wie beispielsweise Fragen der Work-Life-Balance, die sich auf den Promotionsprozess im Konzernumfeld beziehen, können aufgegriffen und bearbeitet werden. Damit erschließen sich den Mentees zusätzliche Ressourcen an Erfahrungswissen, Beratung, Vernetzung und Vorbildern, die in den Strukturen und Rollenmustern der alltäglichen Lern- und Arbeitszusammenhänge so nicht systematisch verfügbar wären.

Die Frage der Zielorientierung und Angemessenheit im Beratungsvorgang zwischen Mentorin bzw. Mentor und Mentee erfordert, dass die Erwartungshaltung und Interaktionssteuerung auf beiden Seiten thematisiert und koordiniert werden. Aus diesem Grund sehen auch wir bei der Umsetzung des Mentoring die Weiterbildung und Beratung zur qualifizierten Rollenausübung als ein wichtiges Kriterium an.

Durch die Reflexion des Promotionsprozesses im kollegialen Coaching, die Ermittlung eines individuellen Kompetenzprofils und die Formulierung von Entwicklungsperspektiven mithilfe des Kompetenzportfolios, das auch im Mentoring fortgeschrieben werden soll, wird eine Brücke zu den anderen Programminhalten geschlagen.

Ein weiterer nicht zu unterschätzender Baustein betrifft das Thema **Netzwerkbildung**. Dieser Prozess spiegelt sich grundsätzlich in allen Bausteinen bzw. Maßnahmen wider, ist aber unserer Ansicht nach sowohl im Rahmen des Promotionsprozesses als auch besonders für die weitere Karriereentwicklung so bedeutungsvoll, dass er erneut durch organisierte Netzwerktreffen gezielt vertieft wird. Netzwerkbildung findet statt

- innerhalb der eigenen Gruppe bzw. zwischen den Gruppen,
- mit den Mentorinnen bzw. Mentoren,
- mit anderen Führungskräften bzw. Vorstandsmitgliedern innerhalb des Konzerns,
- mit und zwischen allen Beteiligten auf Universitäts- und Konzernseite.

Zu Beginn möchten wir mit der Idee des Kennenlernens und lockeren Austauschs eine Basis für Offenheit und Kritikfähigkeit beim kollegialen Coaching schaffen. Die kollegiale Ebene unter den Doktorandinnen und Doktoranden stellt sich maßgeblich über die strukturelle Ähnlichkeit des Promotionsprozesses her, in dem sich alle Teilnehmerinnen und Teilnehmer des Programms befinden. Dies schließt auch fachliche Differenzen oder Statusunterschiede ein, die zwischen Konzernangestellten, Projekt- oder Hochschulmitarbeiterinnen und -mitarbeitern bestehen können und die Promotionsbedingungen auf unterschiedliche Weise determinieren. Die verschiedenen Erfahrungshorizonte und Perspektiven stellen dabei einerseits eine wertvolle Ressource für die Generierung von

Handlungsoptionen dar, die in die individuellen Lösungsstrategien und -wege einfließen können. Andererseits bildet die Perspektivengleichheit der Promovierenden die Voraussetzung für einen gemeinsamen Reflexionsrahmen, in dem kollektiv geteilte Erfahrungen auf einer vertraulichen Ebene (mit)teilbar und bearbeitbar werden. So können beispielsweise Hürden im Promotionsprozess, die zuvor als individuelle Probleme oder Defizite wahrgenommen wurden, vor dem Hintergrund eines Perspektiv-Vergleichs als strukturelle Probleme interpretiert werden, was ggf. andere Lösungsstrategien erforderlich macht. Damit werden sowohl die Ebene des exemplarischen Lernens an den Erfahrungen und Lösungen der anderen wie auch die Ressource der gegenseitigen Motivation aus der Perspektive einer gemeinsamen Betroffenheit relevant.

Außerdem erhoffen wir uns nicht nur einen persönlichen, sondern einen besonders fachlichen Austausch, bei dem Ideen angestoßen und im Anschluss entwickelt werden können und mit dem die Verbindung zwischen Wissenschaft und Praxis immer enger werden kann. Wichtig ist weiterhin, dass die Konfrontation der Doktorandin bzw. des Doktoranden mit für ihn fachfremden Themen und Bereichen besonders auch eine gezielte Vorbereitung auf zukünftige Herausforderungen im Berufsalltag darstellt, in dem das interdisziplinäre Arbeiten stetig an Bedeutung gewinnt.

Sowohl die Vermittlung von **Methodenkenntnissen** als auch die Aktivierung und Entwicklung verschiedener **Soft-Skills** – gemäß der jeweils zu identifizierenden Kompetenzfelder (siehe Abbildung 2) – ergänzen das Angebot im Rahmen des Programms. Hierbei sind für die verschiedenen Phasen des Promotionsprozesses unterschiedliche **Trainingsmaßnahmen** relevant, wie z. B.

- wissenschaftliches Schreiben,
- Kreativität (Ideenfindung, Kreativitätsmethoden, Ideenmanagement, Innovationscontrolling),
- Selbstmanagement,
- der wissenschaftliche Vortrag und
- Argumentieren unter Stress.

Neben dem im Rahmen des Programms angebotenen Seminaren haben die Teilnehmerinnen und Teilnehmer auch die Möglichkeit, individuell an Weiterbildungsmaßnahmen teilzunehmen. Beispielsweise werden hauseigene Seminare für die verschiedenen Zielgruppen im Konzern angeboten.

Unser Trainerpool erstreckt sich auf Expertinnen und Experten aus Wissenschaft und Praxis – v. a. auf Personen, die den „Spagat" zwischen Wissenschaft und Praxis selbst kennen. Die Zusammenarbeit mit dem Netzwerk Wissenschaftscoaching erweist sich hier als sehr hilfreiche und effektive Kooperation.

WIRKSAMKEIT, ERFOLGE SOWIE NACHHALTIGKEIT

Die Wirksamkeit des Doktorandenprogramms YOUR INNOVATION, dessen Erfolge sowie die Nachhaltigkeit zeigen sich in fünf Bereichen:

- konstante Besetzung mit bis zu 20 hoch talentierten Absolventinnen und Absolventen,
- beschleunigter Promotionsprozess,
- geringeres Risiko des Scheiterns im Promotionsprozess,
- erfolgreiche Berufseinmündung bzw. Karriereentwicklung sowie
- individuelle Kompetenzentwicklung.

Neben diesen fünf Hauptpunkten identifizieren wir jedoch auch weitere Kriterien, welche die Wirksamkeit des Programms aus unserer Perspektive sichtbar machen können:

- regelmäßige, jedoch nicht verpflichtende Teilnahme an den angebotenen Veranstaltungen/Maßnahmen,
- hohe Evaluationsquote für die angebotenen Maßnahmen,
- Engagement der Mentorinnen und Mentoren,
- gut ausgebaute und aktive Netzwerke,
- Relevanz des Promotionsthemas für den Konzern nach Abschluss der Promotion, d. h.: wird das Thema weitergeführt oder ggf. auch weiter ausgebaut,
- Anzahl eingereichter Patente – wir möchten für einen innovativen Konzern stehen,
- Engagement der Konzernunternehmen im Rahmen des Programms.

Die aufgeführten Kriterien zur Wirksamkeit machen deutlich, dass es allein mit dem einmaligen Start des Programms in 2008 nicht getan ist. Erst die nachhaltige Umsetzung im Zuge einer nachhaltigen Personalentwicklung wird ermöglichen, dass sich YOUR IN-NOVATION als ein erfolgreiches Programm im Konzern auf lange Sicht etabliert. Eine nachhaltige Umsetzung schließt u. a. folgende Zielaufgaben mit ein:

- stetige intensive, aber unaufdringliche Betreuung der Doktorandinnen und Doktoranden, so auch frühzeitige Begleitung des Prozesses zum Berufseinstieg bei ThyssenKrupp vor Promotionsabschluss,
- Einsatz der früheren Mentees als Mentorinnen und Mentoren für YOUR INNOVA-TION (bei erfolgtem Berufseinstieg bei ThyssenKrupp),
- kritisches Hinterfragen und kontinuierliche Weiterentwicklung des Programms aufgrund gemachter Erfahrungen,

- aktiver Austausch mit den ThyssenKrupp-Konzernunternehmen bezüglich möglicher Doktorandenstellen und Praxisprojekte,
- Aufrechterhaltung der ThyssenKrupp-Studienförderung als wichtige Quelle für hoch motivierte Absolventen mit dem Mehrwert, die bereits aufgebaute Bindung zum Konzern weiter ausbauen zu können,
- fortwährende Ausweitung der Vernetzung zwischen Konzern und Universitäten im Zuge der aktiven Suche auf beiden Seiten nach konzernrelevanten innovativen Themen,
- kontinuierliche Umsetzung eines strukturierten, transparenten und effektiven Qualitätscontrollings.

INSTITUTIONELLE VERANKERUNG UND DAUERHAFTE IMPLEMENTIERUNG

Unser Doktorandenprogramm ist fest in der Konzernzentrale von ThyssenKrupp verankert und hat damit seinen festen Platz in der Personal- und Führungsnachwuchskräfteentwicklung im Unternehmen. Selbst zu Zeiten der Wirtschaftskrise wurde dieses Programm weiter ausgebaut.

ÜBERTRAGBARKEIT AUF ANDERE ORGANISATIONSEINHEITEN BZW. EINRICHTUNGEN

Da das Doktorandenprogramm YOUR INNOVATION insbesondere mit seinen Beratungsangeboten an der Schnittstelle zwischen Konzern und Hochschule ansetzt, kann die Übertragbarkeit in vergleichbaren Kontexten in jedem Fall gewährleistet werden – beispielsweise in andere Branchen, deren Doktorandinnen und Doktoranden aus einem anderen Fächerspektrum kommen. Im Programm selbst vereinen wir, wie zuvor aufgeführt, unterschiedliche Disziplinen.

Weiterhin kann an dieser Stelle erwähnt werden, dass in die Konzeption u. a. Erfahrungen aus strukturierten Promotionsprogrammen an Hochschulen, aber auch aus außeruniversitären Forschungseinrichtungen einfließen, die durch das Netzwerk Wissenschaftscoaching begleitet wurden. Infolgedessen besteht durchaus auch die Möglichkeit einer Rückübertragung in diese Bereiche, insbesondere im Hinblick auf die Praxiseinbindung, Karriereplanung und den Berufseinstieg.

Richtet man den Blick auf den Entstehungsprozess selbst, der gekennzeichnet ist durch eine kooperative Entwicklung mit hohen Qualitätsstandards, der Einbeziehung aller Akteure etc., sind auch hier keine unüberwindbaren Hürden in Sicht.

Generell ist YOUR INNOVATION auf die Promotionsprozesse der Doktorandinnen und Doktoranden ausgerichtet, wobei der Fokus auf einer individuellen und zielgerichteten Entwicklung im Hinblick auf einen erfolgreichen Berufseinstieg und Karriereweg bei ThyssenKrupp liegt. Die Zielsetzung bestand nicht darin, eine „Schablonenlösung" zu schaffen. Folglich ist unter Berücksichtigung des Grundkonzeptes in der Umsetzung ein großer Gestaltungsspielraum gegeben und die Übertragbarkeit wird in keinster Weise eingeschränkt.

LITERATUR

Szczyrba, B. 2010

Szczyrba, B. (2010). Die Professur als Profession. Kompetenzentwicklung in Berufungs-verfahren. In: B. Behrendt/H.-P. Voss/J. Wildt (Hrsg.): Neues Handbuch Hochschullehre. Berlin 2010.

ZU DEN PERSONEN

Dr. Kathrin Gimpel ist Leiterin der Personalentwicklung der ThyssenKrupp AG.

Senta Recktenwald ist Projektverantwortliche für das Doktorandenprogramm YOUR INNOVATION im Corporate Center Human Ressources der ThyssenKrupp AG.

Dr. Birgit Szczyrba ist Sprecherin und Beauftragte des Hochschuldidaktischen Zentrums der TU Dortmund für die wissenschaftliche Begleitung des Netzwerks Wissenschafts-coaching.

Dr. Eike Hebecker ist Sprecher und verantwortlich für die Qualitätssicherung des Netz-werks Wissenschaftscoaching.

> NEUE IDEEN FÜR DIE INGENIEURPROMOTION AN DER TU BERLIN

GABRIELE WENDORF*

> *„Die Ingenieurpromotion an deutschen Universitäten, die durch eine weitgehend selbstständige Tätigkeit in Forschung, Lehre und Projektarbeit gekennzeichnet ist, ermöglicht eine umfassende Kompetenzentwicklung der Doktoranden und ist ein Alleinstellungsmerkmal der deutschen Ingenieurwissenschaften im internationalen Vergleich."*[1]

Für die Technische Universität (TU) Berlin ist die Promotion mehr als ein akademischer Grad und der Weg keine „Ausbildung" – wer an der TU Berlin promoviert, tut dies im Rahmen einer selbstverantwortlichen Forschungstätigkeit. Ein Fokus unserer Ideen und Projekte zur Nachwuchsförderung ist dabei die Ingenieurpromotion – etwa die Hälfte der jährlich um die 400 erfolgreichen Doktorandinnen und Doktoranden streben den Dr.-Ing. an, der an sechs unserer sieben Fakultäten vergeben wird.

Den Kern der Promotion bildet die wissenschaftliche Exzellenz, die durch die individuelle Betreuung an den Fachgebieten gefördert wird, während von zentraler Seite Informationen und Angebote bereitgestellt, Rahmenbedingungen evaluiert und verbessert sowie Möglichkeiten zur Kompetenzerweiterung geboten werden. Unser Anspruch ist dabei auch die gesellschaftliche Verantwortung hervorzuheben und Wissenschaft und Technik zum Nutzen der Gesellschaft im Sinne des Leitbilds der TU Berlin[2] weiter zu entwickeln.

HERAUSFORDERUNGEN AN DIE INGENIEURPROMOTION

Obgleich mit Recht als Erfolgsmodell bezeichnet, steht auch die Ingenieurpromotion sowie die Promotion an sich vor einer Reihe von Herausforderungen:

- Förderung von wissenschaftlicher Eigenverantwortung und Eigenständigkeit,
- Sicherung der Betreuungsqualität unter Wahrung der Vielfalt der Wege zur Promotion,
- Konkurrenzfähigkeit der Absolventinnen und Absolventen durch die Förderung eines zügigen und zielstrebigen Promotionsverhaltens,

---

* in Zusammenarbeit mit dem Nachwuchsbüro TU-DOC, der zentralen Frauenbeauftragten und der Zentraleinrichtung wissenschaftliche Weiterbildung und Kooperation.

[1] acatech 2008.

[2] Vgl.: http://www.tu-berlin.de/menue/ueber_die_tu_berlin/gesetze_richt-_leitlinien/leitbild_der_tu_berlin/ [Stand 2011].

- Einbindung in fachübergreifende Zusammenhänge und die umfassende Kompetenzentwicklung als Element deutscher Ingenieurpromotionen,
- Verbesserung der Chancengleichheit und Ausschöpfung des Potenzials von Frauen in den Ingenieurswissenschaften und
- Wahrnehmung gesellschaftlicher Verantwortung und Weiterentwicklung von Wissenschaft und Technik zum Nutzen der Gesellschaft.

LÖSUNGSANSATZ UND INNOVATIONSGEHALT

Nachwuchsförderung an der TU Berlin ist „Präsidiumssache" – belegt durch die Bündelung in einem eigenen Ressort und die Zuordnung zu einer Vizepräsidentin aus dem wissenschaftlichen Mittelbau. So wird sichergestellt, dass auf der Leitungsebene nicht über, sondern für den Nachwuchs entschieden wird. Mit dieser Verankerung geht die TU Berlin die genannten Probleme und Herausforderungen an – allem voran durch die nachdrückliche Förderung von Eigenverantwortung und Eigenständigkeit der Promovierenden.

Ein Eckpfeiler ist dabei die berufliche Planbarkeit und Konkurrenzfähigkeit durch die Gestaltung unserer Stellen. Bei einer Finanzierung aus dem Haushalt der Universität schöpfen wir durch i.d.R. fünfjährige Vollzeitstellen den vom Verband der neun führenden deutschen Technischen Universitäten (TU9) gesetzten Rahmen aus. So finden auch die für eine breit gefächerte Kompetenzentwicklung notwendigen administrativen Pflichten und Lehraufgaben ihren Platz. Zudem werden zentral Anschubfinanzierungen (in Form von befristeten Stellen) für Drittmittelanträge von „frisch Promovierten" vergeben. Damit reserviert die TU Berlin gezielt Haushaltsmittel im Rahmen ihrer internen Forschungsförderung, um den Übergang in eine weiterführende Qualifizierungsphase zu verbessern.

Zur Sicherung der Betreuungsqualität hat das Präsidium Rahmenleitlinien beschlossen, die Werkzeuge wie Betreuungsvereinbarungen zur Verfügung stellen, und steht im regelmäßigen Dialog mit den Fakultäten. Die leistungsorientierte Mittelvergabe, die auch die Zahl erfolgreich abgeschlossener Promotionen berücksichtigt, ist ein weiteres Instrument zur Sicherung des erfolgreichen Abschlusses von Doktorarbeiten. Dezentral unterstützen die Fakultäten die Verbesserung der Rahmenbedingungen durch die Benennung von Promotionsbeauftragten und die zeitliche Flexibilisierung von Lehrverpflichtungen. Einige Fakultäten haben zudem fachbezogene Betreuungsleitlinien beschlossen.

Nicht überraschend kommt es bei wissenschaftlichen Mitarbeiterinnen und Mitarbeitern (sei es auf Haushalts- oder Drittmittelstellen) immer wieder zu Zielkonflikten. Um diesen zu begegnen, knappe Mittel besser zu bündeln, die Rahmenbedingungen kontinuierlich zu verbessern und Maßnahmen zur Steigerung eines zügigen und zielstrebigen Promotionsverhaltens zu entwickeln, finden seit 1998 regelmäßige Befragungen dieser Mitarbeiterinnen und Mitarbeiter statt. Deren Ergebnisse werden zur Fortentwicklung der Maßnahmen genutzt und haben auch zur Einrichtung des Nachwuchsbüros TU-DOC geführt.

Darüber hinaus hat eine Arbeitsgruppe des Akademischen Senats mit einem Drei-Phasen-Modell und einem Qualifikationsbaukasten konkrete Orientierungshilfen für alle Promovierenden erarbeitet. Das Drei-Phasen-Modell bildet die Promotion als Prozess ab und unterstützt damit die Reflexion und Planung, während der Qualifikationsbaukasten einen Überblick zu überfachlichen Kompetenzen und gleichzeitig eine Empfehlung zur möglichen und wünschenswerten Breite der eigenen Qualifizierung gibt.

Wichtig ist hierbei die lange Erfahrung und Tradition der TU Berlin im Bereich der wissenschaftlichen Weiterbildung. Angesiedelt an der Zentraleinrichtung Wissenschaftliche Weiterbildung und Kooperation (ZEWK); bietet das Programm eine Reihe von Kursangeboten zur überfachlichen Kompetenzentwicklung und richtet sich an wissenschaftliche Mitarbeiterinnen und Mitarbeiter, Drittmittelbeschäftigte, Promotionsstipendiatinnen und -stipendiaten, Mitglieder von Promotionsprogrammen, aber auch an Habilitierende sowie (Junior-)Professorinnen und Professoren aller Fakultäten und Einrichtungen. So kann der Forschungsprozess aus unterschiedlichen fachlichen und interdisziplinären Perspektiven und über die verschiedenen „Forschungsgenerationen" sowie Qualifikationsstufen hinaus betrachtet werden und ermöglicht einen umfassenden Austausch zu diesen Themen.

Für die Zukunft der Ingenieurpromotion ist auch das Thema „Chancengleichheit" ein zentrales, wobei ein Fokus auf der Erhöhung des Frauenanteils liegen muss, der nach wie vor mit zunehmender Qualifikationsstufe abnimmt bzw. – wie im Ingenieurbereich – über die Stufen hinweg generell gering ist. Hier gilt es also v. a., die bereits gewonnenen Frauen zu halten. Dazu dient auch die Vergabe sechsmonatiger Abschlussstipendien für Doktorandinnen durch den Beirat der Zentralen Frauenbeauftragten, die dazu beitragen sollen, den Abbruch von Promotionen aus finanziellen Gründen zu vermeiden.

All diese Punkte werden schon lange diskutiert – allerdings v. a. im Zusammenhang mit Modellen der „strukturierten" bzw. kooperativen Betreuung im Rahmen von Graduiertenkollegs und vergleichbaren Einrichtungen (die natürlich auch an unserer Universität mit Erfolg eingeworben und umgesetzt werden). Trotz deren Erfolgen in vielen Bereichen – v. a. auch in den Natur- und Geisteswissenschaften – sind sie im Ingenieurbereich aus verschiedenen Gründen nur zögerlich angenommen worden.

Eine flächendeckende Ausdehnung von drittmittelfinanzierten Programmen ist auch aus finanziellen Gründen nicht realistisch. Darüber hinaus geben strukturierte Programme häufig den inhaltlichen Rahmen der Promotion vor, sodass dies kreativitätsbeschränkend wirken kann. Unser Fokus liegt daher auch für die Zukunft auf der Vielfalt der Betreuungsmodelle. Den Innovationsgehalt unseres Konzepts sehen wir darin, die positiven Erfahrungen aus den Programmen für Individualpromotionen nutzbar zu machen – oder anders formuliert: Aus der Kritik an der bestehenden Betreuungssituation folgt für uns keine Notwendigkeit der Vereinheitlichung von Betreuung, sondern der Erhalt der bestehenden Flexibilität und v. a. die Verbesserung der Rahmenbedingungen für die Individualpromotion. Trotz knapper Mittel und der unterschiedlichen „Drittmittelfähigkeit" der Bereiche wollen wir so vergleichbare und gute Rahmenbedingungen für alle Promovierenden schaffen und dem Ziel einer möglichst breiten individuellen Förderung gerecht werden.

WIRKSAMKEIT, ERFOLGE SOWIE NACHHALTIGKEIT

Die Wirksamkeit und der Erfolg dieses Konzepts benötigen einen langen Atem und eine breite Beteiligung aller Betroffenen. Als Beispiele für die erfolgreiche Umsetzung des Konzepts an unserer Universität sollen im Folgenden neben dem Nachwuchsbüro TU-DOC zwei weitere Eckpfeiler der Nachwuchsförderung vorgestellt werden: die wissenschaftliche Weiterbildung und das virtuelle Doktorandinnen-Kolleg ProMotion.

Das Nachwuchsbüro TU-DOC bildet den Fokus für unsere Aktivitäten bei der Nachwuchsförderung, dient als Schnittpunkt zwischen den zentralen und dezentralen Akteurinnen und Akteuren im Bereich der Nachwuchsförderung und ist die zentrale Informationsplattform für den wissenschaftlichen Nachwuchs. Basierend auf den Studien zur Situation der wissenschaftlichen Mitarbeiterinnen und Mitarbeiter sind die Hauptanliegen des Büros die Koordination der zahlreichen bestehenden Maßnahmen und die Beratung und Information zu Themen der Nachwuchsförderung. Die Grundlage dafür ist ein umfangreicher Internetauftritt, der wichtige Informationen effektiv bündelt und den Promovierenden und Postdocs eigene zeit- und arbeitsaufwendige Recherchen abnimmt.

Neben der persönlichen Beratung werden gemeinsam mit den Fakultäten einmal im Jahr Einführungsveranstaltungen durchgeführt, zu denen alle neuen Promovierenden, unabhängig von der Art ihrer Finanzierung oder Betreuung, eingeladen werden. Speziell „freie" Promovierende mit Stipendien oder die beispielsweise in den Ingenieurwissenschaften extern promovierenden Kandidatinnen und Kandidaten können sich so von Beginn an vernetzen. Daneben arbeitet das Nachwuchsbüro auch an der Verbesserung der internen Abstimmung innerhalb der Universität – mit dem Ziel, den Informationsfluss zu optimieren und v. a. für eine einheitliche Kommunikation gegenüber den Promovierenden zu sorgen. Ein erstes Fazit gibt dem bisherigen Ansatz des Nachwuchsbüros recht – die Reaktionen auf unsere Angebote und speziell die Einführungsveranstaltungen sind durchweg positiv und die Nachfrage nach Beratungen ist mit diesen Veranstaltungen deutlich angestiegen. Zugleich wird sich aber das Büro die Flexibilität bewahren, um auf neue Herausforderungen und Erkenntnisse aus der nächsten Studie unter den wissenschaftlichen Mitarbeiterinnen und Mitarbeitern zu reagieren. Unsere wichtigsten Anliegen sind dabei, die strukturelle Verbesserung der Arbeits- und Promotionssituation voranzutreiben und auf die individuellen Bedürfnisse unserer Promovierenden einzugehen.

Die Schwerpunkte des Programms zur wissenschaftlichen Weiterbildung sind „Lehren und Lernen" (Hochschuldidaktik), „Arbeits- und Managementtechniken" sowie „Forschungsmanagement". Qualitäts- und Transfersicherung werden durch theoriegeleitetes

Handeln mit starkem Praxisbezug, Feedback und Evaluation gewährleistet. Begleitend wird eine Weiterbildungsberatung zur Auswahl und individuellen Profilbildung sowie zur Umsetzung in den Arbeitsalltag angeboten. Auch hier steht eine allgemeine Ausbildung professioneller Kompetenzen im Vordergrund. Die einzelnen Angebote fördern gezielt und systematisch den Erwerb außerfachlicher Qualifikationen in Forschungsprojekten, in der Lehre und im wissenschaftlichen Umfeld und tragen damit zu einer systematischen Verbesserung der Promotionsphase bei. Die Weiterbildungsangebote sind für Angehörige unserer Universität kostenfrei und die Teilnahme ist freiwillig.

Von besonderem Interesse für Promovierende ist der Programmbereich „Forschungsmanagement", der Maßnahmen zur Unterstützung eines zügigen und zielstrebigen Promotionsverhaltens umfasst und so zur Qualitätssicherung beiträgt (siehe Abbildung 1).

Abbildung 1: Struktur und Inhalt des Programmbereichs „Forschungsmanagement"

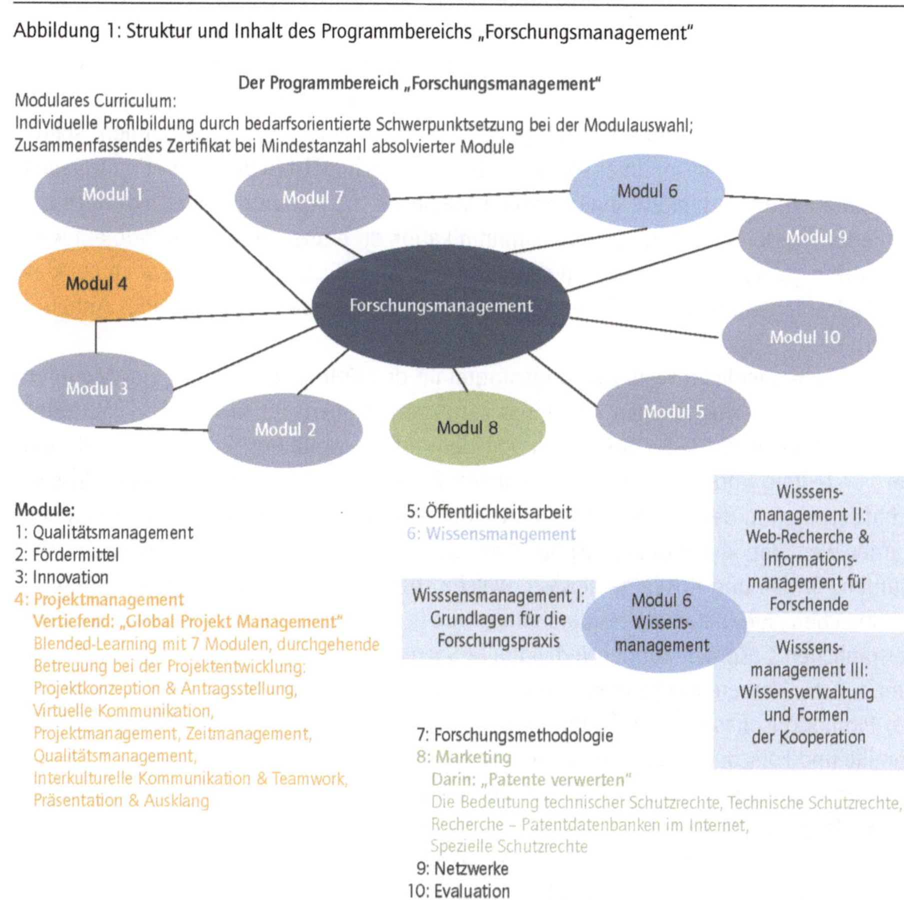

Module:
1: Qualitätsmanagement
2: Fördermittel
3: Innovation
4: Projektmanagement
 Vertiefend: „Global Projekt Management"
 Blended-Learning mit 7 Modulen, durchgehende
 Betreuung bei der Projektentwicklung:
 Projektkonzeption & Antragsstellung,
 Virtuelle Kommunikation,
 Projektmanagement, Zeitmanagement,
 Qualitätsmanagement;
 Interkulturelle Kommunikation & Teamwork,
 Präsentation & Ausklang

5: Öffentlichkeitsarbeit
6: Wissensmangement
 Wisssensmanagement I: Grundlagen für die Forschungspraxis
 Modul 6 Wissensmanagement
 Wisssensmanagement II: Web-Recherche & Informationsmanagement für Forschende
 Wisssensmanagement III: Wissensverwaltung und Formen der Kooperation

7: Forschungsmethodologie
8: Marketing
 Darin: „Patente verwerten"
 Die Bedeutung technischer Schutzrechte, Technische Schutzrechte,
 Recherche – Patentdatenbanken im Internet,
 Spezielle Schutzrechte
9: Netzwerke
10: Evaluation

Unser Ziel ist es, den Promovierenden bereits frühzeitig dabei zu helfen, die Qualität ihres individuellen und projektbezogenen Forschungsmanagements durch eine bedarfsorientierte Schwerpunktsetzung zu steigern und damit den vielfältigen Anforderungen im Wissenschaftsbetrieb zu entsprechen. Dabei spiegeln die einzelnen Module Themen wider, die in fast jedem Dissertationsprojekt bedeutsam sind.

Das zusammenfassende Zertifikat wird für eine aktive Teilnahme an den individuell kombinierten Bausteinen ausgestellt, sodass aussagekräftige und breite Kompetenzprofile erreicht werden können. Das Curriculum „Forschungsmanagement" wird stetig ausgebaut und fortlaufend modifiziert. Nachweis für den Erfolg sind die steigenden Anmeldungen – in den 15 Jahren des Bestehens haben ca. 1.200 Teilnehmerinnen und Teilnehmer diesen Programmschwerpunkt gewählt.

Das virtuelle Doktorandinnenkolleg ProMotion richtet sich als zentrales Angebot an alle promovierenden Wissenschaftlerinnen und stärkt die Position der Beteiligten durch ein Angebot, das die Themen Information, Beratung, Weiterbildung und Vernetzung aufnimmt. ProMotion geht so auf strukturelle Hürden ein, denn Frauen promovieren häufiger in kritischen Verhältnissen und sind daher weniger stark mit der Wissenschaft vernetzt. Speziell in den Ingenieurwissenschaften sind Frauen als „Pionierinnen" schon seit dem Studium in besonderer Weise sichtbar, was sich meist in der Promotion fortsetzt und sie auch daran hindert, eine kritische Masse für die Änderung einer männlich dominierten Wissenschaftskultur und -kommunikation zu erreichen. Diesem Problem wird ProMotion gerecht, indem es durch den überfachlichen Zusammenschluss auch bei kleinen Fallzahlen ein speziell auf die Bedürfnisse der Zielgruppe zugeschnittenes Angebot unterbreitet.

Das überfachliche Weiterbildungsprogramm des Kollegs basiert auf vier Modulen und wird nach erfolgreichem Abschluss zertifiziert. Neben der inhaltlichen Weiterbildung profitieren die Teilnehmerinnen von dem interdisziplinären Binnennetzwerk und der Vorstellung und Diskussion ihrer eigenen Projekte. Darüber hinaus werden Wissenschaftlerinnen in der Postdoc-Phase und Professorinnen eingeladen, um ihren eigenen Karriereweg und die Promotionsphase als „Role Model" kritisch zu reflektieren: Wie wurden Hürden und Krisen gemeistert, welche strategischen Empfehlungen können sie aussprechen? Ergänzt wird dies durch individuelle Beratung: in einem persönlichen und vertraulichen Gespräch können individuelle Sachlagen besprochen und reflektiert werden, z. B. zur Vorbereitung von Betreuungsgesprächen, der Planung einzelner Abschnitte der Promotionsphase, zu Konflikten im Betreuungsverhältnis und der Vereinbarkeit von Familie und Forschung. Auch promotionsinteressierte Studentinnen wenden sich an das Programm, um einen Überblick zu Promotionsmöglichkeiten und dem formalen Ablauf des Verfahrens zu erhalten.

Für jeden Durchgang von ProMotion melden sich etwa 30 Frauen an und es finden pro Jahr anderthalb Durchgänge mit der Zielgröße von 15 Teilnehmerinnen statt. Zertifikate erwerben etwa ein Drittel der Teilnehmerinnen. Seit 2004 haben ca. 340 Nachwuchswissenschaftlerinnen am Weiterbildungsprogramm teilgenommen und dabei auch regelmäßig die Möglichkeit persönlicher Beratungen genutzt.

INSTITUTIONELLE VERANKERUNG UND DAUERHAFTE IMPLEMENTIERUNG

Die Nachhaltigkeit und damit der langfristige Erfolg sowie die Wirksamkeit aller beschriebenen Maßnahmen basieren auf einer soliden institutionellen Verankerung – sowohl inhaltlich als auch organisatorisch. Für die inhaltliche Bündelung ist dabei die Unterstützung durch das Präsidium ausschlaggebend – mit einem Ressort, das für das Nachwuchsbüro und auch für die wissenschaftliche Weiterbildung und das virtuelle Doktorandinnen-Kolleg die Verantwortung trägt.

Organisatorisch setzen wir auf Kontinuität: die genannten Bereiche sind auf Dauer angelegt und den inhaltlich dafür geeigneten bestehenden Strukturen (Forschungsabteilung, Zentraleinrichtung Wissenschaftliche Weiterbildung und Kooperation, Zentrale Frauenbeauftragte) zugeordnet. So kann auch mit verteilten Ressourcen eine klare inhaltliche Ausrichtung auf die Nachwuchsförderung gesichert und das eingangs zitierte Ideal einer „selbstständige[n] Tätigkeit in der Wissenschaft in Verbindung mit einer umfassenden Kompetenzentwicklung"[3] erreicht werden.

Wesentlich ist auch ein kontinuierlicher Dialog zwischen Präsidium und Fakultäten in Gremien, regelmäßigen Runden mit den Fakultätsleitungen und vielen anderen Diskussionsforen. Darüber hinaus dienen die beschriebenen Bausteine als Transmissionsriemen, indem sie die Angebote und Initiativen direkt bei den Fachgebieten und Promovierenden bekannt machen.

Aus diesen Initiativen heraus hat sich ein beständiger Prozess entwickelt, der die Qualität unserer Promotionsbedingungen nachhaltig und positiv beeinflusst. Gerade durch die Prozessorientierung – und unter Einbeziehung der jeweils spezifischen Rahmenbedingungen – lassen sich unsere Erfahrungen gut auf andere Institutionen übertragen.

ÜBERTRAGBARKEIT AUF ANDERE ORGANISATIONSEINHEITEN BZW. EINRICHTUNGEN

Der kontinuierliche Prozess, der in Abbildung 2 vereinfacht dargestellt wird, beruht auf einer ausführlichen Problemanalyse als Ergebnis aus den Befragungen der Mitarbeiterinnen und Mitarbeiter und einer ergänzenden „Spiegelstudie" zu den Rahmenbedingungen aus Sicht der professoralen Betreuerinnen und Betreuer. Der Analyse folgte eine breite Diskussion des Gesamtkonzeptes in den Fakultäten und Gremien und dessen Verabschiedung durch den Akademischen Senat, was einen wichtigen Schritt für die Akzeptanz der Maßnahmen in der Universität darstellte.

Der zweite Schritt bestand in der Einrichtung des Nachwuchsbüros TU-DOC, das sich in einer ersten Phase v. a. auf die Bereitstellung von Information über und die

---

3 acatech 2008.

Vernetzung von bestehenden Initiativen konzentriert hat. Dazu kamen Einführungs- und Informationsveranstaltungen zur Steigerung der Sichtbarkeit sowie die Kontrolle bestehender Konzeptionen durch eine kontinuierliche Bewertung und Evaluation und die Entwicklung neuer Maßnahmen.

Im Jahr 2011 beginnt dieser Prozess mit der Vorbereitung und Umsetzung der WM-Studie 2012 im Sinne eines Regelkreises von Neuem. Ohne eine genaue Prognose wagen zu wollen, sind wir überzeugt, dass im Rahmen dieses Prozesses die Einrichtung des Nachwuchsbüros und die Förderung der Promotion als selbstständige und eigenverantwortliche Tätigkeit positiv bewertet werden wird und sich ein solches Modell mit dem nötigen Entscheidungsmut auf der Leitungsebene auch an anderen Einrichtungen umsetzen lässt. Es ist ein konsequenter Schritt, den Schwächen der Individualpromotion durch gezielte Begleitmaßnahmen zu begegnen. Eine Gleichsetzung guter Promotionsbedingungen mit strukturierter Promotion übersieht einerseits den Kompetenzerwerb, der mit der Individualpromotion verbunden ist und birgt andererseits die Gefahr, sich nicht systematisch mit der Verbesserung der Rahmenbedingungen für alle Promovierenden auseinanderzusetzen.

Abbildung 2: Weiterentwicklung der Nachwuchsförderung an der TU Berlin

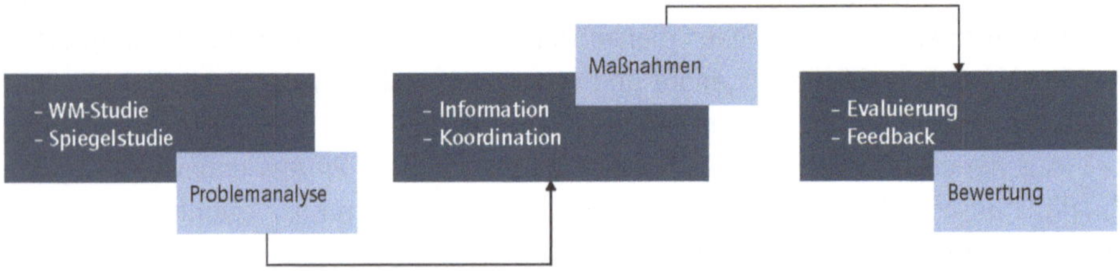

LITERATUR

acatech 2008

acatech – Deutsche Akademie der Technikwissenschaften: Empfehlungen zur Zukunft der Ingenieurpromotion – Wege zur weiteren Verbesserung und Stärkung der Promotion in den Ingenieurwissenschaften an Universitäten in Deutschland. Stuttgart 2008.

ZUR PERSON

Dr. Gabriele Wendorf ist 3. Vizepräsidentin der TU Berlin mit Zuständigkeit für den Bereich des wissenschaftlichen Nachwuchses.

> DIE INGENIEURPROMOTION AM LEHRSTUHL FÜR PRODUKTENTWICKLUNG DER TECHNISCHEN UNIVERSITÄT MÜNCHEN

UDO LINDEMANN/WIELAND BIEDERMANN

Erfolgreiche Produkte bilden die Grundlage für jeden Unternehmenserfolg. Am Lehrstuhl werden daher nachhaltige Methoden zur effizienten Bewältigung der Komplexität technischer Entwicklungen erarbeitet. Ziel ist die Unterstützung der produktentwickelnden Industrie durch die kompetente und praxisnahe Ausbildung der Studierenden, die Entwicklung effektiver Methoden und Werkzeuge für die Produktentwicklung und den gezielten Wissenstransfer in die Unternehmen.

Am 1. April 1965 nahm der Lehrstuhl unter seinem ersten Ordinarius Prof. Dr.-Ing. Wolf G. Rodenacker die Arbeit auf und entwickelte wesentliche Grundlagen der Konstruktionslehre. Am 1. September 1976 übernahm Prof. Dr.-Ing. Klaus Ehrlenspiel den Lehrstuhl. Als neue Schwerpunkte führte er das kostengünstige Konstruieren und später das rechnergestützte Konstruieren ein. Am 1. Oktober 1995 übernahm Prof. Dr.-Ing. Udo Lindemann die Leitung des Lehrstuhls. Unter ihm wurden die Tätigkeitsgebiete des Lehrstuhls mit Themen der Methodenforschung, des Wissensmanagements, der Nachhaltigkeit sowie des Entwicklungs- und Komplexitätsmanagements erweitert.

HERAUSFORDERUNGEN AN DIE INGENIEURPROMOTION

Die Ingenieurpromotion ist ein zentraler Faktor für den Erfolg des Wirtschaftsstandorts Deutschland. Die Forschungsergebnisse der Ingenieurwissenschaften führen zu Innovationen und nachhaltigen technischen Lösungen, die den Technologiestandort Deutschland sichern. Während der Promotion entwickeln sich Ingenieurinnen und Ingenieure zu Führungspersönlichkeiten, die den Erfolg deutscher Unternehmen in ihrer weiteren Karriere maßgeblich tragen. Die Ingenieurpromotion muss dabei Entwicklungen und Wandlungen der Arbeitswelt und Gesellschaft Rechnung tragen.

Moderne Produkte integrieren technische Lösungen verschiedener Disziplinen. Neben mechatronischen Produkten, die Lösungen des Maschinenbaus, der Elektronik und der Informatik integrieren, treten zunehmend Leistungsbündel auf, die zusätzlich Dienstleistungsanteile einbeziehen. Aufgrund dieses Fortschritts müssen in der Forschung vermehrt interdisziplinäre Fragestellungen beantwortet werden. Die notwendigen Forschungsprojekte werden von Promovierenden mit unterschiedlichem fachlichem Hintergrund bearbeitet. Die Ingenieurpromotion steht Absolventinnen und Absolventen vieler Fachbereiche offen. Neben Absolventinnen und Absolventen der klassischen Ingenieurdisziplinen wie dem Maschinenbau oder der Elektrotechnik streben zunehmend auch Naturwissenschaften (z. B. Mathematik, Informatik, Physik, Chemie und Biologie) eine Ingenieurpromotion an.

Abbildung 1: Fragestellungen für die Förderung der Ingenieurpromotion in den Bereichen Studium, Promotion und weitere Karriere

Institute der Ingenieurwissenschaften suchen auch Promovierende außerhalb der klassischen Ingenieurdisziplinen. Um Promovierende zur Bearbeitung der Forschungsprojekte hinsichtlich Qualifikation und Zahl sicherzustellen, müssen potenzielle Kandidateninnen und Kandidaten zu einer Bewerbung motiviert werden. Zu Beginn der Promotion müssen Promovierende für die Arbeit in Forschungsprojekten qualifiziert werden. Insbesondere muss die Forschungsmethodik der Ingenieurwissenschaften den Promovierenden mit naturwissenschaftlichem Hintergrund vermittelt werden.

Nach Abschluss der Promotion stehen vielfältige Karrierewege offen. Normalerweise wird eine Karriere in der Industrie – häufig mit Führungsaufgaben – eingeschlagen. Weitere mögliche Karrierewege sind Wissenschaftslaufbahnen oder eine Weiterbildung, etwa im Patentwesen. Immer wieder werden Unternehmen gegründet – oft auf Basis der erarbeiteten Forschungsergebnisse.

Die Promovierenden müssen bei der Entscheidung für einen Karriereweg und der anschließenden Karriereplanung unterstützt werden. Sobald der Weg feststeht, sind passende Qualifizierungsangebote wichtig. Aufgrund der Entwicklung der Arbeitswelt hin zu komplexen und vernetzten Tätigkeiten, insbesondere bei Führungsaufgaben, müssen Promovierende Kompetenzen in Selbstmanagement und dem Umgang mit vielfältigen Aufgabenspektren entwickeln.

LÖSUNGSANSATZ UND INNOVATIONSGEHALT

Zur Erfüllung der Anforderungen an die Ingenieurpromotion hat sich am Lehrstuhl eine offene Kultur der Förderung der Promotion entwickelt. Im Laufe der Promotion soll die Eigenverantwortung der Promovierende gefördert und gefordert werden. Enge Vorgaben sind dafür nicht geeignet. Stattdessen werden Freiheiten zur fachlichen und persönlichen Weiterentwicklung gewährt. Zielorientierung und Führung werden nicht durch Schranken, sondern durch Strukturen geboten. Abbildung 2 zeigt die vier Bereiche und die Maßnahmen des Lehrstuhls.

Abbildung 2: Die vier Bereiche der Promotionsunterstützung am Lehrstuhl für Produktentwicklung

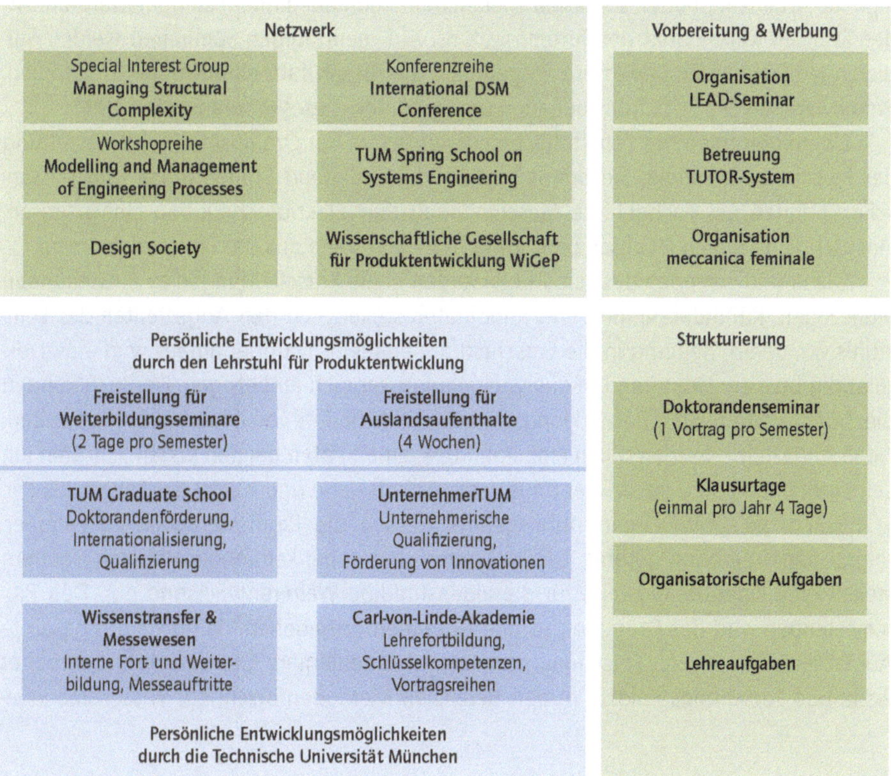

Die Grundlagen für eine erfolgreiche Promotion werden während des Studiums gelegt. Der Lehrstuhl unterstützt Studierende bei ihrer persönlichen, überfachlichen Weiterentwicklung. Innerhalb der Fakultät organisiert der Lehrstuhl für Produktentwicklung das LEAD-Seminar und betreut regelmäßig das TUTOR-System.

LEAD ist ein Seminar für engagierte Master- und Diplomstudentinnen und -studenten im Hauptstudium der Fakultäten Maschinenwesen sowie Elektrotechnik und Informationstechnik der Technischen Universität München. Unter dem Motto „Führung leben und erleben" werden jedes Jahr an zwei Terminen jeweils zwanzig Studierende in dem fünftägigen Seminar in die komplexe Thematik der Führung eingewiesen. Den Teilnehmern stehen hochrangige Vertreterinnen und Vertreter aus der Industrie Rede und Antwort und runden das vielseitige Programm ab. Die Promovierenden des Lehrstuhls betreuen und gestalten dieses Programm seit über zehn Jahren.

Das Tutorensystem Garching ist eine in Deutschland bisher einmalige Einrichtung für die Studienanfängerinnen und -anfänger der Fakultät für Maschinenwesen an der Technischen Universität München. Das Ziel des Tutorensystems besteht darin, den Studierenden während des ersten Studienjahres die Orientierung an der Universität zu erleichtern. Sie werden frühzeitig auf die Schwierigkeiten und Herausforderungen ihres Studiums und zukünftigen Berufslebens vorbereitet. Ihnen werden fachübergreifendes Wissen und grundlegende Arbeitsmethoden vermittelt. Neben den Studienbeginnern steht die Tutorin bzw. der Tutor im Mittelpunkt des Tutorensystems. Auf mehrtägigen Seminaren werden Studierende aus höheren Semestern ausgebildet, um für ein Jahr eine Gruppe zu betreuen. Promovierende des Lehrstuhls betreuen und gestalten dieses Programm seit 1997.

Doktorandinnen des Lehrstuhls beteiligen sich in der Organisation und Gestaltung der meccanica feminale. Sie bringt hochschulübergreifend Studentinnen und Wissenschaftlerinnen der Fachgebiete Maschinenbau und Elektrotechnik von Universitäten, Hochschulen, dualen Hochschulen, sowie Ingenieurinnen aus der Praxis zusammen.

Die Promovierenden des Lehrstuhls werden in die Entscheidungen zu Einstellungen einbezogen. Kandidateninnen und Kandidaten stellen sich den Angestellten des Lehrstuhls vor, deren Meinung in die Entscheidung einfließt. Darüber hinaus wird eine Doktorandin bzw. ein Doktorand in das Vorstellungsgespräch einbezogen. Dadurch können die Promovierenden die Entwicklung des Lehrstuhls bereits von Grund auf mitgestalten. Neue Angestellte werden durch eine Patin bzw. einen Paten bei den ersten Schritten am Lehrstuhl unterstützt. Sie bzw. er führt in die Arbeitsweise und Kultur des Lehrstuhls ein.

Durch geeignete Organisationsgefüge werden die Promovierenden zu einer erfolgreichen Promotion geführt. Die Strukturen sind dabei kein enger Rahmen, sondern stellen eine Orientierungshilfe für die eigenständige Weiterentwicklung dar. Den Promovierenden wird das Grundgerüst ihrer Aufgaben vorgegeben, damit sie das gesamte Aufgabenspektrum von Forschung und Lehre kennenlernen. Der Lehrstuhl bearbeitet vielfältige Forschungsprojekte in den Bereichen Methodenforschung, Wissensmanagement und Nachhaltigkeit sowie Entwicklungs- und Komplexitätsmanagement. Die Bearbeitung erfolgt stets in Teamarbeit, um die soziale Kompetenz zu stärken. Neben der Bearbeitung von Forschungsprojekten übernimmt jede Doktorandin bzw. jeder Doktorand Aufgaben in der Lehre und der Organisation des Lehrstuhls. In der Lehre betreuen sie Vorlesungen, halten Übungen und veranstalten Hochschulpraktika.

Einmal im Jahr werden die Klausurtage abgehalten. Für vier Tage fahren alle Angestellten des Lehrstuhls in ein Tagungshotel. Dort finden Workshops zu Forschungsthemen und Organisationsfragen statt und den Promovierenden wird Raum für Gedanken außerhalb des Tagesgeschäfts gegeben. In Diskussionen werden die Weiterentwicklung angedacht und die Umsetzung der Ziele des Lehrstuhls geplant. Die Organisation der Klausurtage liegt in der Hand der Promovierenden. Die Themen der Workshops werden auf Initiative der Promovierenden bestimmt und von ihnen gestaltet.

Während der Vorlesungszeit findet wöchentlich das Doktorandenseminar statt. In jedem Seminar stellen zwei Promovierende ihr Forschungstätigkeiten und -ergebnisse in 20-minütigen Vorträgen mit anschließender Diskussion vor. Jede Doktorandin bzw. jeder Doktorand trägt einmal pro Semester vor. Durch das Seminar wird die Möglichkeit zur Diskussion und Reflexion der Forschung gegeben.

Neben fachlicher und persönlicher Eignung sind Netzwerke für erfolgreiche Forschung und Karriere unerlässlich. Der Lehrstuhl pflegt nationale und internationale Kontakte und beteiligt sich aktiv an vielen Netzwerken. Er ermutigt die Promovierenden zum Aufbau eigener Kontakte und zur aktiven Gestaltung ihres Netzwerks. Der Lehrstuhl und seine Promovierenden sind in nationalen und internationalen Netzwerken aktiv. National beteiligt sich der Lehrstuhl u. a. an der Gesellschaft für Systems Engineering und dem Wissenschaftliche Gesellschaft für Produktentwicklung WiGeP (ehemals Berliner Kreis und WGMK).

Der Lehrstuhl veranstaltet in Kooperation mit dem Stevens Institute of Technology die TUM Spring School on Systems Engineering für Promovierende dieses Bereichs. Die Veranstaltung fördert den internationalen Austausch über aktuelle und zukünftige Forschungsgebiete. Zudem erlangen die Promovierenden Einblicke in die industrielle Praxis des System Engineerings, da Gäste ihre langjährige Erfahrung schildern.

Der Lehrstuhl veranstaltet die Konferenzreihe International DSM Conference seit fünf Jahren in Folge federführend mit und betreibt das Community-Portal DSMweb. Darüber hinaus ist er sehr aktiv in Programme der Design Society eingebunden. Er ist in der Special Interest Group Managing Structural Complexity federführend aktiv und nimmt an der Workshopreihe zu Prozessmanagement im Rahmen der Special Interest Group Modelling and Management of Engineering Processes teil. Promovierende des Lehrstuhls nehmen außerdem regelmäßig an der internationalen Summer School on Engineering Design Research teil. In dieser Summer School werden grundsätzliche Fragen wissenschaftlichen Arbeitens adressiert. 2011 fand die Summer School an der Technischen Universität München statt. Ferner konnten in den letzten Jahren am Lehrstuhl Gastwissenschaftlerinnen und Gastwissenschaftler, u. a. aus den USA, Großbritannien und Ungarn, begrüßt werden.

Die persönliche Weiterentwicklung der Promovierenden ist sehr individuell und hängt von den eigenen Begabungen und der Ausbildung ab. Der Lehrstuhl bietet daher die grundsätzlichen Möglichkeiten und den Rahmen für die Weiterentwicklung an, um die Promovierenden zur eigenständigen überfachlichen Qualifizierung zu ermutigen. Die Auswahl und Nutzung der Qualifizierungsangebote liegt bei ihnen selbst. Für Qualifizierungsmaßnahmen werden sie für zwei Tage im Semester freigestellt und der Lehrstuhl übernimmt die Kosten. Die Obergrenze für Besuche ausländischer Forschungsinstitute ist vier Wochen, die Organisation der Besuche liegt in der Verantwortung der Promovierenden. Der Lehrstuhl unterstützt diese Aktivitäten mit einer Basisfinanzierung.

An der Technischen Universität München werden Promovierende als wesentlich für exzellente Forschung angesehen. Die Universität bietet ihren wissenschaftlichen Angestellten daher vielfältige Möglichkeiten zur Qualifizierung und Weiterentwicklung.

2009 wurde die TUM Graduate School gegründet. Alle Promovierenden können deren Leistungen nutzen, indem sie einem Graduiertenzentrum beitreten. Sie erhalten die Möglichkeit, an vielfältigen Weiterbildungs- und Netzwerkveranstaltungen teilzunehmen. Qualifizierungs- und Internationalisierungsgutscheine sowie Publikationsprämien runden das Angebot ab. Als Sprecherlehrstuhl des Sonderforschungsbereichs 768 „Zyklenmanagement von Innovationsprozessen" organisiert der Lehrstuhl für Produktentwicklung ein Thematisches Graduiertenzentrum.

Das Hochschulreferat für Wissenstransfer und Messewesen WIMES ist aktiver Informationsvermittler zwischen Wissenschaft und Wirtschaft. Kernaufgaben sind die Konzipierung, Organisation und Durchführung der hochschulinternen Fort- und Weiterbildung für das Personal der Technischen Universität München. Mit der Planung und Organisation von Messepräsentationen für alle bayerischen Hochschulen wird der Dialog zwischen Wissenschaft und Wirtschaft gefördert.

Die Carl-von-Linde-Akademie vermittelt über Fachwissen hinaus Schlüsselkompetenzen und berät Lehrende hochschuldidaktisch. Ihr Programm umfasst Veranstaltungen des Lehrstuhls für Philosophie und Wissenschaftstheorie, fächerübergreifende Kompetenzmodule, hochschuldidaktische Weiterbildungsangebote von ProLehre sowie öffentliche Vortragsreihen.

Die UnternehmerTUM verbindet zwei Kernkompetenzen – die unternehmerischen Qualifizierung und die Initiierung von Innovationen und neuen Unternehmen. Sie bildet eine Brücke zwischen Hochschule und Wirtschaft und stärkt die Innovations- und Gründerkultur in Deutschland.

WIRKSAMKEIT, ERFOLGE SOWIE NACHHALTIGKEIT

Die Wirksamkeit der Maßnahmen des Lehrstuhls zeigt sich in Anzahl, Eignung und Vielfalt der Bewerberinnen und Bewerber sowie Mitarbeiterinnen und Mitarbeiter. Durch Maßnahmen des Lehrstuhls werden die Promovierenden zu Engagement über den Lehrstuhl hinaus ermutigt und sind in der Hochschule aktiv. Die exzellenten Forschungsergebnisse infolge der Qualifizierung der Promovierenden schlagen sich in einer Vielzahl von Publikationen und ausgezeichneten Dissertationen nieder. Ehemalige des Lehrstuhls sind erfolgreich in Industrie und Forschung tätig. Regelmäßige Ausgründungen haben zu erfolgreichen Unternehmen geführt.

Das Engagement des Lehrstuhls in überfachlichen Ausbildungsangeboten für Studierende führt zu exzellenten Bewerberinnen und Bewerbern. In den letzten 15 Jahren wurde keine Stelle ausgeschrieben, da der Bedarf an Angestellten durch Initiativbewerbungen mehr als gedeckt wurde. Die Bewerberinnen und Bewerber weisen oft hervorragende Studienleistungen und hohes Engagement auf. Unter den Angestellten sind Preisträger verschiedener Studienpreise. Beispielsweise wurden drei Doktoranden in den Jahren 2008, 2010 und 2011 mit dem Studienpreis der Gesellschaft für Systems Engineering ausgezeichnet.

Der Lehrstuhl für Produktentwicklung ist für vielfältige Kandidatinnen und Kandidaten interessant, was sich in der Mitarbeiterstruktur widerspiegelt. Neben Deutschen sind auch Promovierende aus Dänemark, dem Kosovo, Österreich, Rumänien, Russland und den USA am Lehrstuhl tätig. Das Team umfasst derzeit Absolventinnen und Absolventen des Maschinenwesens, des Wirtschaftsingenieurwesens, der Informatik und der Biologie. Neben Absolventinnen und Absolventen der Technischen Universität München sind auch Alumni der Rheinisch-Westfälischen Technischen Hochschule Aachen, der Technischen Hochschule Darmstadt, der Technischen Hochschule Karlsruhe, des Politecnico Di Milano, der Universidad Politécnica de Madrid, des Royal Institute of Technology Stockholm, der DTU Kopenhagen, der Universität Paderborn und des Massachusetts Institute of Technology angestellt. Der Frauenanteil ist mit aktuell etwa 20 Prozent überdurchschnittlich hoch.

Die Freiheiten, die der Lehrstuhl den Promovierenden bietet, schlagen sich im Engagement und der Eigeninitiative nieder. Die Promovierenden engagieren sich sowohl innerhalb des Lehrstuhls als auch in der Hochschule. Vier von ihnen sind Mitglieder des Vorstands der jeweiligen Graduiertenzentren und Mitglieder des Graduate Councils der hochschulpolitischen Vertretung der Promovierenden.

Die Maßnahmen des Lehrstuhls zur Förderung der Promovierenden führen zu zahlreichen exzellenten Forschungsergebnissen. Die Promovierenden des Lehrstuhls veröffentlichen ihre Ergebnisse bei internationalen Konferenzen und in renommierten Zeitschriften. In den letzten Jahren wurden im Schnitt 50 gereviewte Beiträge pro Jahr veröffentlicht, was zwei Publikationen je Doktorandin bzw. Doktorand entspricht.

Der Erfolg der Maßnahmen des Lehrstuhls für Produktentwicklung zeigt sich auch in der Qualität der entstehenden Dissertationen. Im Jahr 2010 wurden drei Arbeiten ausgezeichnet. Frau Dr.-Ing. Stefanie Zirkler wurde für ihre Arbeit „Transdisziplinäres Zielkostenmanagement komplexer mechatronischer Produkte" mit dem RENK Antriebstechnik Förderpreis ausgezeichnet. Herr Dr.-Ing. Matthias Kreimeyer hat für seine Arbeit „A Structural Measurement System for Engineering Design Processes" den Innovation Award der FAG Stiftung erhalten. Herrn Dr.-Ing. Maik Maurer wurde für seine Arbeit „Structural Awareness in Complex Product Design" der Ehrenring des Vereins Deutscher Ingenieure (VDI) verliehen.

Ehemalige Promovierende des Lehrstuhls sind sehr erfolgreich in ihrer weiteren Karriere. Einige Ehemalige sind als Professoreninnen bzw. Professoren im Bereich Produktentwicklung und Konstruktionstechnik tätig. Andere sind in der Geschäftsführung oder Bereichsleitung in mittelständischen Unternehmen und Großkonzernen, andere als Patentanwältinnen bzw. -anwälte oder Patentprüferinnen bzw. -prüfer tätig. Unter ihnen sind auch mehrere erfolgreiche Firmengründer. Der Lehrstuhl bindet seine Ehemaligen in die Weiterbildung der Promovierenden ein. Einmal im Jahr treffen sich Ehemalige und Promovierende bei einem wissenschaftlichen Kolloquium. Viele, die einst bei uns promovierten, unterstützen Promovierende in der TUM Graduate School.

Immer wieder werden, basierend auf den Forschungsergebnissen, Firmen gegründet. Die Teseon GmbH wurde 2006 u. a. von Dr.-Ing. Thomas Braun und Dr.-Ing. Maik Maurer ins Leben gerufen. Die Firma bietet Beratung zum Umgang mit Komplexität bei der Entwicklung technischer Systeme an. Die Methoden wurden am Lehrstuhl entwickelt. Die Moticon GmbH wurde im Juni 2009 u. a. von Maximilian Müller gegründet. Sie hat sich zum Ziel gesetzt, mit ihren Sensorik-Produkten sportlich aktive Menschen sowie Patientinnen und Patienten beim Training zu unterstützen. Bereits in der Vergangenheit wurden erfolgreich Firmen geschaffen – u. a. die Actano GmbH oder die CRM InformationSystems GmbH.

INSTITUTIONELLE VERANKERUNG UND DAUERHAFTE IMPLEMENTIERUNG

Die Maßnahmen sind tief in der Organisation und Kultur des Lehrstuhls verankert. Die aktuelle organisatorische Struktur des Lehrstuhls mit den verschiedenen Forscher- und Interessengruppen ist weitgehend durch Initiativen von Promovierenden entstanden. Eine besondere Rolle nimmt die Sprecherrunde ein, die die Lehrstuhlleitung unterstützt.

Die Sprecherrunde beruht auf einer Initiative der Promovierenden und setzt sich zu gleichen Teilen aus gewählten und vom Professor ernannten Angestellten zusammen. Die Runde unterstützt die Lehrstuhlleitung, etwa durch Vorschläge zur Projektplanung. Sie ist Anlaufstelle für die Promovierenden bei Problemen oder sonstigen Anliegen. Zwei Promovierende werden vom Professor zu Sprecherinnen bzw. Sprechern ernannt. Der Organisationsprecher sorgt für die angemessene Verteilung von organisatorischen und Projektaufgaben, der Lehresprecher übernimmt die Planung der Lehre.

Abbildung 3: Organisationstruktur des Lehrstuhls mit den vier durch Doktorandeninitiativen entstandenen Gruppen

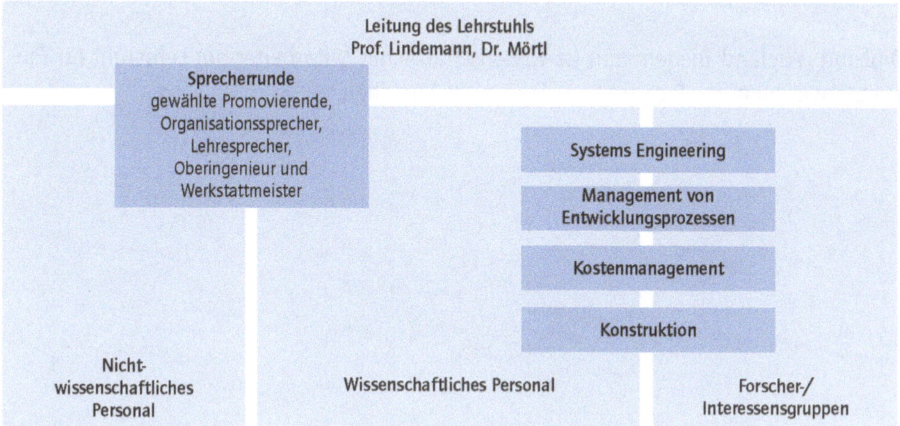

ÜBERTRAGBARKEIT AUF ANDERE ORGANISATIONSEINHEITEN BZW. EINRICHTUNGEN

Das Konzept des Lehrstuhls zur Förderung der Ingenieurpromotion lässt sich teilweise auf andere Einrichtungen übertragen. Grundlage des Konzepts ist die spezifische Kultur des Lehrstuhls. Sie wurde über viele Jahre entwickelt und ist das Ergebnis des Engagements aller Beteiligten und der Initiativen der Promovierenden.

Maßnahmen wie das Doktorandenseminar sind i. d. R. bereits etabliert und variieren nur hinsichtlich der Häufigkeit und Gestaltung der Veranstaltung. Andere Bestandteile des Konzepts wie die Klausurtage sind oft vorhanden bzw. lassen sich normalerweise leicht einführen und etablieren. Maßnahmen wie die Einbindung der Promovierenden in die Lehre sowie Organisation und Leitung des Lehrstuhls sind stark von der Führungs- und Kommunikationskultur abhängig. Sie lassen sich nur langsam einführen, da dafür oft ein Kulturwechsel notwendig ist.

Für das Bereitstellen von Möglichkeiten zur eigenständigen Qualifizierung der Promovierenden ist neben der Bereitschaft durch die Lehrstuhlleitung auch Engagement seitens der Hochschule notwendig. Um allen Anforderungen der persönlichen Weiterentwicklung gerecht zu werden, ist ein vielfältiges Weiterbildungsprogramm notwendig. Dieses muss zumindest teilweise durch die Hochschule bereitgestellt werden.

ZU DEN PERSONEN

Prof. Dr.-Ing. Udo Lindemann hat an der Fakultät für Maschinenwesen der Technischen Universität München den Lehrstuhl für Produktentwicklung inne.

Dipl.-Ing. Wieland Biedermann ist wissenschaftlicher Mitarbeiter am Lehrstuhl für Produktentwicklung der Technischen Universität München.

> GRADUIERTE FORSCHEN FÜR VERBESSERTE ELEKTRISCH STIMULIERENDE IMPLANTATE – DAS GRADUIERTENKOLLEG WELISA AN DER UNIVERSITÄT ROSTOCK

PETRA GEFKEN/URSULA VAN RIENEN

Das durch die Deutsche Forschungsgemeinschaft (DFG) im Oktober 2008 an der Universität Rostock eingerichtete Graduiertenkolleg GRK 1505/1 „Analyse und Simulation elektrischer Wechselwirkungen zwischen Implantaten und Biosystemen" (welisa) ist eines von nur zwei Graduiertenkollegs im Fach Elektrotechnik in Deutschland. Sprecherin dieses GRK ist Frau Prof. Dr. van Rienen. Das interdisziplinäre Graduiertenkolleg welisa mit gut 30 Projekten, davon 16 über welisa gefördert, befasst sich mit medizinischen Implantaten, deren Funktionsweise auf elektrischen Impulsen beruht.

Die Zielsetzung von welisa besteht darin, Implantate zu verbessern, ihre Wirkungsweise besser zu verstehen und neue zu entwickeln. Dazu bedarf es einer komplexen, international ausgerichteten, interdisziplinären Forschungsleistung die insgesondere die Fachgebiete Medizin, Materialwissenschaft, Oberflächen- und Biophysik, Zellbiologie, Elektrotechnik, Informatik und Mathematik umfasst. Die DFG unterstützt das Vorhaben über zunächst viereinhalb Jahre mit insgesamt 3,3 Millionen Euro. Angelegt ist welisa auf neun Jahre, sodass drei Generationen von Doktorandinnen und Doktoranden jeweils drei Jahre lang in welisa forschen können.

Abbildung 1: Darstellung der Fachgebiete involviert des GRK welisa

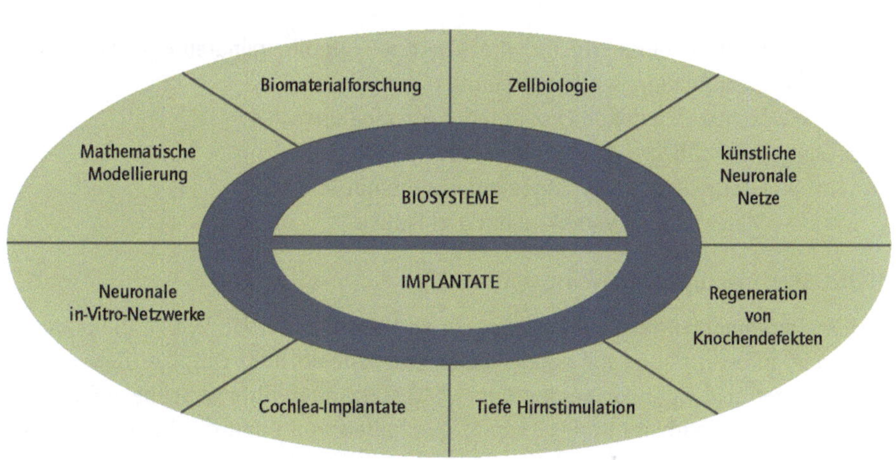

Die enge interdisziplinäre Vernetzung der Forschungsthemen bewirkt, dass die Doktorandinnen und Doktoranden sowohl in fachlicher als auch methodischer Hinsicht aus der Zusammenarbeit mit anderen Fachrichtungen für ihre weitere wissenschaftliche oder industrielle Karriere profitieren. Zusätzlich werden zu ihrer Weiterqualifizierung Lehrveranstaltungen, die teils in englischer Sprache stattfinden, individuell festgelegt. Das Thema des Graduiertenkollegs passt sich in zwei der vier Profillinien der Universität Rostock ein. Es profitiert von den vorhandenen starken Kompetenzen und gleichzeitig wird durch hoch qualifizierte Absolventinnen und Absolventen die wachsende medizinisch-technische Forschungs- und Wirtschaftsstruktur regional unterstützt.

Abbildung 2: Gruppenbild des Graduiertenkollegs welisa anlässlich des ersten Workshops

ZU LÖSENDE PROBLEMSTELLUNGEN

- Gewährleistung eines qualitativ hochwertigen interdisziplinären Promovierens
    - fächerübergreifende Betreuung
    - fachübergreifende Qualifizierungsmaßnahmen
- Chancengleichheit in der Wissenschaft
    - Elternschaft in den Ingenieurwissenschaften
    - Gleichstellung von Männern und Frauen

LÖSUNGSANSATZ UND INNOVATIONSGEHALT

Durch die betreuenden Wissenschaftlerinnen und Wissenschaftler werden die Promotionsthemen aufbereitet und mit einem detaillierten Arbeits- und Zeitplan (Betreuungskonzept) untersetzt. Dadurch werden gute Voraussetzungen für eine schnelle Einarbeitung und zügige Bearbeitung des Themas geschaffen. Aufgrund der Komplexität der

Themen und des fachübergreifenden Charakters des Kollegs ist für alle Promotionsthemen jeweils ein verantwortliches Team aus Haupt- und Co-Betreuerin bzw. -Betreuer benannt. Um eine hinreichende Einflussnahme des Betreuerteams auf Inhalt der Arbeit, Arbeitsweise und Arbeitsintensität der Promovierenden gewährleisten zu können, finden regelmäßig Gespräche zwischen Doktorandin bzw. Doktoranden und dem Betreuerteam statt. Diese Treffen werden anfangs mit 14-tägigen, später in monatlichen Abständen durchgeführt.

Wichtig für die Doktorandinnen und Doktoranden sind frühzeitige Lernphasen zur mündlichen und schriftlichen Darlegung wissenschaftlicher Sachverhalte und der eigenen Ergebnisse. Dafür legen die Promovierenden ihrem Betreuerteam in regelmäßigen Abständen (anfangs monatlich, später in wachsenden Abständen) aussagefähige Arbeits- bzw. Fortschrittsberichte vor und halten in den Kolloquien sowie dem jährlichen Workshop kurze bzw. ausführlichere Vorträge, in denen sie auch lernen, ihre Ergebnisse in Diskussionen zu verteidigen. Diese Formen der Ergebnisdarstellung dienen außerdem der Erfolgskontrolle bzw. der Überprüfung des Arbeitsfortschritts und der Einhaltung des Zeitrahmens.

Die nächste Stufe der Lernphase für die Doktorandinnen und Doktoranden betrifft die Diskussion auf internationaler Ebene. Dazu werden ab dem dritten Semester eigene Poster und kleinere Vorträge auf entsprechenden Tagungen eingereicht. Die Teilnahme an den Gesprächskreisen von Nachwuchswissenschaftlerinnen und Nachwuchswissenschaftlern und die vielfältigen Angebote für das Erringen von „Student awards" bieten gute Gelegenheiten zur Kontrolle des persönlichen Leistungsstandes und werden vom Kolleg ausdrücklich unterstützt. Spätestens im vierten Semester sollte jede Doktorandin und jeder Doktorand eine erste Publikation eingereicht haben. In dieser Phase erhalten die Promovierenden die Möglichkeit, ihr Wissen und Können in einem externen Wissenschaftlerteam (mit einem ein- bis dreimonatigen Arbeitsaufenthalt bei einer kooperierenden Gruppe im Ausland) zu erweitern. Das dreistufige Betreuungskonzept beinhaltet:

- in Stufe 1: vierzehntägig ein Arbeitstreffen bzw. fachspezifisches Arbeitsgruppen-Seminar in jedem Teilprojekt, dabei einmal pro Semester einen ausführlichen Vortrag des entsprechenden Stipendiaten im parallel laufenden Seminar des Graduiertenkollegs welisa
- in Stufe 2: vierteljährlich ein Arbeitstreffen in den Untergruppen, d. h., im Zusammenschluss mehrerer Teilprojekte, dabei Kurzvorträge der entsprechenden Stipendiaten
- in Stufe 3: halbjährlich bis jährlich 30-minütigen Vorträge aller Stipendiatinnen und Stipendiaten (Workshop)

Zusätzlich erstellt jede Stipendiatin und jeder Stipendiat selbstständig nach einer Einarbeitungsphase von fünf Monaten für sein Betreuerteam ein fünfseitiges Exposé mit folgender Gliederung:

> Projekttitel
> Abstrakt in englischer Sprache (150 Worte)
> 1. Zielsetzung
> 2. aktueller Stand der Wissenschaft
> 3. Arbeitsmethoden
> 4. erste Ergebnisse
>   – Neuigkeitsgrad/Informationsgewinn
> 5. Arbeitsplan
>   – Tabelle oder Balkendiagram
>   – Aufstellung angestrebter Publikationen
>   – Aufstellung über Teilnahme an Konferenzen

Der zeitliche Ablauf des Qualifizierungsprogramms für die in welisa eingeschriebenen Doktorandinnen und Doktoranden wurde sorgfältig geplant (siehe Tabelle 1). Ein Leistungspunkte-System wurde implementiert, um eine europaweite Kompatibilität mit anderen Trainingsprogrammen längerfristig sicherzustellen. Es wurde darauf geachtet, dass das Seminar- und Vorlesungsprogramm mit nicht mehr als acht Stunden pro Woche genügend Zeit für die Forschungsarbeit und andere Studien lässt. So werden die Promovierenden dazu angehalten, fakultative Vorlesungen und Seminare zu besuchen, die einerseits ihre Fähigkeiten in den wissenschaftlichen Bereichen ihres spezifischen Projektes fördern und andererseits zusätzliche Kompetenz auf Gebieten ihrer Wahl zu entwickeln. Ein Teil der Veranstaltungen wird in englischer Sprache angeboten. Einige Vorlesungs- und Seminarmodule können aus verschiedenen Studienangeboten ausgewählt werden und manche Module wurden speziell für das Graduiertenkolleg entwickelt.

Tabelle 1: Studienprogramm des Graduiertenkollegs

STUDIENANGEBOT	LEISTUNGS-PUNKTE (LP)	1. JAHR		2. JAHR		3. JAHR	
VORLESUNGEN	6	2 LP	2 LP	2 LP			
SEMINARE, KOLLOQUIEN	19	3 LP	3 LP	3 LP	5 LP	5 LP	
ERWERB PRAKTISCHER UND INTERDISZIPLINÄRER KOMPETENZ	15	3 LP	3 LP	3 LP	3 LP	3 LP	
DISSERTATION	140	22 LP	22 LP	22 LP	22 LP	22 LP	30 LP

Den Doktorandinnen und Doktoranden wird ermöglicht, ein Praktikum in der Industrie zu absolvieren. Mehrere Firmen bieten dafür Plätze an.[1] In den regelmäßig stattfindenden Doktorandenkolloquien werden die Forschungsvorhaben und ihre Zwischen- und Endergebnisse dem gesamten Kolleg zur Förderung des fachlichen Austauschs und der Weiterbildung der beteiligten Wissenschaftlerinnen und Wissenschaftler sowie Promovierenden vorgestellt. Hierbei lassen sich auch die vermittelten Regeln der guten wissenschaftlichen Praxis sehr gut festigen.

Die Organisationsstruktur von welisa sieht u. a. die Wahl einer Sprecherin oder eines Sprechers der Promovierenden vor. Die Stipendiatinnen und Stipendiaten treffen sich monatlich. Die Sprecherin bzw. der Sprecher nehmen mögliche Anliegen direkt in das nachfolgende Treffen des Leitungsgremiums mit. Umgekehrt können sie in diesen Informationen erlangen.

Im Graduiertenkolleg welisa sind acht der zu vergebenen 16 Stipendien mit Doktorandinnen besetzt, was weit über dem fachspezifischen Prozentsatz auf dieser Qualifikationsstufe liegt. Von diesen acht sind die Hälfte Mütter mit ein bis drei Kindern. Bisher haben unsere drei „neuen" Mütter (Stipendiatinnen) 2010 das Elternzeitangebot genutzt. Eine Eingliederung nach dieser Zeit ist problemlos möglich, da i. d. R. diese Zeit nicht als „Auszeit" verstanden wird, sondern als Abschnitt, in dem der Doktorand oder die Doktorandin sich intensiv mit dem Kind beschäftigt, ohne gleichzeitig den Kontakt zum Graduiertenkolleg zu verlieren. Alle Beteiligten zeigen ein völlig entspanntes und normales Verhältnis zu Promovierenden oder Postdocs in Elternzeit. Den Promovierenden wird der problemlose Wiedereinstieg in die laufenden Lehrveranstaltungen ermöglicht. Während und nach der Elternzeit stehen den Müttern und Vätern in welisa Büros mit integrierter Spielecke zur Verfügung; ebenfalls sind Möglichkeiten für ein entspanntes Stillen und zum Wickeln der Kinder geschaffen worden. Das Graduiertenkolleg unterstützt so auch die Bestrebungen, den Frauenanteil in den Ingenieurwissenschaften zu erhöhen. Bei den abgeschlossenen Promotionen der letzten fünf Jahren unter Betreuung der Projektleiterinnen und Projektleiter lag das Verhältnis von Doktorandinnen und Doktoranden bei 31 Prozent zu 69 Prozent.

WIRKSAMKEIT, ERFOLGE SOWIE NACHHALTIGKEIT

Um Aussagen über die Wirksamkeit des Konzeptes und der Maßnahme treffen zu können, findet eine umfassende Dokumentation statt. So werden zum einen alle Bemühungen zur Rekrutierung von Wissenschaftlerinnen dokumentiert. In regelmäßigen Abständen werden Befragungen der Promovierenden durchgeführt, um die Zufriedenheit und bestehende Bedarfe und Wünsche zu ermitteln. Darüber hinaus werden abgeschlossene Maßnahmen und Angebote im Nachhinein stets evaluiert. Dazu wurde ein zweiseitiger Fragebogen entwickelt.

---

[1] DOT GmbH, Rostock; Biomet Deutschland, Berlin; Stryker GmbH Co. KG., Duisburg; Endolab, Rosenheim; Plus Orthopedics AG, Aarau, Schweiz; INNOVENT e.V., Jena; Bionas GmbH, Rostock; Königsee-Implantate GmbH, Königsee; Micromod Partikeltechnologie GmbH, Rostock; CST GmbH, Darmstadt, ESKA Implants, Lübeck u. a.

INSTITUTIONELLE VERANKERUNG UND DAUERHAFTE IMPLEMENTIERUNG

Die Universität Rostock beteiligt sich an der Initiative der DFG zu forschungsorientierten Gleichstellungsstandards. Der Frauenförderplan der Fakultät für Informatik und Elektrotechnik (IEF) sieht in seinen Zielvorgaben für das wissenschaftliche Personal diverse Maßnahmen zur weiteren Erhöhung des Frauenanteils im wissenschaftlichen Mittelbau (derzeit 10 Prozent) und zur Stabilisierung des überdurchschnittlichen Anteils von Frauen in der Professorenschaft vor. So schreibt die IEF[2]: „In der Lehre bemüht sich die IEF, wissenschaftliche Themen so anzubieten, dass mit deren Präsentation sowohl männliche als auch weibliche Interessen angesprochen werden. Studierende sollen die Möglichkeit bekommen, ihre Interessen auf spezifische und neue Anwendungsgebiete zu fokussieren und in diesen die gelernten Methoden und Kenntnisse anzuwenden. Auch in frauenaffinen Bereichen sollen so wissenschaftliche und technische Entwicklungen weiter vorangetrieben werden. Die Fakultät unterstützt das Bereitstellen von Videomitschnitten von Vorlesungen und Experimenten zur Vor- und Nachbereitung der Präsenzveranstaltungen und die Erweiterung der E-Learning-Angebote."

ÜBERTRAGBARKEIT AUF ANDERE ORGANISATIONSEINHEITEN BZW. EINRICHTUNGEN

Mit der Einrichtung einer universitätsweiten Graduiertenakademie unter Federführung von Frau Prof. van Rienen als amtierender Prorektorin für Forschung und Forschungsausbildung hat sich die Universität Rostock das Ziel gesetzt, bestmögliche Voraussetzungen für die erfolgreiche Nachwuchsförderung junger Doktorandinnen und Doktoranden an der Universität Rostock zu schaffen.

Das Graduiertenkolleg welisa stand hierbei mit seinen positiven Erfahrung der Stipendiatinnen und Stipendiaten sowie Kollegiatinnen und Kollegiaten mit den Qualifizierungsmaßnahmen Pate. Es ist, ebenso wie alle anderen Graduiertenkollegs der Universität, im Graduiertenrat der Graduiertenakademie vertreten. welisa bringt sich aktiv in alle Angelegenheiten von allgemeiner und grundsätzlicher Bedeutung bezüglich der Organisation, Initiativen und Projekte ein. Die Erfahrungen und Erkenntnisse des Graduiertenkollegs werden auf diese Weise genutzt, um die Doktorandenausbildung universitätsweit zu beeinflussen und weiterzuentwickeln.

Als zentrale Einrichtung koordiniert die Graduiertenakademie spezielle, an den Erfordernisse der beteiligten Fachdisziplinen ausgerichtete Qualifizierungsmaßnahmen zur ergänzenden wissenschaftsbezogenen und berufsqualifizierenden Kompetenzentwicklung für die Promovierenden. Durch eine abgestimmte fakultätsübergreifende Koordinierung wird so die bestmögliche Betreuung der Promovierenden dauerhaft sichergestellt werden. Im Qualifizierungsprogramm der Graduiertenakademie werden Seminare, spezielle Tutorien und bedarfsgerechte Angebote zur Entwicklung fachübergreifender

---

2   Frauenförderplan der Fakultät für Informatik und Elektrotechnik der Universität Rostock 2006–2009. Vgl. URL: https://www.uni-rostock.de/fileadmin/UniHome/Gbur/Frauenfoerderplan2006-2009.pdf [Stand: 2011].

Kompetenzen und zur Karriereentwicklung angeboten. Die Vermittlung von fachbezogenem Wissen bezieht dabei auch grundlegende Basismethoden und Verfahren mit ein. Die Angebote von Weiterbildungen zur Kompetenzentwicklung sind besonders auf potenzielle weibliche Führungskräfte zugeschnitten. Durch Interaktion mit den am Standort eingerichteten Promotionsmöglichkeiten in den Fakultäten mit den verschiedenen Graduiertenkollegs und Promotionsstudiengängen werden nachhaltig ausgezeichnete Promotionsbedingungen geschaffen. Darüber hinaus können die Promovierenden das Doktorandennetzwerk der Graduiertenakademie nutzen, um sich jederzeit mit anderen auszutauschen.

Die Universität Rostock hat sich im Rahmen der wissenschaftlichen Nachwuchsförderung das Ziel gesetzt, den Frauenanteil zu erhöhen. Die Steigerung soll sich dabei an den jeweiligen Frauenanteil der vorangegangenen Qualifikationsstufe (Kaskadenprinzip) orientieren. Somit werden Frauen auch bei Stellenausschreibungen, insbesondere von Führungspositionen, nachdrücklich zur Bewerbung aufgefordert. Für die Universität Rostock zeigt sich der Erfolg dieser Zielsetzung am derzeitigen hohen Anteil weiblicher Postdocs (TvL 13 = 57 Prozent). 2009 hat die Universität Rostock von der berufundfamilie GmbH das Zertifikat „familiengerechte hochschule" erhalten. Damit wird der Universität die erfolgreiche Durchführung des Auditierungsverfahrens familiengerechte hochschule bescheinigt.

Die Maßnahmen, die zunächst im Graduiertenkolleg welisa und nun auch in der universitätsweiten Graduiertenakademie zur qualitativ hochwertigen Betreuung und Qualifizierung der Doktorandinnen und Doktoranden durchgeführt werden, lassen sich gut auf andere Einrichtungen übertragen. Sie konnten hier nur kurz angerissen werden. Für weitere Auskünfte stehen wir gerne zur Verfügung.

LITERATUR

Universität Rostock 2006–2009
Universität Rostock (Hrsg.): Frauenförderplan der Fakultät für Informatik und Elektrotechnik der Universität Rostock 2006–2009. Vgl. URL: https://www.uni-rostock.de/fileadmin/UniHome/Gbur/Frauenfoerderplan2006-2009.pdf [Stand: 2011].

ZU DEN PERSONEN

Petra Gefken ist Mitarbeiterin am Institut für Allgemeine Elektrotechnik der Universität Rostock und Koordinatorin des Graduiertenkollegs welisa.

Prof. Dr. rer. nat. habil. Ursula van Rienen hat den Lehrstuhl für Theoretische Elektrotechnik an der Fakultät für Informatik und Elektrotechnik der Universität Rostock inne und ist Sprecherin des Graduiertenkollegs welisa.

BISHER SIND IN DER REIHE „acatech DISKUSSION" UND IHRER VORGÄNGERIN
FOLGENDE BÄNDE ERSCHIENEN:

Alfred Pühler/Bernd Müller-Röber/Marc-Denis Weitze (Hrsg.): Synthetische Biologie –
Die Geburt einer neuen Technikwissenschaft (acatech DISKUSSION), Heidelberg u. a.:
Springer Verlag 2011.

Jürgen Gausemeier/Hans-Peter Wiendahl.: Wertschöpfung und Beschäftigung in
Deutschland (acatech diskutiert), Heidelberg u. a.: Springer Verlag 2011.

Karsten Lemmer et al.: Handlungsfeld Mobilität (acatech diskutiert), Heidelberg u. a.:
Springer Verlag 2011.

Klaus Thoma (Ed.): European Perspectives on Security Research (acatech diskutiert), Heidelberg u. a.: Springer Verlag 2011.

Reinhard F. Hüttl/Bernd Pischetsrieder/Dieter Spath (Hrsg.): Elektromobilität. Potenziale und wissenschaftlich-technische Herausforderungen (acatech diskutiert), Heidelberg
u. a.: Springer Verlag 2010.

Klaus Kornwachs (Hrsg.): Technologisches Wissen. Entstehung, Methoden, Strukturen
(acatech diskutiert), Heidelberg u. a.: Springer Verlag 2010.

Manfred Broy (Hrsg.): Cyber-Physical-Systems. Innovation durch softwareintensive einge-
bettete Systeme (acatech diskutiert), Heidelberg u. a.: Springer Verlag 2010.

Martina Ziefle/Eva-Maria Jakobs: Wege zur Technikfaszination. Sozialisationsverläufe
und Interventionszeitpunkte (acatech diskutiert), Heidelberg u. a.: Springer Verlag 2009.

Petra Winzer/Eckehard Schnieder/Friedrich-Wilhelm Bach (Hrsg.): Sicherheitsforschung
– Chancen und Perspektiven (acatech diskutiert), Heidelberg u. a.: Springer Verlag 2009.

Thomas Schmitz-Rode (Hrsg.): Runder Tisch Medizintechnik. Wege zur beschleunigten
Zulassung und Erstattung innovativer Medizinprodukte (acatech diskutiert), Heidelberg
u. a.: Springer Verlag 2009.

Otthein Herzog/Thomas Schildhauer (Hrsg.): Intelligente Objekte. Technische Gestaltung – wirtschaftliche Verwertung – gesellschaftliche Wirkung (acatech diskutiert), Heidelberg u. a.: Springer Verlag 2009.

Thomas Bley (Hrsg.): Biotechnologische Energieumwandlung: Gegenwärtige Situation, Chancen und künftiger Forschungsbedarf (acatech diskutiert), Heidelberg u. a.: Springer Verlag 2009.

Joachim Milberg (Hrsg.): Förderung des Nachwuchses in Technik und Naturwissenschaft. Beiträge zu den zentralen Handlungsfeldern (acatech diskutiert), Heidelberg u. a.: Springer Verlag 2009.

Norbert Gronau/Walter Eversheim (Hrsg.): Umgang mit Wissen im interkulturellen Vergleich. Beiträge aus Forschung und Unternehmenspraxis (acatech diskutiert), Stuttgart: Fraunhofer IRB Verlag 2008.

Martin Grötschel/Klaus Lucas/Volker Mehrmann (Hrsg.): Produktionsfaktor Mathematik. Wie Mathematik Technik und Wirtschaft bewegt, Heidelberg u. a.: Springer Verlag 2008.

Thomas Schmitz-Rode (Hrsg.): Hot Topics der Medizintechnik. acatech Empfehlungen in der Diskussion (acatech diskutiert), Stuttgart: Fraunhofer IRB Verlag 2008.

Hartwig Höcker (Hrsg.): Werkstoffe als Motor für Innovationen (acatech diskutiert), Stuttgart: Fraunhofer IRB Verlag 2008.

Friedemann Mattern (Hrsg.): Wie arbeiten die Suchmaschinen von morgen? Informationstechnische, politische und ökonomische Perspektiven (acatech diskutiert), Stuttgart: Fraunhofer IRB Verlag 2008.

Klaus Kornwachs (Hrsg.): Bedingungen und Triebkräfte technologischer Innovationen (acatech diskutiert), Stuttgart: Fraunhofer IRB Verlag 2007.

Hans Kurt Tönshoff/Jürgen Gausemeier (Hrsg.): Migration von Wertschöpfung. Zur Zukunft von Produktion und Entwicklung in Deutschland (acatech diskutiert), Stuttgart: Fraunhofer IRB Verlag 2007.

Andreas Pfingsten/Franz Rammig (Hrsg.): Informatik bewegt! Informationstechnik in Verkehr und Logistik (acatech diskutiert), Stuttgart: Fraunhofer IRB Verlag 2007.

Bernd Hillemeier (Hrsg.): Die Zukunft der Energieversorgung in Deutschland. Herausforderungen und Perspektiven für eine neue deutsche Energiepolitik (acatech diskutiert), Stuttgart: Fraunhofer IRB Verlag 2006.

Günter Spur (Hrsg.): Wachstum durch technologische Innovationen. Beiträge aus Wissenschaft und Wirtschaft (acatech diskutiert), Stuttgart: Fraunhofer IRB Verlag 2006.

Günter Spur (Hrsg.): Auf dem Weg in die Gesundheitsgesellschaft. Ansätze für innovative Gesundheitstechnologien (acatech diskutiert), Stuttgart: Fraunhofer IRB Verlag 2005.

Günter Pritschow (Hrsg.): Projektarbeiten in der Ingenieurausbildung. Sammlung beispielgebender Projektarbeiten an Technischen Universitäten in Deutschland (acatech diskutiert), Stuttgart: Fraunhofer IRB Verlag 2005.